Clothing
CAD
Base and
Practice

中国纺织出版社

内容提要

本书以“富怡服装CAD V9.0”版本为基础，该系统的纸样设计与放码模块完全融合，较为符合我国服装板型师的打板手法，智能化程度较高，操作简便，便于上手。教学内容包括：服装CAD概述，富怡V9.0打板、放码系统，富怡V9.0排料系统，实训范例，服装CAD系统间的数据交换，二维纸样转换为三维服装六个章节。

本书结合实战案例，书中编录的每一款服装规格数据都经过成衣工艺验证，适用于服装专业师生以及行业从业人员，也可作为培训用书。

图书在版编目（CIP）数据

服装CAD基础与实训 / 金宁，王威仪编著. —北京：中国纺织出版社，2016.3（2022.3 重印）

服装高等教育“十二五”部委级规划教材

ISBN 978-7-5180-1460-6

Ⅰ. ①服… Ⅱ. ①金… ②王… Ⅲ. ①服装设计-计算机辅助设计-高等学校-教材 Ⅳ. ①TS941.26

中国版本图书馆CIP数据核字（2015）第055395号

策划编辑：杨美艳　责任编辑：杨　勇　责任校对：楼旭红

责任设计：何　建　责任印制：王艳丽

中国纺织出版社出版发行

地址：北京市朝阳区百子湾东里A407号楼　邮政编码：100124

销售电话：010—67004422　传真：010—87155801

http://www.c-textilep.com

E-mail:faxing@c-textilep.com

中国纺织出版社天猫旗舰店

官方微博http://weibo.com/2119887771

北京通天印刷有限责任公司印刷　各地新华书店经销

2016年3月第1版　2022年3月第3次印刷

开本:889×1194　1/16　印张:12

字数:195千字　定价:58.00元

出版者的话

全面推进素质教育，着力培养基础扎实、知识面宽、能力强、素质高的人才，已成为当今教育的主题。教材建设作为教学的重要组成部分，如何适应新形势下我国教学改革要求，与时俱进，编写出高质量的教材，在人才培养中发挥作用，成为院校和出版人共同努力的目标。2011年4月，教育部颁发了教高［2011］5号文件《教育部关于“十二五”普通高等教育本科教材建设的若干意见》(以下简称《意见》)，明确指出“十二五”普通高等教育本科教材建设，要以服务人才培养为目标，以提高教材质量为核心，以创新教材建设的体制机制为突破口，以实施教材精品战略、加强教材分类指导、完善教材评价选用制度为着力点，坚持育人为本，充分发挥教材在提高人才培养质量中的基础性作用。《意见》同时指明了“十二五”普通高等教育本科教材建设的四项基本原则，即要以国家、省(区、市)、高等学校三级教材建设为基础，全面推进，提升教材整体质量，同时重点建设主干基础课程教材、专业核心课程教材，加强实验实践类教材建设，推进数字化教材建设；要实行教材编写主编负责制，出版发行单位出版社负责制，主编和其他编者所在单位及出版社上级主管部门承担监督检查责任，确保教材质量；要鼓励编写及时反映人才培养模式和教学改革最新趋势的教材，注重教材内容在传授知识的同时，传授获取知识和创造知识的方法；要根据各类普通高等学校需要，注重满足多样化人才培养需求，教材特色鲜明、品种丰富。避免相同品种且特色不突出的教材重复建设。

随着《意见》出台，教育部正式下发了通知，确定了规划教材书目。我社共有26种教材被纳入“十二五”普通高等教育本科国家级教材规划，其中包括了纺织工程教材12种、轻化工程教材4种、服装设计与工程教材10种。为在“十二五”期间切实做好教材出版工作，我社主动进行了教材创新型模式的深入策划，力求使教材出版与教学改革和课程建设发展相适应，充分体现教材的适用性、科学性、系统性和新颖性，使教材内容具有以下几个特点：

坚持一个目标——服务人才培养。“十二五”职业教育教材建设，要坚持育人为本，充分发挥教材在提高人才培养质量中的基础性作用，充分体现我国改革开放30多年来经济、政治、文化、社会、科技等方面取得的成就，适应不同类型高等学校需要和不同教学对象需要，编写推介一大批符合教育规律和人才成长规律的具有科学性、先进性、适用性的优秀教材，进一步完善具有中国特色的普通高等教育本科教材体系。

围绕一个核心——提高教材质量。根据教育规律和课程设置特点，从提高学生分析问题、解决问题的能力入手，教材附有课程设置指导，并于章首介绍本章知识点、重点、难点及专业技能，增加相关学科的最新研究理论、研究热点或历史背景，章后附形式多样的习题等，提高教材的可读性，增加学生学习兴趣和自学能力，提升学生科技素养和人文素养。

突出一个环节——内容实践环节。教材出版突出应用性学科的特点，注重理论与生产实践的结合，有针对性地设置教材内容，增加实践、实验内容。

实现一个立体——多元化教材建设。鼓励编写、出版适应不同类型高等学校教学需要的不同风格和特色教材；积极推进高等学校与行业合作编写实践教材；鼓励编写、出版不同载体和不同形式的教材，包括纸质教材和数字化教材，授课型教材和辅助型教材；鼓励开发中外文双语教材、汉语与少数民族语言双语教材；探索与国外或境外合作编写或改编优秀教材。

教材出版是教育发展中的重要组成部分，为出版高质量的教材，出版社严格甄选作者，组织专家评审，并对出版全过程进行过程跟踪，及时了解教材编写进度、编写质量，力求做到作者权威，编辑专业，审读严格，精品出版。我们愿与院校一起，共同探讨、完善教材出版，不断推出精品教材，以适应我国高等教育的发展要求。

中国纺织出版社

教材出版中心

PREFACE

前言

自20世纪80年代中期起，服装CAD在我国服装行业的应用与发展已走过了三十多个年头，服装CAD的应用普及率不断提高，越来越多的服装企业依托于先进的服装CAD软件系统，实现了纸样设计、放码、排料、3D设计与模拟缝合等技术环节的计算机化改造，并融入产品开发与生产实践。多年的实践证明，服装CAD系统的应用，可有效地帮助服装企业提高纸样设计、放码和排料的工作效率，降低生产成本。

服装制板是一门综合的学科，学习服装制板，应具备服装设计的基本技能，制板人员需要了解一些常用面辅料（纺织品、皮革、裘皮等）、服装造型、款式设计、色彩搭配以及人体体型结构方面的知识；还需要掌握服装的工艺制作，了解服装制作从裁剪、缝制、整烫到成品的每一道工序、工艺要求。

从事服装CAD应用的人员，首先应该具备较扎实的服装手工制板专业知识以及计算机的运用能力。服装CAD是提供给制板人员的高效工具，CAD制板是典型的应用型过程，最好的学习方法就是多注重实践环节的操作，刻苦学习、勤奋钻研。同时还应具备良好悟性，熟能生巧。本书作者曾在服装企业工作多年，具有丰富的生产实践经验，对服装CAD应用做过较深入的研究，又长期从事高等院校服装CAD教学与教材编写工作。在结合服装企业CAD生产实践的基础上，积累了丰富的实践教学经验，通过本书的编写将服装专业知识融入服装CAD的学习中。本书着重介绍纸样设计主要工具应用及纸样变化，读者可通过学习本书所提供的范例，反复实践，可快速掌握服装CAD软件的操作技巧，并能在实际应用过程中做到学以致用、举一反三、灵活运用，从而在工作中得心应手。

我们将整个内容划分为以下几个部分：服装CAD概述、富怡V9.0打板、放码系统、富怡V9.0排料系统、实训范例、数据交换、二维纸样转换为三维服装六个章节。

第一章　服装CAD概述。介绍服装CAD的基础知识，帮助读者了解服装CAD的发展状况及国内外的最新技术，介绍服装CAD的系统配置与构成和应用情况。

第二章　富怡V9.0打板、放码系统。介绍富怡服装CAD系统工具栏与菜单栏的运用，在富怡V9.0打板系统中，重点介绍的是功能强大的【智能笔】——“多功能一支笔”。只要掌握了“多功能一支笔”

二十余种作图的方法与技巧，对于服装款式、结构相对简单的，即可在不切换工具的情况下可一气呵成，完成样片设计工作。而不像有的服装CAD系统那样，若要改变制图方式，需变更对应的辅助工具才能实现制图功能。与其他同级别的服装CAD系统评比测试，可提高工作效率约30%。

第三章　富怡V9.0排料系统。富怡V9.0排料系统设置了功能强大、使用方便的排料工具，配有全自动、手动或人工交互式排料方式，完全满足我国服装企业生产应用。

第四章　实训范例。以实例为基础，详细地讲解所有的制作步骤，详细的制作信息可以帮助你再现每个实例。在编排此书时，采用了配图与内容紧密配合的版式，每个步骤的最后放置的图片与实例相应的步骤一一对应。

第五章　服装CAD系统间的数据交换。介绍了国内外主流的CAD软件数据存储的格式与数据交换的方式。

第六章　二维纸样转换为三维服装。以Marvelous Designer服装试衣系统为平台，介绍从二维纸样转换为三维服装的操作方法，用三维展示和模拟。

本书面向具有一定手工打板基础的人员参阅、学习，书中编录的每一款服装规格数据经过成衣工艺验证，再结合富怡服装CAD软件的各种功能，以具体的操作步骤指导读者进行服装CAD工业制板。每个步骤以图文并茂进行讲解，并配有着装效果图、结构图、生产制单、打板过程及纸样标注等。

本书由北京服装学院的金宁、王威仪老师共同编著。其中第一章、第二章、第三章、第四章第二节、第五章及附录由金宁老师编写；第四章第一节、第二节之范例，以及第六章由王威仪老师编写。尽管编著者倾注了大量的时间和精力，但由于水平有限，疏漏之处在所难免，恳请广大读者批评指正。

编著者

2015年10月

教学内容及课时安排

章/课时	课程性质/课时	节	课程内容
第一章（2课时）	理论授课/课堂实操（12课时）		**·第一章　服装CAD概述**
		一	第一节　服装CAD技术发展简介
		二	第二节　服装CAD构成
		三	第三节　服装CAD的应用情况
第二章（10课时）			**·第二章　富怡V9.0打板、放码系统**
		一	第一节　打板
		二	第二节　放码
第三章（4课时）	理论授课/课堂实操（24课时）		**·第三章　富怡V9.0排料系统**
		一	第一节　排料系统功能及界面
		二	第二节　排料设定
		三	第三节　绘图（打印）输出
第四章（16课时）			**·第四章　实训范例**
		一	第一节　实例分解
		二	第二节　综合实例
第五章（4课时）			**·第五章　服装CAD系统间的数据交换**
		一	第一节　服装CAD系统文件的数据格式与交换
		二	第二节　服装CAD系统导入/导出AAMA/ASTM格式
第六章（12课时）	理论授课/课堂实操（12课时）		**·第六章　二维纸样转换为三维服装**
		一	第一节　CLO 3D工作界面介绍
		二	第二节　基本工具操作方法
		三	第三节　操作实例

注：上述课时分配为理论授课时间及课堂实操练习，不含上机实习时间，各院校可根据自身的教学特点和教学计划对课程时数进行调整。

目录
CONTENTS

第一章

服装 CAD 概述

学习重点

1. 服装CAD的发展。
2. 服装CAD系统硬件的主要构成。
3. 结合企业实际，因地制宜地选配服装CAD系统。

学习难点

运用服装CAD系统与其他图形处理系统如：Illustrator、CorelDRAW、Painter及Photoshop等的完美配合。

大数据时代来临，随着移动互联（4G、5G）、物联网的技术迅速发展，现有的计算机技术与互联网络技术注入了新的活力。客户终端越来越小，逐渐从传统的台式机、笔记本电脑等转变为易携的平板电脑（iPAD）或智能型手机。云计算是一种新兴的商业计算模型，它将计算任务分布在大量计算机构成的资源平台上，使各种应用软件能够根据需要获取计算力、存储空间和各种软件服务，透过网络将庞大的计算处理程序自动分拆成无数个较小的子程序，再交由多部服务器所组成的庞大系统经搜寻、计算分析之后将处理结果回传给用户。其最大特点是按需索取，与传统的PC相比，数据更加安全可靠，易于备份管理，并大大降低设备的能耗，大大提升了资源的有效利用。

在CAD应用方面，2011年9月，欧特克（Autodesk）公司推出了一种基于Web的功能、产品和服务，使用户能够扩展其桌面功能，拥有便捷性及共享功能的欧特克云（Autodesk Cloud）。同年12月，发布了集最新云服务、简单实用的在线CAD软件——AutoCAD易，它可以连接到云服务的CAD产品，支持用户在线创建并编辑CAD文档，同时还为用户提供绘图、编辑和注释、标注等基本功能。

服装CAD云计算应用技术也在朝这方面发展，历经数年的研究与不断改进，博克科技开创的“衣云”服装云服务平台已悄然出现。其模式并非传统意义上的门户网站，而是通过提供“云软件、云设计、云共享、云教学、云交易”等服务，吸引服装设计师、纸样师、服装生产商、销售商、材料商以及其他服装从业人员加入，形成一个互相依存、相互促进和加强的生态圈。

在线应用与服务方面。运用具有云计算功能的CAD技术，可建立在线商店，提供在线的设计协作，在线互动、在线交流。通过移动终端，消费者不仅可选择自己喜爱的服装款式，还可直接参与服装设计，成为服装设计的一份子，分享设计的愉悦。并可实现在线试穿、在线定制，消费者自行下单，整个过程更为个性化，从而满足消费者的需求。引用上海市纺织科学研究院党委书记苏异钢的一句话：“可以预见，随着网络技术不断地完善和大数据采集处理的便捷，服装云定制这种模式会迅速崛起。”

总之，服装CAD技术的应用，能够大大提高生产效率。既可把设计师从费时的重复性绘图中解脱出来，还可为服装放码提供快捷而精准操作。随着服装CAD技术的发展，特别是3D服装CAD技术的逐渐成熟，以及云计算技术在服装CAD方面应用的不断深入，消费者对服装设计的参与度不断提高，提升服装品牌的科技含量，必将带来新一轮的技术革命，让我们拭目以待。

服装CAD技术发展简介

与其他行业相比，服装行业的信息化程度一直处于较低的水平，至今摆脱不了劳动密集型的特点。但经过近40年的发展，服装CAD技术在服装企业中的应用却得到了飞速发展。

CAD的概念在1969年就已经提出，并率先在机械领域得到应用。CAD技术在服装行业的应用始于20世纪70年代，美国的诺·马特（Ron Martell）提出了服装CAD的初始模型，即由输入设备读取手工样板，在计算机中进行排料，然后输出。后来，诺·马特与他的合伙人成立了公司并开发出世界上第一套服装CAD系统Camsco，著名的服装企业李维斯（Levi's）成为了Camsco的第一个用户。

排料功能是服装CAD系统实现的第一个主要功能，通过人机交互式的衣片排列和裁剪规律，大大提高了面料的利用率。1975年成立的法国力克（Lectra）公司也加入了服装CAD系统的研发，并于1978年推出了计算机排料系统。当时，这些系统都价格昂贵，但由于服装工业亟需扩大生产规模，而计算机排料的确在很大程度上提高了面料的利用率，所以在发达国家很多的大型服装企业中得到了应用。

随着服装CAD系统应用的不断扩大，出现了另外几家服装CAD软件供应商，如西班牙的Investronica公司和德国的Assyst公司。同时，服装CAD系统也出现了新的功能——放码。使用计算机进行放码，可以节省大量的时间，如果使用手工放码，完成一套7个样片、5个号型的女衬衫一般需要12个小时，而计算机放码仅需要2小时。放码功能的优势进一步加速了服装CAD技术在服装行业的应用。

早期的服装CAD技术主要是为了提高服装生产效率，很多服装CAD系统都可以直接与服装生产设备相连。但这些系统使用起来却比较复杂，通常只能由理解设计师意图的专业技师来操作，设计师很少接触CAD系统。随着计算机图形技术的发展与设计师使用计算机能力的提高，开始出现了设计系统。20世纪80年代末期，美国的CDI公司的设计系统首次作为服装设计系统面世，并由Courtaulds公司和Coast Viyella公司最早采用。这套系统可以进行针织面料和机织面料的准三维设计。到20世纪90年代，服装设计系统已经具备了比较完善的功能，有些能够达到手绘的效果。服装CAD/CAM系统的强大功能为服装设计人员提供了一个卓越的全方位设计环境，极大地缩短设计和生产的周期。

三维服装CAD技术，是指在计算机上实现三维虚拟人体、三维服装设计、二维服装纸样的三维缝

合以及三维试穿效果展示等全过程。无需进行样衣的制作和试穿，通过虚拟模特的试穿展示，观察服装的实际设计效果，从而达到节省时间和财力，提高服装生产效率和设计质量的目的。三维服装CAD技术经过十多年的发展目前已经有多款成型的产品，包括V-Stitcher、Marvelous Designer和OptiTex等。三维服装系统以其强大的设计功能与实用技术，是当今服装CAD的发展方向。如图1-1～图1-4所示。

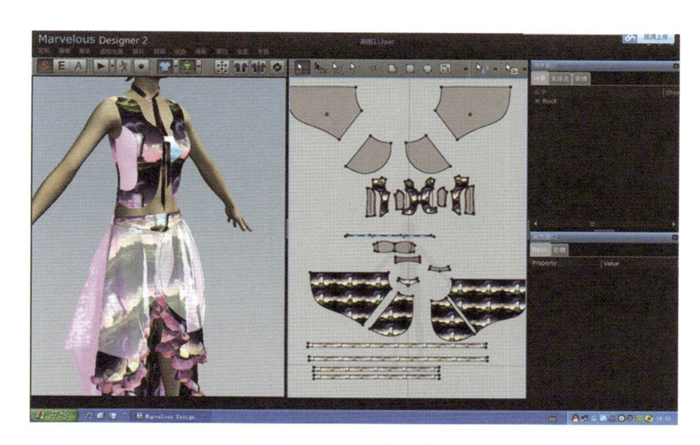

图 1-1　三维服装设计

图 1-2　二维衣片展开

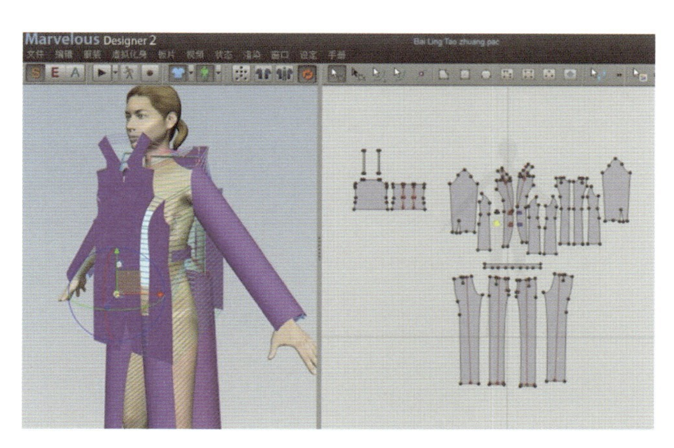

图 1-3　三维服装虚拟缝合

图 1-4　三维服装虚拟模特试穿

服装CAD构成

从广义来讲，服装CAD可以包括一切能够辅助完成服装设计工作的计算机技术，涵盖了纱线、织物、服装三个阶段。纱线和织物阶段的CAD技术又可称为纺织CAD。本节所介绍的服装CAD，是指辅助完成服装设计与纸样处理的CAD系统，主要分为两类：服装款式系统和服装纸样系统。从功能来讲，服装款式系统主要实现了计算机辅助服装款式设计；服装纸样系统主要实现了计算机辅助服装的打板、放码和排料功能。由于服装款式系统在国内外服装行业中的应用并不广泛，设计师更倾向于使用一些通用的图形处理软件，如：Photoshop、Illustrator和CorelDRAW等，所以很多人提到服装CAD时，大多是指服装的纸样系统。

通常，服装CAD系统由硬件系统和软件系统两部分组成。

一、硬件系统（图1-5）

1. 输入系统

服装CAD的输入系统常见的主要有：数码相机、数码摄像机、数字化仪、扫描仪等。

2. 中央（图形）处理系统

服装CAD的中央（图形）处理系统应用最为广泛的是微型计算机（PC），操作系统Windows。

3. 输出系统

服装CAD的输出系统主要有：打印机、绘图仪等。

4. 自动裁剪（CAM）系统

自动裁剪（CAM）系统可接受CAD出的排料图文件，实现自动衣片裁剪。

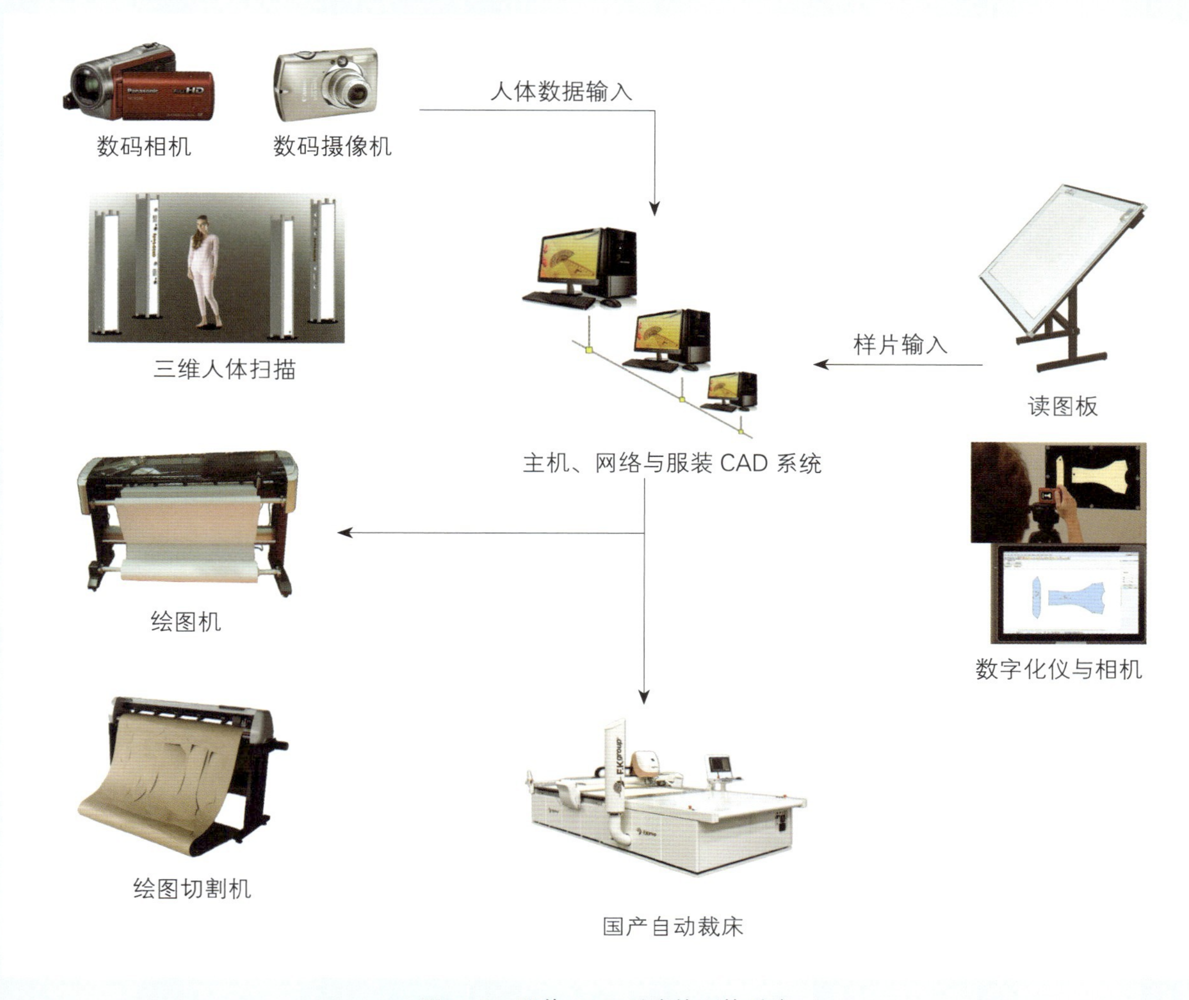

图1-5 服装CAD系统的硬件系统

二、软件系统

1. 模拟试衣系统

二十多年前，以服装CAD系统为基础，扩展、开发了模拟试衣系统，应用于服装企业设计部门或产品门店。通过建立款式库、服装部件库和服饰配件库，并配有模特库，使得用户可以根据自己的选择或设计将不同的服饰部件搭配成服装，并通过现场对客户本人的摄像或数码拍照后进行模拟试穿，使客户能直观、快捷地选择或设计自己喜欢的服装。由于试衣款式设计变化、生产工艺与企业资源计划等方面的数据难以实现互通、共享以及一些其他原因，此项技术现已基本退出市场。

2. 款式设计系统

可将设计师的构思、创意、设计风格通过计算机进行服装效果图和服装款式图的设计且完美地表现出来。目前，常用于款式设计的图形/图像处理软件主要有：Illustrator、CorelDRAW、Painter及

图 1-6　设计款式图

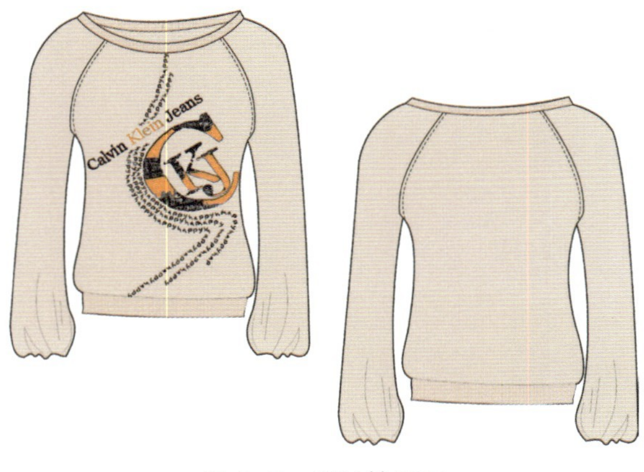

图 1-7　设计效果图

图 1-8　CAD 放码后的纸样

Photoshop等。再就是专业开发的服装款式设计软件。设计款式图及设计效果图如图1-6、图1-7所示。

3. 面料设计系统

此功能是从纺织品设计CAD系统引用过来的，用于面料的组织、纹理和图案设计，建有面料的组织、纹理和图案库，可随时调用。可在屏幕上直观地模拟出设计效果，使设计师对面料的选择更直观、方便，提高了服装设计的质量和生产效率。

4. 样片设计系统

样片设计系统一般包括样板输入、打板、放码等功能。系统提供多种画线、线段处理、衣片拾取、省/褶、剪口和缝边等工具，样板师根据设计稿或款式图、人体尺寸和相关信息，可直接在计算机上进行纸样的结构设计。也可以先做手工制板，再使用数字化仪、扫板仪或数码拍照等方式将手工纸样输入CAD系统。还能根据需要对衣片进行修改、调整、分割或合并、缝合检验、缝份的加放以及标注各种记号等。衣片可以通过绘图仪绘制在样板纸上或直接切割成硬纸样。也可直接发送到自动裁床进行面料的裁剪，从而缩短了样衣的制作过程。

5. 放码系统

放码是以基码纸样（一般为中号尺码）为基准，根据纸样中各关键点的档差进行放缩，推放出不同尺码的服装样板的过程。传统的手工放码包括计算、移点、描点连接和检查等步骤，费时费力，效率低下，劳动强度很大。使用CAD放码，则速度提高很多，打板师只需要建立相应的放码规则表，即可实现边打板边放码。也可在打好的衣片放码点上输入相应的档差数值，快速推放出其他各号型的衣片，如图1-8所示。

有的服装CAD软件还提供了自动放码功能，如果在纸样结构设计时，所有的尺寸数据都是根据个体的主要尺寸（胸围、腰围、衣长、袖窿、领围等）的比例得到，则纸样绘制完毕，输入主要尺寸的档差，就可自动生成其他号型的纸样。

6. 样片排料系统

排料（俗称排马克）是服装生产中的重要工序，排料的结果直接关系到面料的用料率，对服装产品的成本产生影响。设置好面料的幅宽、缩水率、衣片的搭配、数量、方向、尺码范围等信息，即可进行排料。常用的服装CAD软件一般提供两种排料方式：自动排料和交互式排料。自动排料是指软件根据服装样片的形状和大小，按一定的计算方法自动排列在排料区中，完成排料。交互式排料是指用户可以使用鼠标人工拾取纸样在排料区中进行排列，反复调整衣片的位置，直到满意为止。有的公司还推出了超级排料工具，可以将自动排料的用料率提高到有经验的排料师手工排料的程度，如图1-9所示。最终完成的排料结果可以通过输出设备（大型绘图机、打印机等）输出，也可以通过网络发送给自动裁剪系统（CAM）直接裁割。

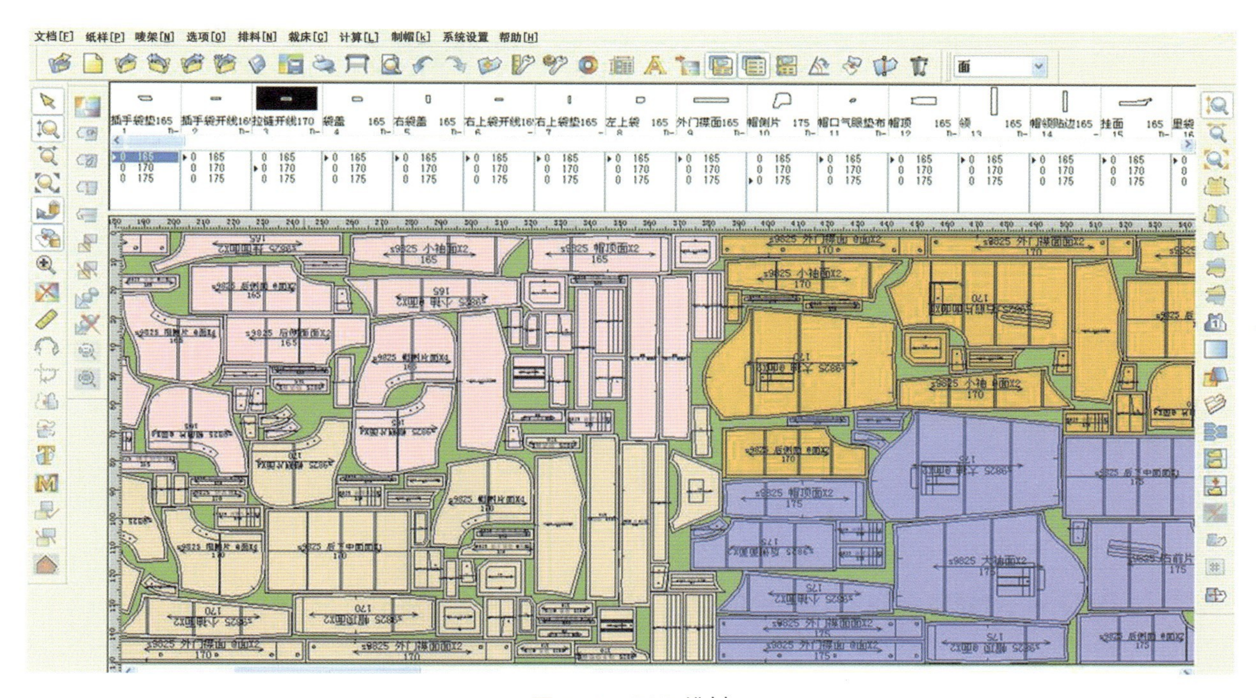

图1-9　CAD排料

目前服装企业应用比较广泛的CAD软件主要有：

（1）（美）格柏（GERBER）。

（2）（法）力克（LECTRA）。

（3）（美）派吉姆（PGM）。

（4）（中）富怡（RICHPICE）。

（5）（中）日升天辰（NAC）。

（6）（中）布易（ET）。

（7）（中）至尊宝纺（MODASOFT）。

（8）（中）丝绸之路（SILK ROAD）。

第三节 服装CAD的应用情况

目前，发达国家绝大多数服装企业都已配备了服装CAD系统，企业与合作工厂之间的数据交换也都是CAD系统生成的文件。近十几年来，随着我国服装教育对服装CAD的重视，以及国内多家服装CAD供应商的出现，我国服装企业应用CAD的普及率也大为提高，其中近万家上规模的服装企业CAD的普及率超过90%。

服装CAD的放码和排料功能在企业中应用最为广泛，但打板功能的应用相对要弱一些。这主要有两方面的原因：

（1）服装CAD软件制板需要掌握的内容比手工制板要复杂，而且不同企业使用的CAD软件有可能不同。需要不断地学习新的操作方法，这些额外的精力付出，使那些不再年轻、精力有限的打板师敬而远之。

（2）部分已经习惯于传统手工打板的板型师，让他们转而使用服装CAD，总会认为计算机屏幕尺寸有限，观感远不如实际1∶1的纸样。另外，将手中的笔和画尺换做鼠标操作，一时难以改变。

近年来，随着CAD技术的发展和服装消费观念的改变，服装市场的竞争越来越激烈，传统的生产模式已无法满足新的市场需求。为适应这种变化，更高层次的新技术已逐渐应用于服装的生产与制作，例如，服装量身定制MTM；三维人体扫描、建模；服装2D/3D设计、试衣；工艺制单CAPP以及企业资源计划ERP等。而服装CAD在这之间起着承上启下的关键作用，发挥着越来越大的作用。

国内外的服装CAD软件供应商很多，运行着不同的版本。各种软件都有自己不同的使用群体。有CAD需求的用户，要做市场调查、企业分析、产品定位，并根据自身的实际情况，如经济能力，人员的专业技能，特别是计算机的使用经验、打板师的习惯手法、场地条件等，再决定使用哪种CAD系统，避免盲目引进无法正常使用而造成的经济损失。

思考题

服装CAD系统能否在互联网技术与云计算应用的基础上，搭建为统一的技术平台，实现无边界共享？

第二章

富怡V9.0打板、放码系统

学习重点

1. 了解智能笔强大的制图功能，熟练掌握智能笔正确的使用方法，左键、右键的不同作用，灵活运用，熟能生巧，举一反三。

2. 学习、掌握点放码与线放码的不同放码理念，点放码为逐点放码方式，侧重于放码点坐标的变化，通过改变x、y坐标值（dx，dy）实现尺码的放缩，点放码过程较为繁琐，放码精度较高。线放码为线切割放码方式，侧重于衣片的切开、移动，然后再顺接。放码过程快捷，易学，放码精度一般。

学习难点

1. 转省、收省、单圆规与三角板等实操手法。
2. 点的属性确定放码的执行情况，如何分析、确定放码点？
3. 如何确定线放码的切开位置，如何使用和判断放码线。

服装结构设计，又称样片设计（P.D.S.）、开头样或打板，分立体构成和平面构成两种形式。制板方式分手工打板与电脑打板。

服装CAD打板，就是应用电脑取代手工服装制板、放码、排料的工作过程。但是运用服装CAD打板必须建立在手工制板基础上，可以利用电脑直接打板（开头样），能高效、准确地制板，然后放码、排料。也可以手工开头样，然后通过数字化仪输入将样板读入电脑，再进行放码、排料。

富怡服装CAD系统经过十几年的发展，已经非常成熟。Version 9.0共有四种版本：企业版、电商版、院校版和学习版。企业版与电商版面对服装企业或设计师/打板师工作室，具备全套功能。院校版针对高校、中等院校，可网络连接数十台终端，适合于教学。前三种版本的系统需要购买方可使用。学习版针对零散个人提供免费下载服务，该系统打板、放码的功能与操作手法与前三种完全相同，只是将输入/输出功能屏蔽了，仅用于学习，不能生产应用。

打板

富怡打板与放码系统集成了纸样设计功能与放码功能，使得纸样的打板与放码工作在一个界面下就可以完成。工具栏也分列为纸样设计工具栏与放码工具栏。

一、打板与放码系统界面

系统启动后，常用的打板和放码工具栏自动定位在系统界面的上方（横列）与左侧（纵列）。工具栏也可以被拖动出来，悬浮于系统界面上方，或者放置于使用者习惯的位置，方便使用。另外，系统还预留了一些自定义工具栏，可随意添加其他的应用工具，如图2–1所示。打板与放码系统主要包括以下部分：

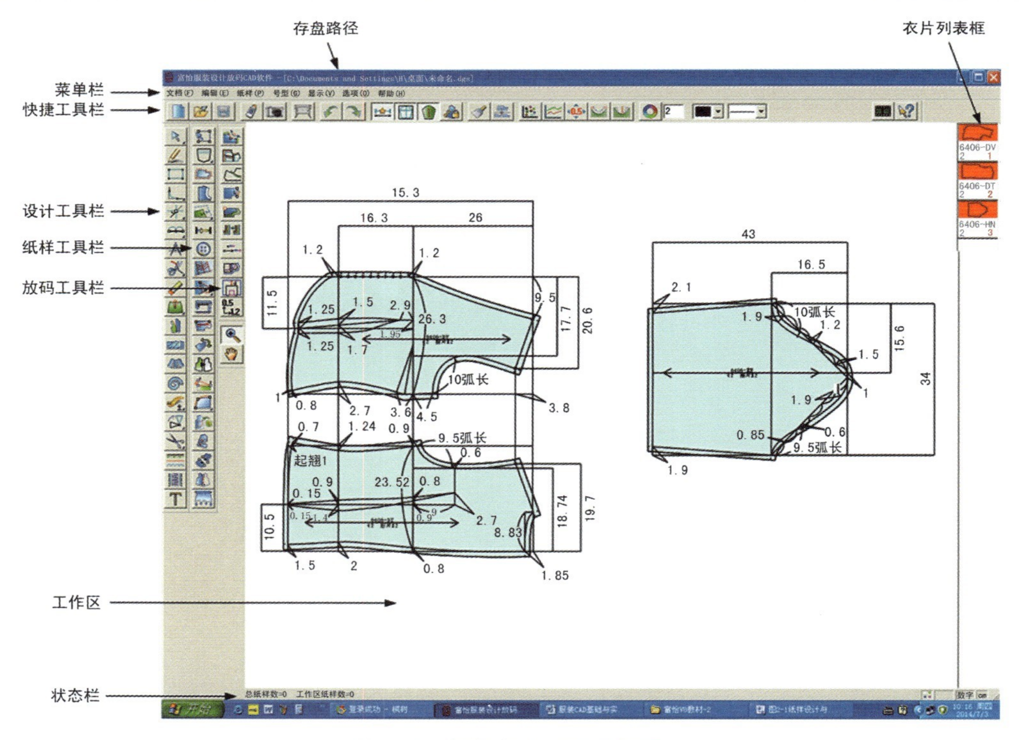

图 2–1　打板与放码系统界面

1. 菜单栏

该栏放置菜单命令，包括【文档】、【编辑】、【纸样】、【号型】、【显示】、【选项】和【帮助】命令，可用下拉菜单方式获取各种命令，如图2-2所示。

单击一个菜单时，会弹出一个下拉式命令列表。可用鼠标单击选择一个命令；也可用键盘上的快捷键【↑】、【↓】选择命令，按回车确定；还可以按住【Alt】键的同时，单击命令后面括号中对应的字母，再用方向键选中需要的命令。

当熟悉了各菜单的命名后，对于一些常用的命令，使用快捷键更方便，可大大提高工作效率。本书后附录中列出了快捷键组合，供读者参考。

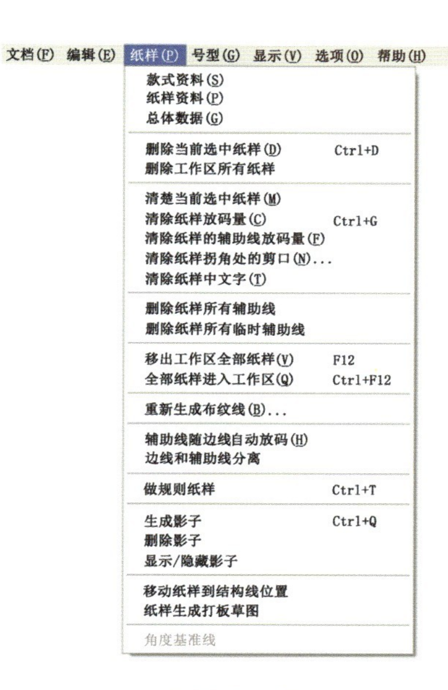

图2-2　菜单栏

2. 快捷工具栏

放置常用命令的快捷图标，为快速完成纸样设计与放码工作提供了极大的方便。

3. 衣片列表框

放置当前款式中的全部衣片。每一片放置在一个小格的纸样框中，纸样名称、布料名、份数和次序号都显示在这里，并可通过拖动纸样进行顺序的调整。还可以选中衣片后，对其进行复制或删除。衣片列表框的布局可通过【选项】—【系统设置】，在“界面设置”标签上的“纸样列表框布局”栏中改变其位置，如图2-3所示。

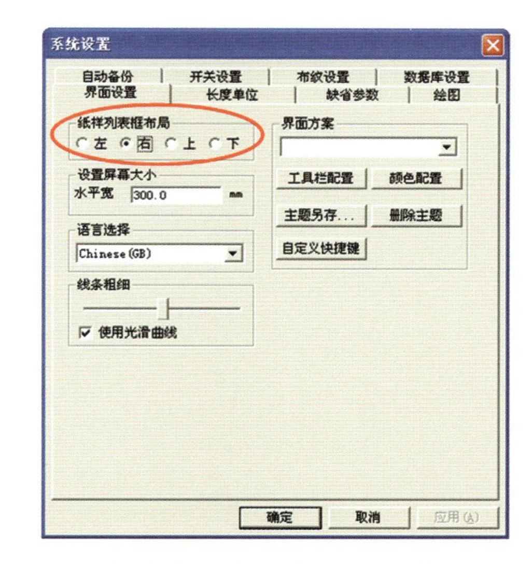

图2-3　纸样列表框布局调整

4. 设计工具栏

存放着结构设计图的基本工具。可以进行结构设计的绘制、分割、拼接、旋转、对称以及复制、移动等。

5. 纸样工具栏

可对拾取的纸样（衣片）进行细部加工，例如，省道或褶裥、剪口、钻孔、缝份、布纹线等的添加与设置，衣片旋转、翻转、分割、拼合以及对称等功能。

6. 放码工具栏

存放着放码所用到的常用工具。可以对全部或部分号型进行调整、修改。

7. 工作区

用于绘制款式结构、衣片拾取，并可对衣片进行修改与放码，排列要打印的纸样裁片，显示绘图纸边界。

8. 状态栏

状态栏位于系统界面的最底部，显示当前选用工具的名称及操作步骤的提示。读者可以不必完全记住每个工具的操作步骤，选择某个工具后，可按状态栏操作提示进行。

二、工具栏内容

1. 快捷工具栏

快捷工具栏中的工具图标及其操作功能，如图2–4所示。

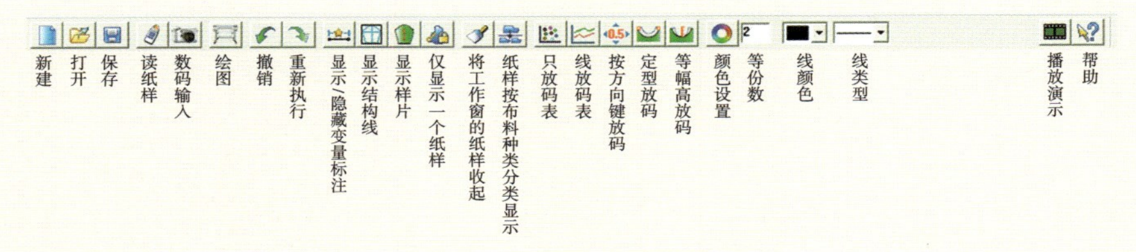

图 2–4　快捷工具栏

2. 设计工具栏

设计工具栏中的工具图标及其操作功能（横列），如图2–5所示。其中，图标右下角带黑小三角的为复合工具。

3. 纸样工具栏

纸样工具栏中的工具图标及其操作功能，如图2–6所示。

4. 放码工具栏

放码工具栏中的工具图标及其操作功能，如图2–7所示。

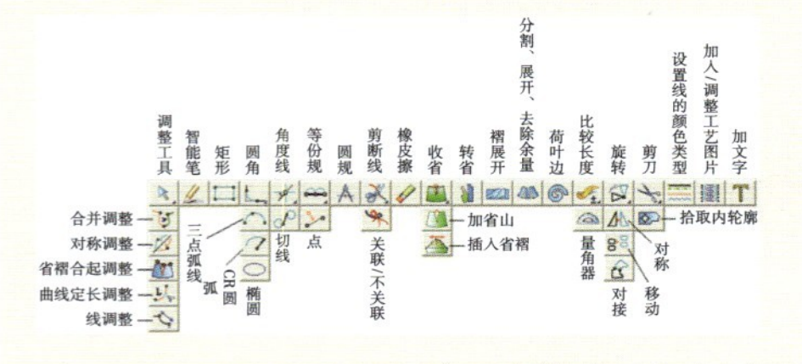

图 2–5　设计工具栏

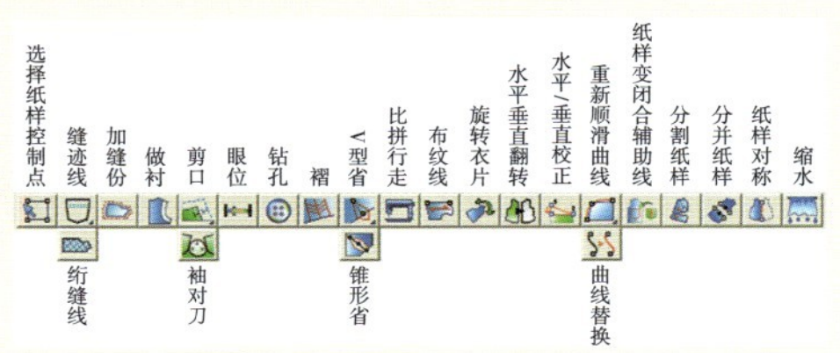

图 2–6　纸样工具栏

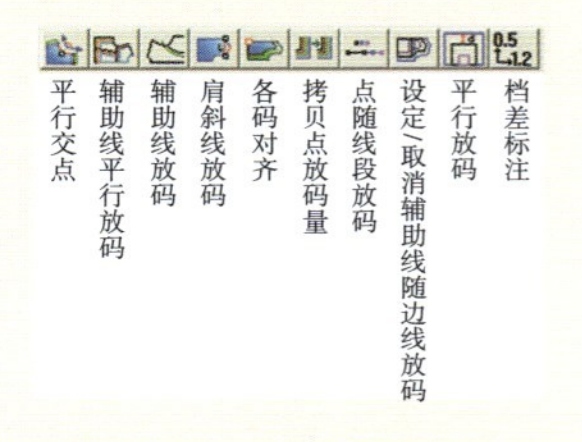

图 2–7　放码工具栏

三、智能笔的功能、操作手法与技巧

智能笔具有极其强大的画线与线段处理功能，使用一个工具即可实现多项操作过程，通过学习并掌握其应用方法能大大节省时间，提高工作效率。智能笔的具体功能、操作手法与技巧编辑如表2-1所示。读者可将该表打印成单页，方便对照学习与实际操作练习。

（一）智能笔功能对照

表2-1

工具	图标	功能	操作手法/技巧
智能笔		画线	画任意直线、弧线、折线。按右键可切换“画笔”或“丁字尺”
		画矩形	在空白处，用左键拖拉可画矩形。按着【Shift】键，在指定点可画矩形
		调整线段形状	在线上单击右键进入调整模式，可随意添加/删减调整点
		调整曲线长度	按着【Shift】键，在曲线的中间单击右键为两端不变，调整曲线长度。如果在线段的一端单击右键，则在这一端调整线段的长度
		角连接	左键框选两条线（可分别框选），单击右键，做角连接
		剪断（连接）线	右键框选一条线则进入【剪断（连接）线】功能
		删除	左键框选一条或多条线后，再按【Delete】键，则删除所选的线
		单向/双向靠边	如果左键框选一条或多条线后，再在另外一条线上单击左键，再击右键，为【单向靠边】；如果在另外的两条线上单击左键，为【双向靠边】
		移动（复制）	按着【Shift】键，左键框选一条或多条线后，单击右键进入【移动（复制）】功能，用【Shift】键切换复制或移动，按住【Ctrl】键，为任意方向移动或复制
		转省	按着【Shift】键，左键框选一条或多条线后，单击左键选择切开线则进入【转省】功能
		收省	按着【Shift】键，右键框选一条线，进入【收省】功能
		加省山	左键框选4条线，单击右键，作加省山
		不相交等距线	左键拖拉线进入【不相交等距线】功能，可同时复制多条线段
		相交等距线	按着【Shift】键，左键拖拉线则进入【相交等距线】，再分别单击相交的两条边界线
		单圆规	在指定点上按着左键拖动到另一条线上放开进入【单圆规】
		双圆规	在指定点上按着左键拖动到另一个点上放开进入【双圆规】
		三角板	按着【Shift】键，左键拖拉选中两点则进入【三角板】，再点击另外一点，拖动鼠标，做选中线的垂直线或平行线
		水平垂直线	在关键点上，右键拖拉进入【水平垂直线】（右键切换方向）
		偏移点/偏移线	按着【Shift】键，在关键点上，右键拖拉点进入【偏移点/偏移线】（用右键切换点/线模式）
		定点画线	鼠标放在一条线的端点，回车，可输入新的定点位置，进入【定点画线】功能

其他制板工具的应用方法请查阅附录三。

（二）智能笔操作手法与技巧简介

【智能笔】作为富怡服装CAD设计放码软件中应用最频繁、功能最强大、使用最方便的工具，即"多功能一支笔"可实现多项操作，完成各类线段的绘制、调整和处理。以表2-1列举的智能笔的20种操作手法做简单介绍，其他工具的应用不再单独介绍。

1. 画线

（1）画任意直线：在页面空白处左键单击一点，松开。移动鼠标至另一位置，再单击左键，随即按右键，在弹出的【长度和角度】对话框中输入长度值与角度值（与水平线的夹角），如图2-8所示。在打板中使用最频繁的画线方式。

（2）画弧线：在页面空白处左键单击一点，松开。移动鼠标至另一位置，再单击左键，继续移动鼠标，单击左键，第二点、第三点、第四点……最后按右键结束输入，绘出连续圆顺的弧线，如图2-9所示。常用于绘制领口弧线、袖窿弧线或其他造型弧线。

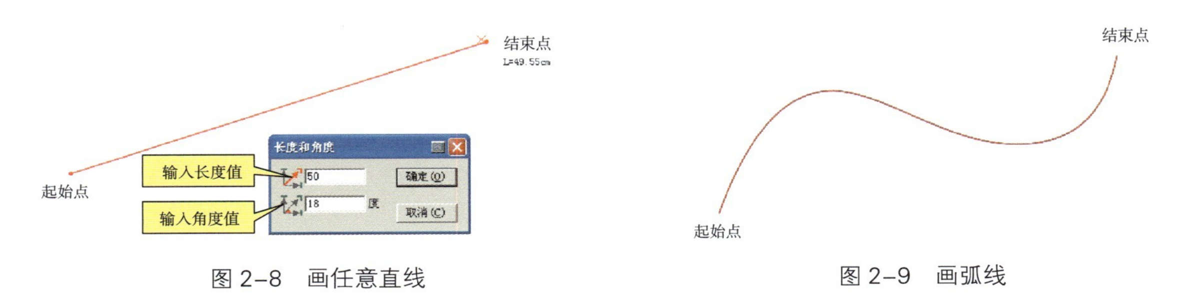

图 2-8　画任意直线　　　　图 2-9　画弧线

（3）画水平线、垂直线或45°斜线：在页面空白处左键单击一点，松开，在未按第二点之前随即按右键。此时工具切换为"丁字尺"模式，移动鼠标，再单击左键，在弹出的对话框中输入长度值，如图2-10所示。常用于绘制基准线。

功能切换技巧：点击第一点后按鼠标右键，可在"画线笔"与"丁字尺"之间相互切换。智能笔切换为"丁字尺"模式后，只能画水平线、垂直线、45°斜线，或以45°角为单位其他方向的斜线。

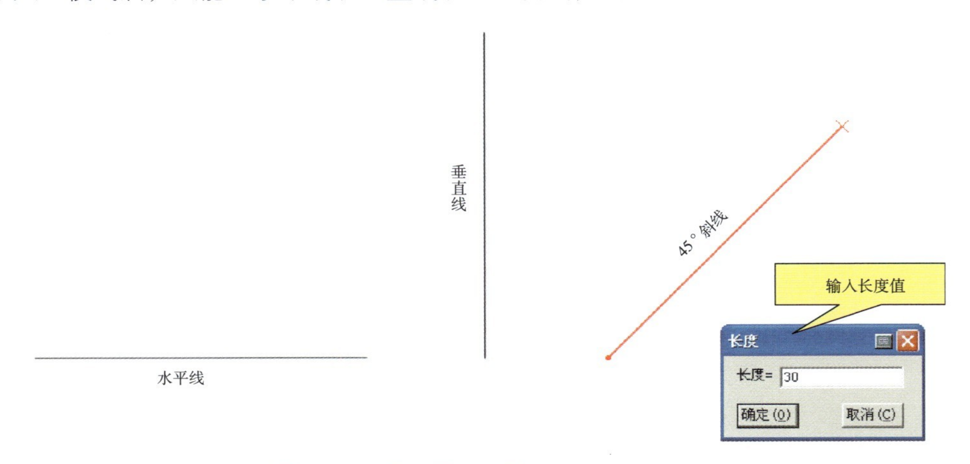

图 2-10　画水平线、垂直线或 45° 斜线

（4）画连续折线：在页面空白处左键单击第一点，释放左键，按下键盘上的【Shift】键（上档键），移动鼠标至另一位置；再左键单击第二点，继续移动鼠标；击左键，第三点……最后按右键结束输入，绘出连续折线，如图2–11所示。常用于绘制省、折边造型等。

功能切换技巧：画线过程中，松开【Shift】键，返回画弧线功能，再次按下【Shift】键，继续画折线。

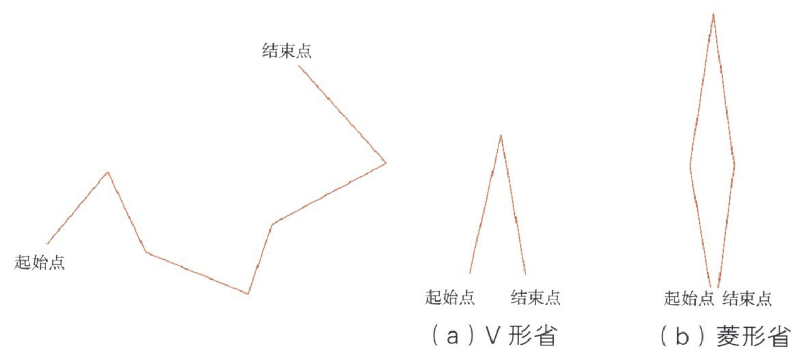

图2–11 画连续折线

2. 画矩形

在页面空白处左键单击第一点，按着左键拖动，松开，在弹出的【矩形】对话框中输入矩形的“宽”和“高”，作出指定尺寸的矩形，如图2–12所示。如需在指定点画矩形，按下【Shift】键，左键单击指定点，松开，然后拖动鼠标，在弹出的【矩形】对话框中输入矩形的数值。

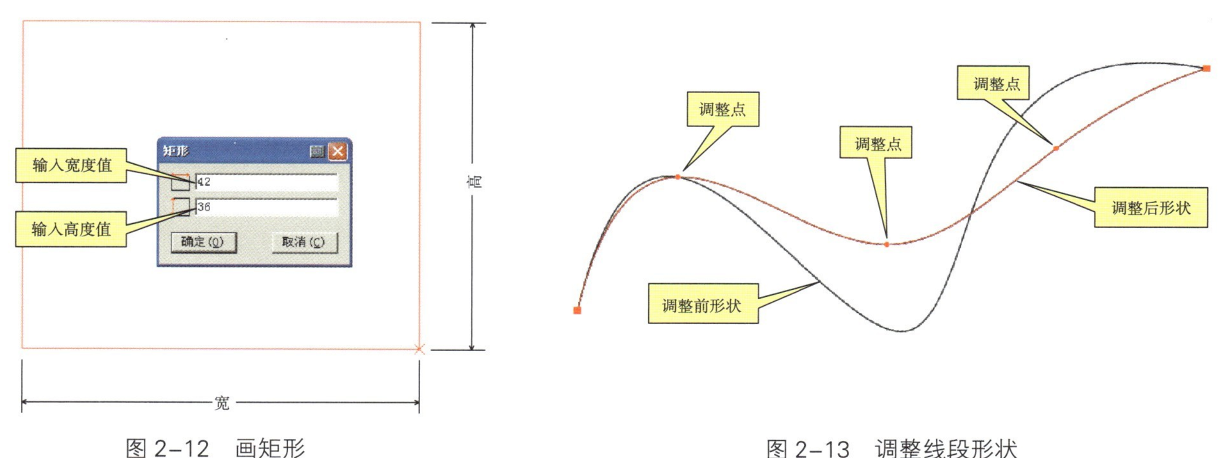

图2–12 画矩形

图2–13 调整线段形状

3. 调整线段形状

右键单击需要调整的线段（直线或曲线），松开。此时曲线上显示出一些小圆点（曲线控制点）及两个端点（方点），直线则显示两个端点。左键点击线上需要调整形状的点，并移动该点（显示的黑色线型为调整前的形状，红色线型为调整后的形状）。再移动另一个调整点……直至线段形状达到设计要求后，在空白处再点击左键，确定，如图2–13所示。

增、减调整点技巧：

（1）增加调整点：右键点击需要调整的线段，在线上任一位置单击左键，则在该位置添加一个调整点，可对该点进行移动操作。

（2）**删减调整点：**右键点击需要调整的线段，将鼠标悬停于需要删减的调整点上（该点亮起）按右键，或按键盘上的【Delete】键，该点被删除。

4．调整曲线长度

调整曲线长度，是打板中的常用功能，用于调整领口弧线、袖窿弧线、袖山弧线等。

操作手法：

（1）**直线长度调整：**按着【Shift】键，右键单击靠近线段（直线或曲线）需要调整长度的一端（不要点击端点），在弹出的【调整曲线长度】对话框中输入调整值。第一栏为原来线段的长度，显示为灰色，不可输入数值；第二栏为调整后的线段长度，可输入所需要改变的新长度值；第三栏为长度变化值，仅输入长度增减值，正值为延长，负值为缩短，如图2–14所示。

（2）**曲线长度调整：**在调整点沿弧线的切线方向改变长度，调整后的部分为直线，如图2–15所示。

（3）**调整弧长：**按着【Shift】键，右键单击曲线中部，曲线的两端点保持不动，如图2–16所示。

5．角连接

左键单选或框选需要构成角的两条线（只能选定两条线，大于两

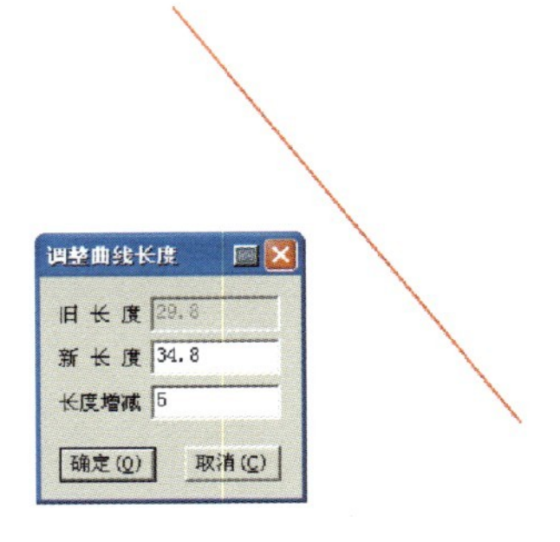

图 2–14　直线长度调整

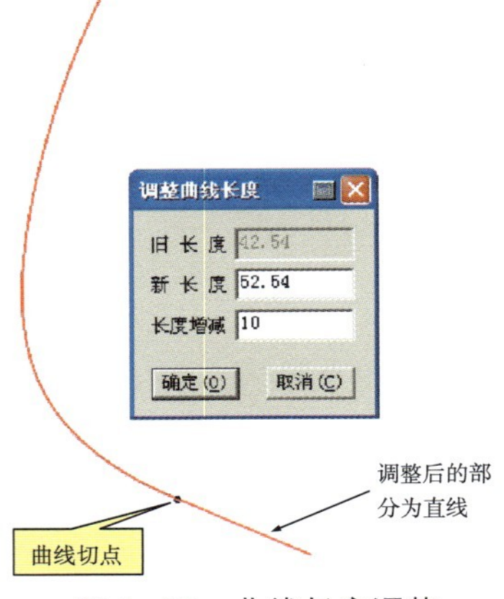

图 2–15　曲线长度调整

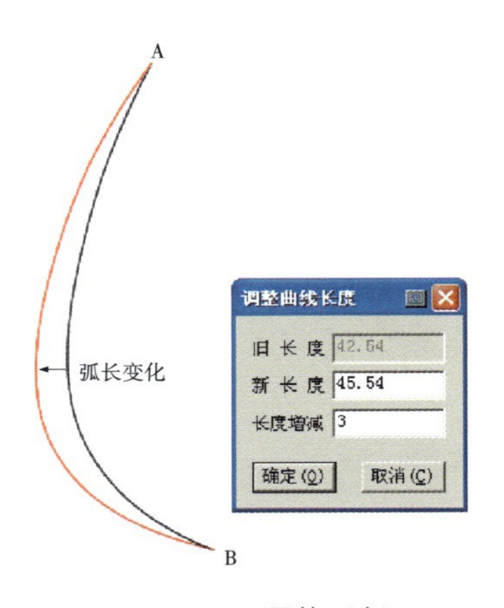

图 2–16　调整弧长

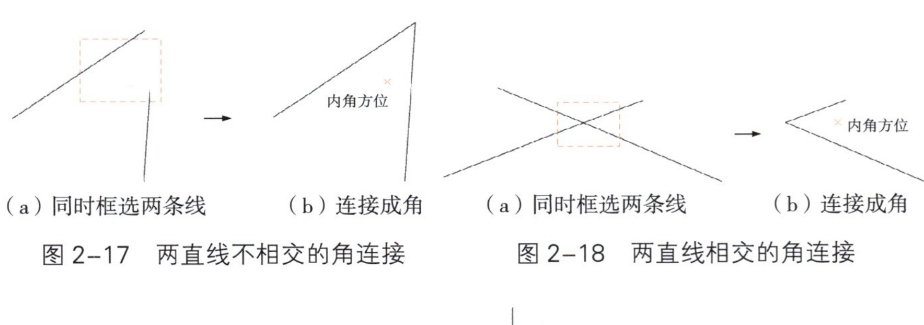

（a）同时框选两条线　（b）连接成角

图 2–17　两直线不相交的角连接

（a）同时框选两条线　（b）连接成角

图 2–18　两直线相交的角连接

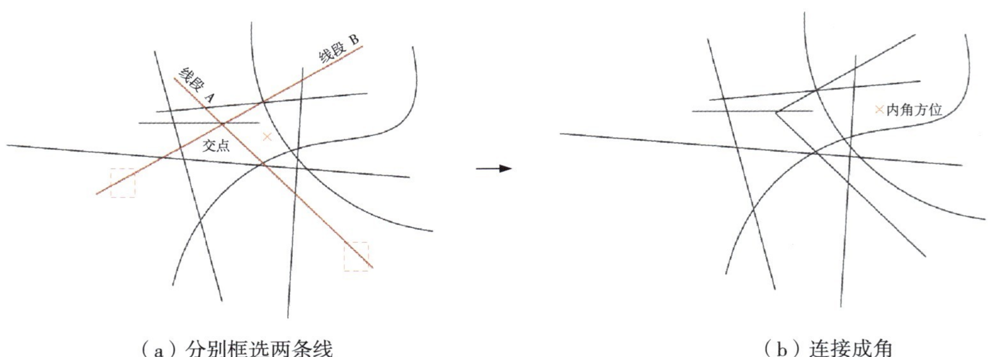

（a）分别框选两条线　（b）连接成角

图 2–19　多条线段交杂的角连接

条线该功能不被执行），松开，将鼠标移至构成角的内角方位，按右键，连接成角。图2–17所示为两直线不相交的情形；图2–18所示为两直线相交的情形。

若出现多条线段同时存在、交杂的情形，不宜同时框选两条线时，可分别框选需要构成角的两条线，再将鼠标移至构成角的内角方位，按右键，连接成角，如图2–19所示。

6. 剪断（连接）线

可在线上指定位置或与另一线段的交点处剪断线。

操作手法：

（1）剪断线： 右键框选需要剪断的线段，进入【剪断（连接）线】模式，鼠标形式转换为“剪刀”。再左键单击该线段，在弹出的对话框中输入打算断开的数值（距小太阳点），确定。原线段定距被剪断为*A*、*B*两段。若需在与另一线段交点处剪断，则单击交点处，如图2–20所示。

（2）连接线： 为剪断线的逆操作，右键框选需要连接线的任意一段（一般是从左到右，或是从上到下），进入【剪断（连接）线】模式，鼠标形式转换为“剪刀”。然后左键逐一点击需要连接线的其他线段，按右键结束。原来独立的*A*、*B*、*C*三段曲线则按其大趋势被连接成为一条完整、顺滑的曲线，如图2–21所示。

7. 删除

删除即为“橡皮擦”功能。

操作手法：左键框选需要删除的线段或点（可多选），按键盘上的【Delete】键（【删除】键），所框选的对象被删除。

8. 单向/双向靠边

（1）单一线段单向靠边： 需要将线段*B*的左端正好延长至线段*A*，还要求线段*A*的长度与角度保持不变。左键框选线段*B*（可同时框选多条），鼠标移至线段*A*，击左键，然后右键，线段*B*的左端正好延长至线段*A*。前提条件是线段应有相交的可能性，如图2–22所示。

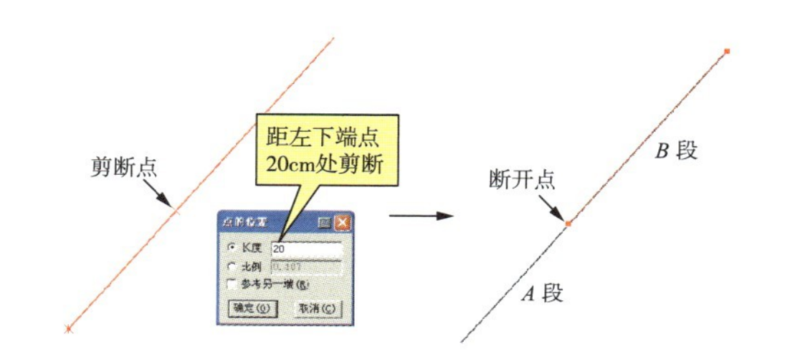

图2–20 剪断线

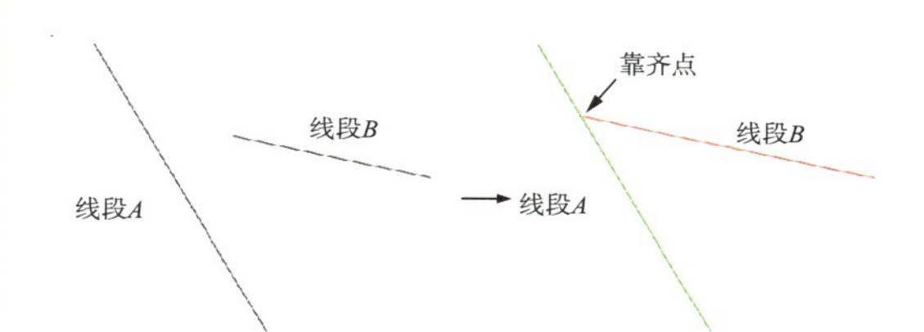

图2–21 连接线

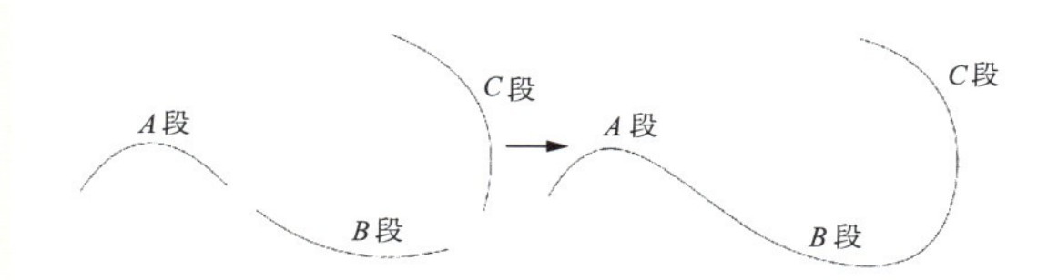

图2–22 单一线段单向靠边

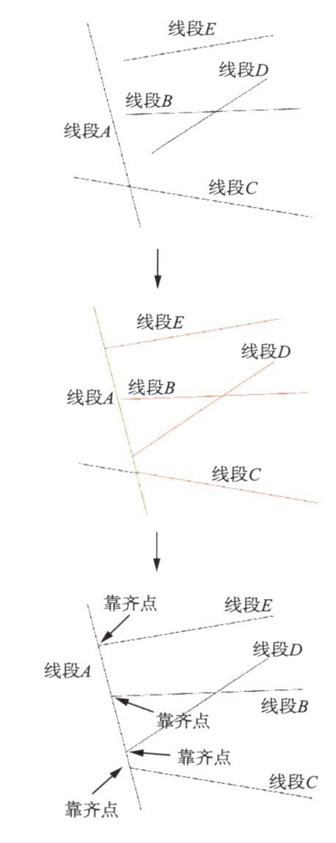

图2–23 多条线段单向靠边

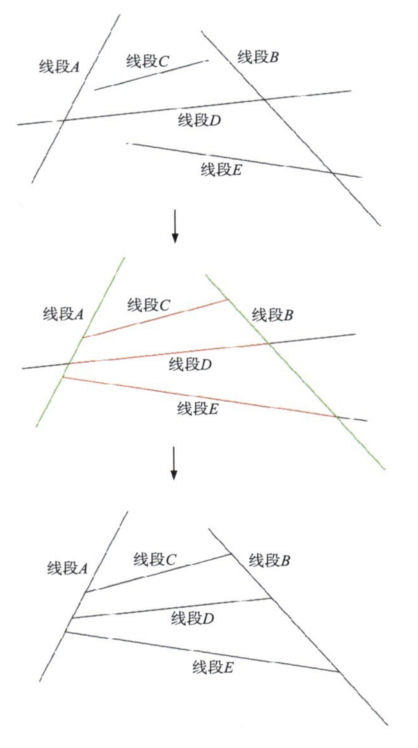

图 2-24　双向靠边

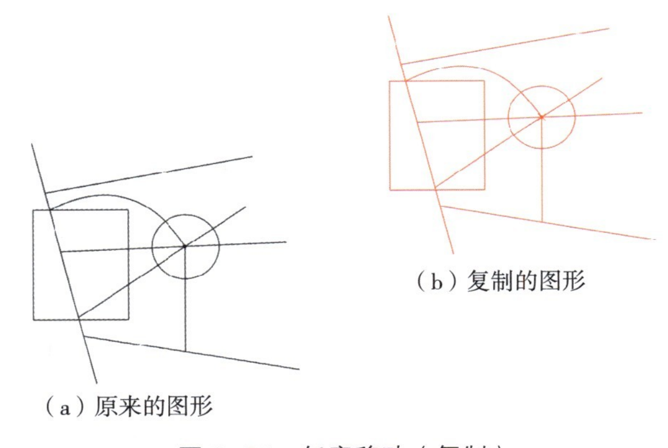

（b）复制的图形

（a）原来的图形

图 2-25　任意移动（复制）

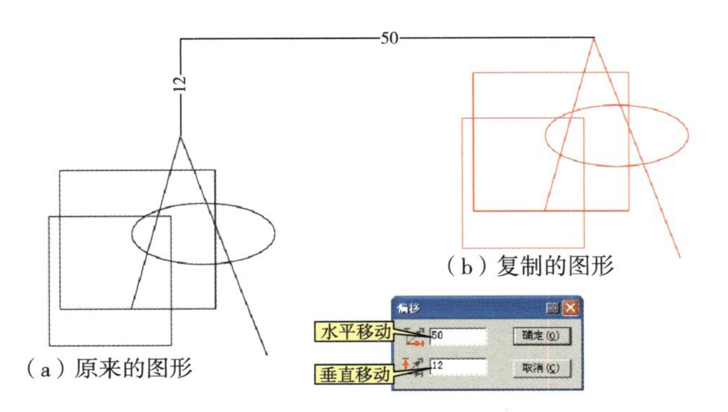

（b）复制的图形

（a）原来的图形

图 2-26　定距移动（复制）

（2）多条线段单向靠边：同时框选线段B、线段C、线段D、线段E，鼠标移至线段A，击左键，然后右键，所框选的线段同时靠齐至线段A，其中线段B、线段D、线段E的左端延长为靠齐，而线段C的左端为缩减靠齐，如图2-23所示。

（3）双向靠边：双向靠边操作手法类似于单向靠边，只是被靠齐的线段两端同时靠向两条目标线，工作效率更高。左键框选线段C、线段D、线段E，再分别单击第一目标线（线段A）、第二目标线（线段B），被框选的线段两端同时靠齐至两条目标线，如图2-24所示。

9. 移动（复制）

移动（复制）工具用于移动（复制）一条或一组线段（包括点）。此功能在打板中常用于结构线的复制与移动。

操作手法：

（1）任意复制：按着【Shift】键，左键点选一条或框选一组线段，单击右键确定（单击右键后方可松开【Shift】键），进入【移动/复制】功能，鼠标形状变成手型工具。手型的上方如果出现“×2”的字样，表明为“复制”模式。将鼠标移至选择的对象范围内击左键，松开。移动至新的位置再击左键，所选择的的对象被完整地复制出来，如图2-25所示。

（2）任意移动：与前面框选线段过程一样，当出现手型工具时，再按一下【Shift】键，手型上方的“×2”字样被消隐，表明进入“移动”模式。选择的对象被移到新的位置后，原来选择的将不被保留。

（3）定距移动（复制）：指被移动的对象按指定的水平、垂直或斜向距离移位至指定位置。按着【Shift】键，左键单选或框选需要移动的对象，按右键，进入【移动（复制）】功能。鼠标移至选择的对象范围内击左键，松开。移动鼠标，在没有点击第二点之前，先按回车键，在弹出的【偏移】对话框中输入水平及垂直偏移量（50，12），确定，完成定距移动（复制），如图2–26所示（偏移数值，X方向移动，正值向右，负值向左；Y方向移动，正值向上，负值向下）。

10. 转省

（1）全部省量合并的操作手法：

① 按着【Shift】键，左键框选需要转省的一条或多条线段（线段*A*、线段*B*），左键再单击新的省位线，进入【转省】功能（方可松开【Shift】键），按右键。

② 左键单击合并省的起始边（蓝色线），再单击另一省边（粉色线），转省完成，如图2–27所示。

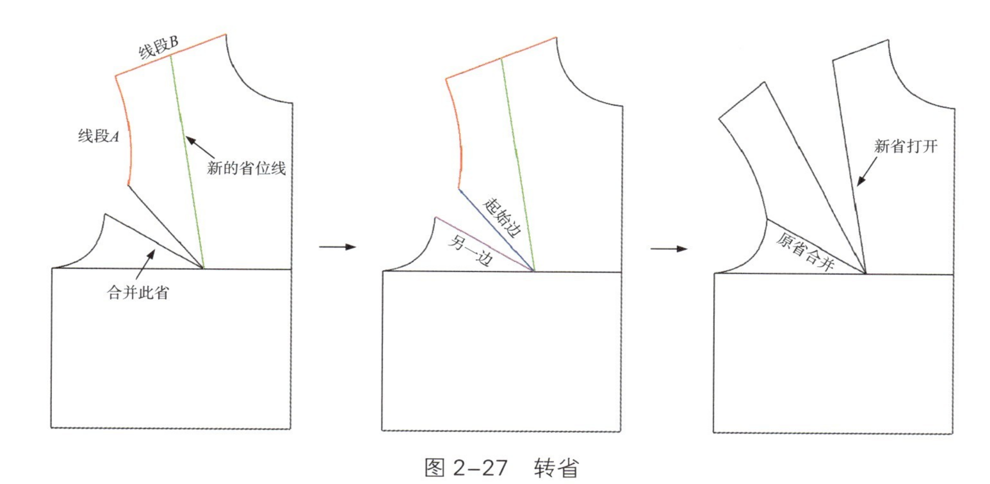

图2–27 转省

（2）部分省量合并的操作手法：可在全部省量合并的操作手法的步骤②单击起始边后，直接输入数值（转省的等分数），然后再单击另一边，则按所输入数值的比例份数转省。

11. 收省

按着【Shift】键，右键框选需要加省的线段（线段*A*），左键单击省中线（线段*B*），在弹出的【省宽】对话框中输入省量，确定。再击左键，此时在两条省边移动鼠标，确定省的倒向，省山的方向也随之改变，确定后再击左键。此时可调整加省线（线段*A*）的形状（亦可不调），按右键结束，如图2–28所示。

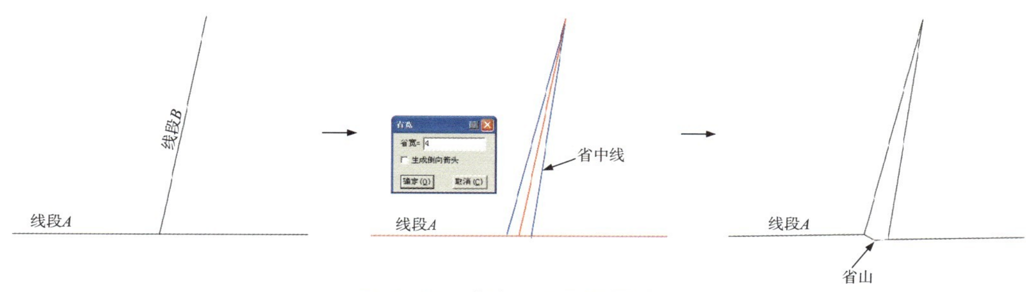

图2–28 收省（无倒向箭头）

在【省宽】对话框中,【生成倒向箭头】选项的前面如不加选择，收省后无倒向箭头标注，如图2-26所示。若此选项被选中，收省后则自动添加倒向箭头标注，如图2-29所示。

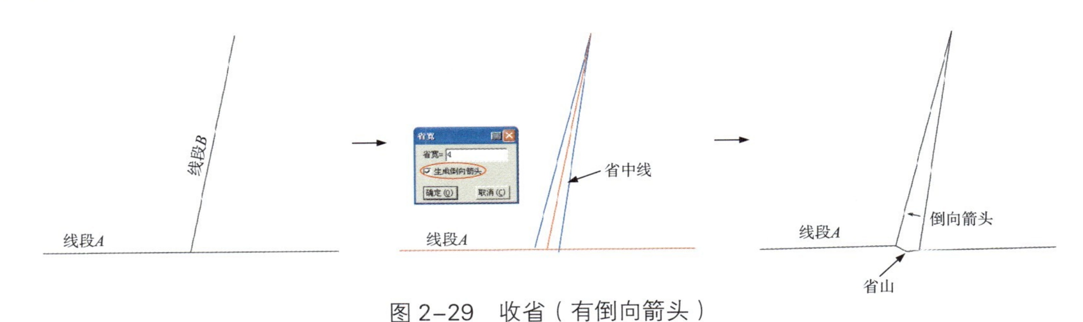

图 2-29　收省（有倒向箭头）

12．加省山

左键框选开口省的四条线（线段*A*、线段*B*、线段*C*、线段*D*），单击右键，生成省山，如图2-30所示。

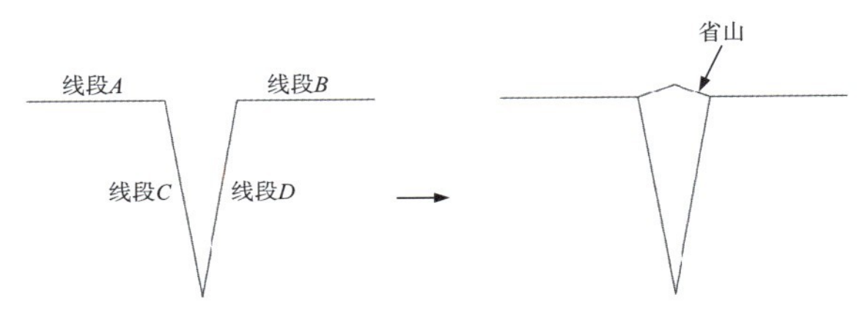

图 2-30　加省山

13．不相交等距线

不相交等距线实际上是绘制平行线，在打板中经常要用到。

操作手法：左键点击需要平行的线段*A*（靠近线段时应避开绿色的等分点），按着左键拖动该线段，再击左键。弹出“平行线”对话框，在第一栏内输入第一条平行线的距离（线段*A*—*B*间距）；第二栏内输入需要平行的根数。若第二栏内的数值为“1”，仅平行一条线段，则第三栏内的数值不起作用；第三栏内输入平行之后各线的距离（线段*B*—*C*—*D*间距），确定，如图2-31所示。

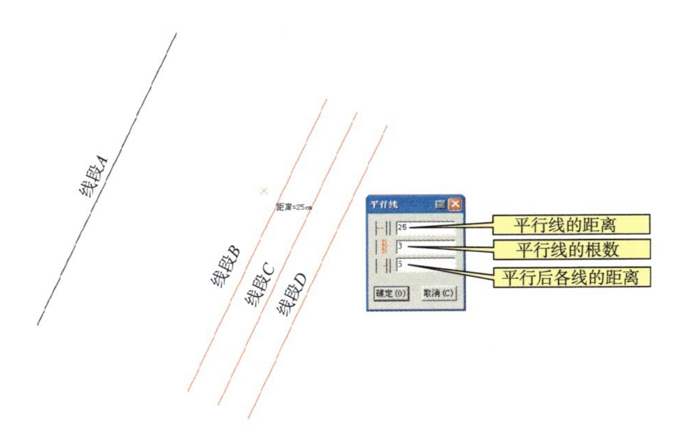

图 2-31　不相交等距线

14. 相交等距线

相交等距线，也是绘制平行线。但与不相交等距线的区别是平行出来的线段两端始终限制在两条指定线段（边界线）上。此功能常用于领圈、袖窿贴条、圆摆弧或袖口滚条等的设计。

操作手法：按着【Shift】键，左键点击需要平行的线段*C*，按着左键拖动该线段，进入“相交等距线”功能（此时出现相交等距线图标），再分别单击相交的两条边界线（线段*A*、线段*B*），设定相交的范围，移动线段*C*［线段移动时，可观察到线段*C*的两端始终限制在两条边界线（线段*A*、线段*B*）上］。再次击左键。弹出“平行线”对话框，输入各栏相关数值，确定，如图2-32所示。

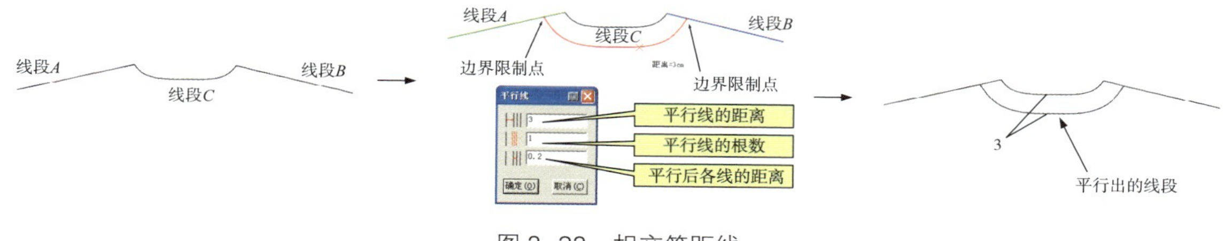

图2-32 相交等距线

15. 单圆规

单圆规的作用是绘制某指定点到某指定线之间的定长线段，而非制作圆形。此工具常用于制作肩斜线、腰口斜线等。

操作手法：左键单击指定点*A*，按着左键拖动到另一条指定线上松开（线段*B*），进入“单圆规”功能。在弹出的“单圆规”对话框中输入定长线段的长度值，如图2-33所示。

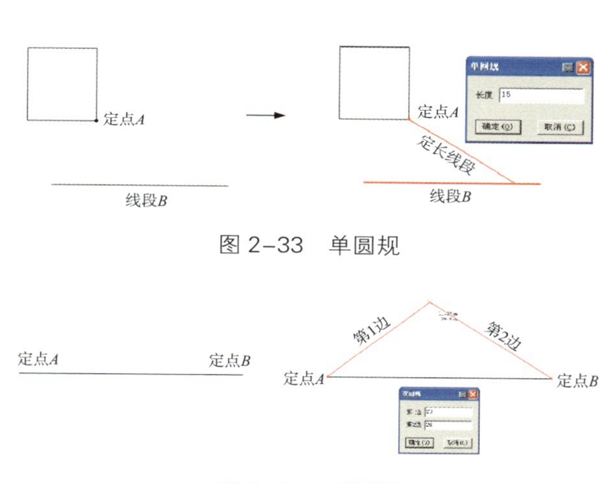

图2-33 单圆规

图2-34 双圆规

16. 双圆规

双圆规的作用是，分别从两指定点（以一条定长线的两端点为例）给定的长度尺寸，确定相交点。此工具常用于制作袖山，如已知袖宽及前、后袖山斜线长度，确定袖山高。

操作手法：左键单击一个指定点，按着左键拖动到另一指定点上松开，进入“双圆规”功能。此时，随鼠标的移动，拉出两条活动线，再击左键。在弹出的“双圆规”对话框中输入两条定长线段的长度值（第一边、第二边），作出连接线（第一边对应第一个指定点，第二边则对应另一个指定点），如图2-34所示。

17. 三角板

三角板用于在线上（或线外）指定点作与该线相垂直或平行的定长线段。

操作手法：按着【Shift】键，左键点击线段（线段*A*）的一个端点或交点，按着左键拖动至该线的另一端点或交点，松开，进入【三角板】功能。左键再点击线上（或线外）指定垂点，拖动鼠标，再击左键，在弹出的“长度”对话框中输入线段长度值，作出选中线的垂直线或平行线（线段*B*）。如图2–35~图2–37所示。

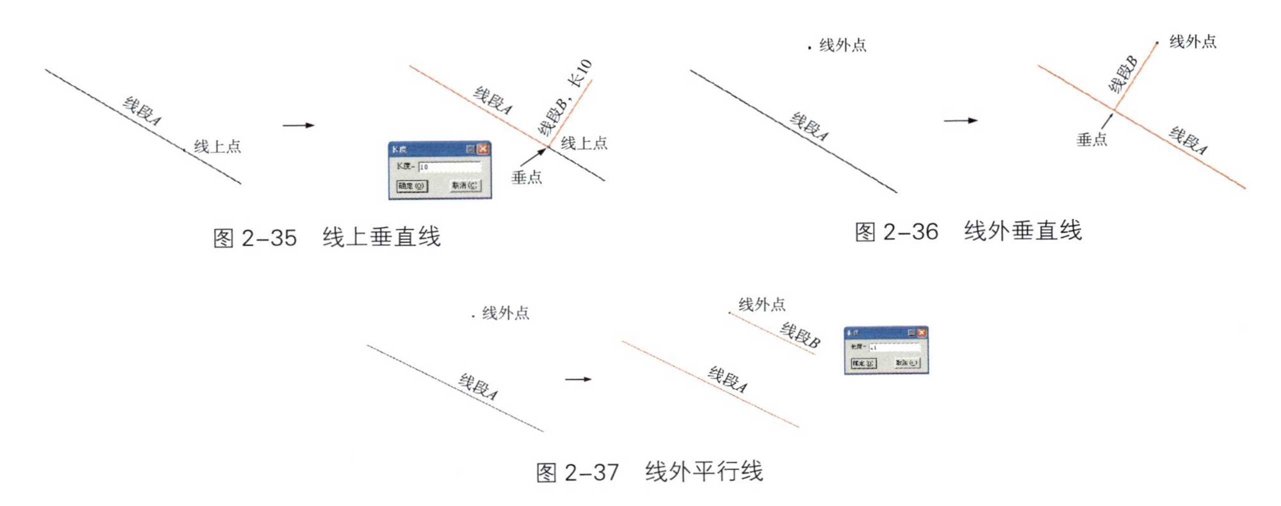

图 2–35　线上垂直线

图 2–36　线外垂直线

图 2–37　线外平行线

18. 水平垂直线

水平垂直线的功能是在指定的两点间（两点呈水平一线或垂直一线除外）同时作出水平与垂直连接线。该功能在打板中常用于袖口与袖宽线、底摆与侧缝线等的绘制。

操作手法：右键点击一个指定点（*A*点），按着右键拖出，进入【水平垂直线】功能（**若拖出的水平垂直线画线方位与要求不同，可点击右键切换方位**）。然后，左键单击另一指定点（*B*点），作出水平垂直线，如图2–38所示。

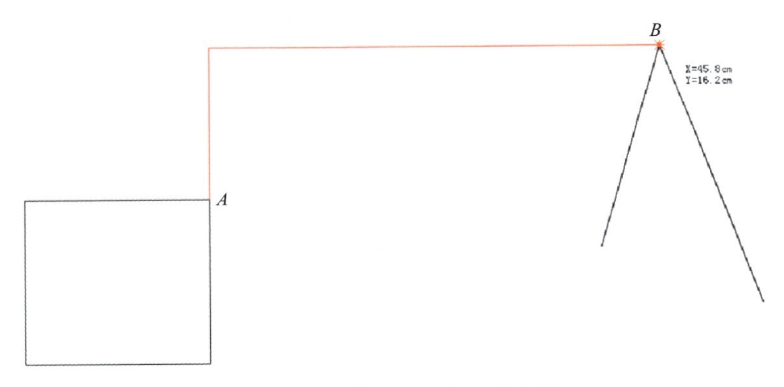

图 2–38　作 *A*—*B* 水平垂直线

19. 偏移点/偏移线

偏移点/偏移线是作出与指定点要求定距的另一定位点，或作水平垂直连接线。

操作手法：按着【Shift】键，右键点击指定点（*A*点），按着右键拖出，进入【偏移点/偏移线】功能［观察图标形式，若图标为水平垂直相交的两实线，则为偏移线模式，虚线则为偏移点模式。单击右键可在点/线模式间切换。左键单击另一点（*B*点），在弹出的【偏移】对话框中输入水平、垂直的移动距离，打上偏移点，或绘出水平/垂直偏移线］，如图2–39、图2–40所示。

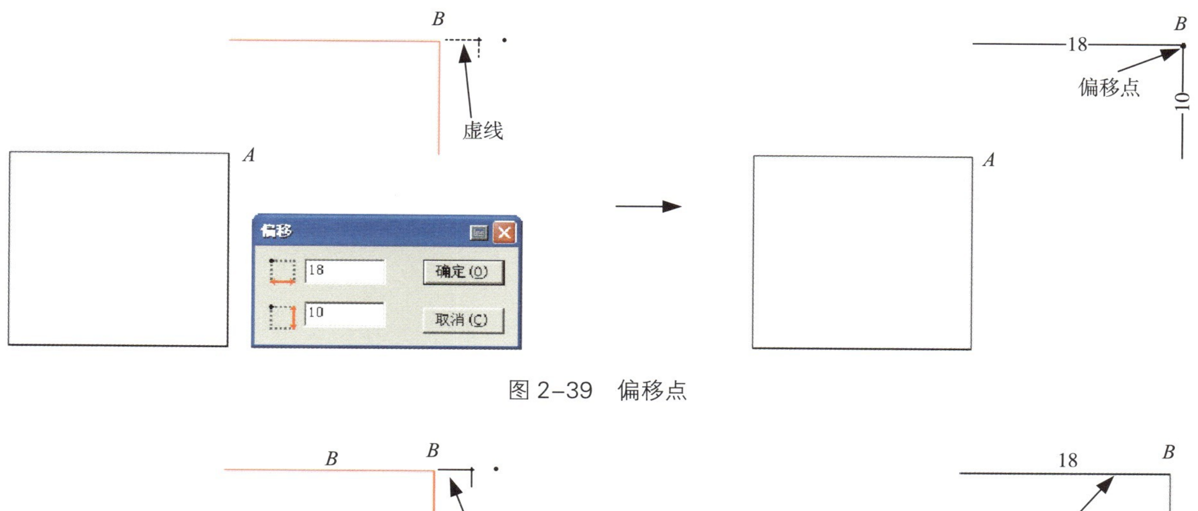

图 2-39　偏移点

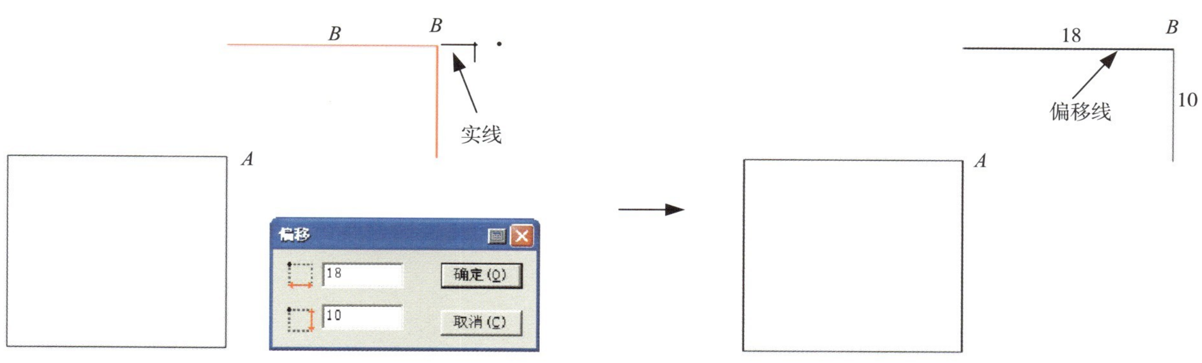

图 2-40　偏移线

20. 定点画线

（1）线上定点画线：距离线段*A*右端点10cm处加点。鼠标悬停于线段*A*的右侧，在红色矩形框中输入“10”，回车，点位确定，然后双击右键，如图2-41所示。

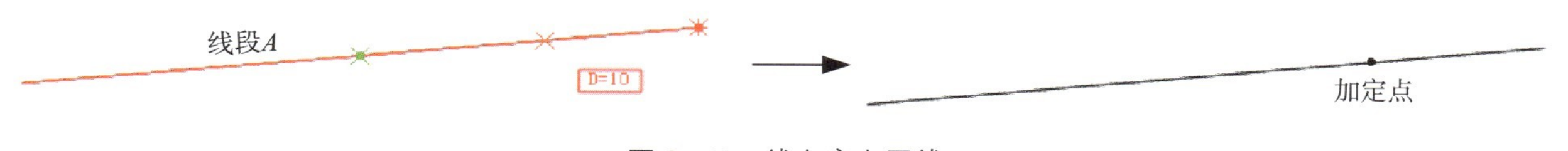

图 2-41　线上定点画线

（2）线外定点画线：鼠标悬停于指定点，回车，在弹出的对话框中输入水平移动量与垂直移动量，确定。再连接至指定点，如图2-42所示。

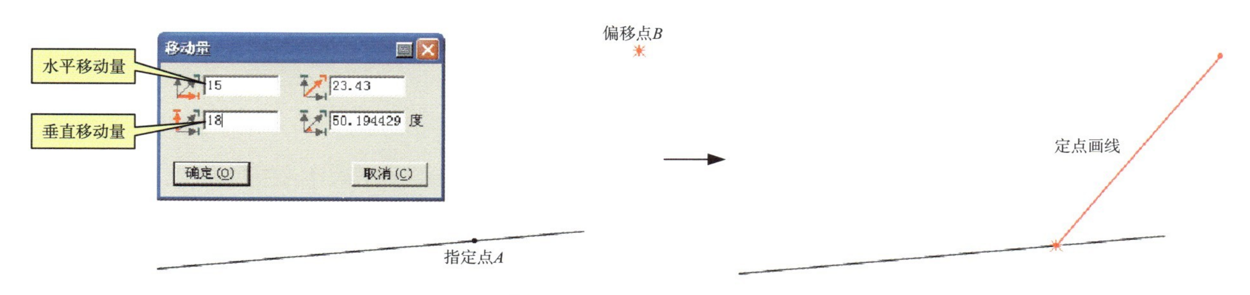

图 2-42　线外定点画线

第二节 放码

服装放码是服装结构设计的延伸，结构设计完成后，由于工业化服装生产是面对广大的消费群体的成衣生产，服装尺码需覆盖75%左右的人体体型需求。在我国服装市场上销售的服装需符合我国现行服装号型系列标准——GB/T 1335—2008的规定，参照服装号型标准中不同规格、部位的档差规定，运用一定的方法把其他不同尺码的纸样推放出来，这个过程就称为放码，也称为放号、放缩、推档或推板。

以中间码为基础，档差为依据，按照放码规则做出其他号型的纸样。

服装放码的四要素：

（1）**中间码**：服装结构设计产生的基础板，该板的尺寸不可变。

（2）**档差**：指相邻各码的差值，档差是由人体的生长规律决定的。

（3）**放码原则**：确定基准线（公共线）；把握其他线条推放的平行关系。

（4）**检查**：相同纸样、相同部位的档差是否相同；相临纸样、相同部位的档差是否相同。

富怡V9.0服装CAD系统的放码模块与先前的版本有所改动，去除了线放码、规则放码和量体放码，只保留了点放码功能，并增加了一个放码工具栏，工具栏中包括了一系列用于完成特定类型的放码操作工具，如肩斜线放码、平行交点等。富怡V9.0服装CAD系统的放码模块具有以下特点：

（1）**自动判断正负**：用点放码表放码时，软件能自动判断各码的放码量的正负。

（2）**同时能对放码量相同的部位放码**：可框选放码点进行同时放码。

（3）**纸样边线及辅助线各码间可平行放码。**

（4）**纸样上的辅助线可随边线放码，也可自行单独放码。**

（5）**平行放码**：此方法常用于文胸的放码。由于内衣码数较多，形状不规则。平行放码后的曲线（边线、辅助线）与基码的形状相似，码差为给定值。

（6）**分组放码**：可在组间放码，也可在组内放码。

（7）**文字放码**：文字的内容在各码上显示可以不同，其位置也能放码。

（8）**扣位、扣眼**：可以在指定线上平均加扣位、扣眼，也可按指定间距加扣位、扣眼。放码时在各码上的数量可以等同，也可不同。

（9）**拷贝放码量**：可一对一拷贝，也可一对多拷贝。

一、富怡V9.0服装CAD系统放码模块

富怡V9.0服装CAD系统的打板与放码模块是集成在一起的。纸样设计完成后，可直接通过点放码或线放码表进行放码，或利用放码工具栏中的命令按钮执行特定的放码操作。放码界面如图2-43所示。

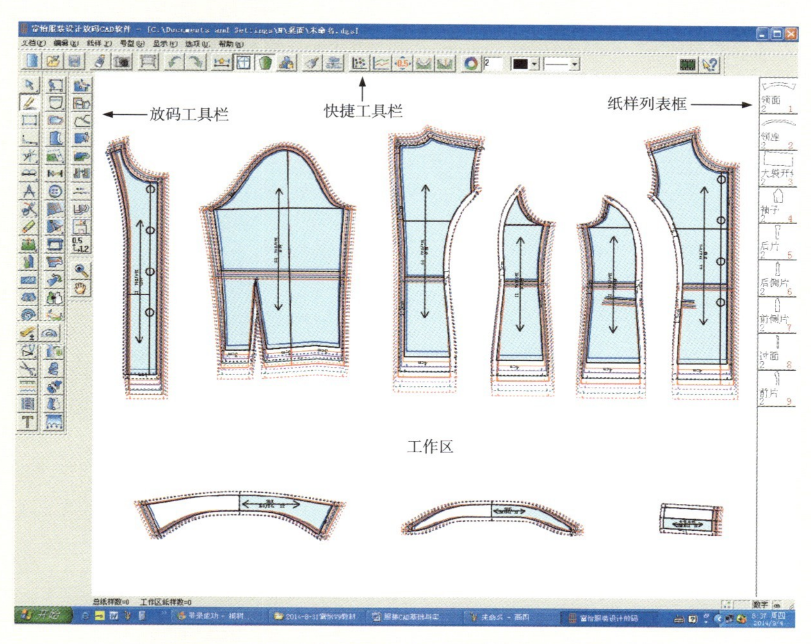

图2-43 富怡V9.0服装CAD系统的放码模块界面

工作区用于放置、选择进行放码的纸样，选中纸样后，即可根据放码点的特点，选择相应的放码工具进行放码操作。界面上端的快捷工具栏（参看第一节的快捷工具栏）中有5个用于放码的快捷工具，为【点放码表】、【线放码表】、【按方向键放码】、【定型放码】和【等幅高放码】。在界面的左侧的放码工具栏中还包含一系列特定放码方式的功能按钮，该工具栏（横列）如图2-44所示。

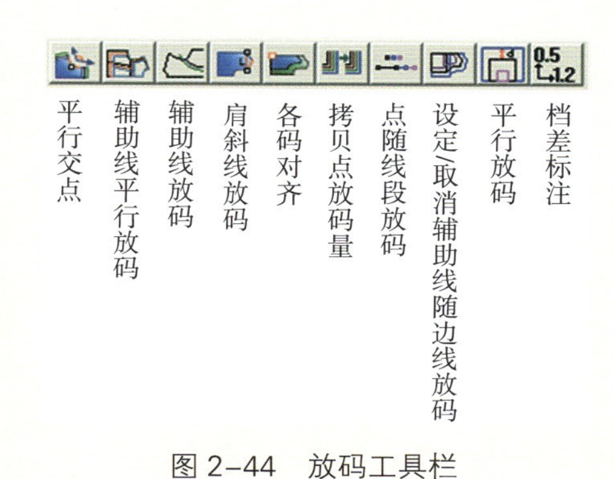

图2-44 放码工具栏

二、放码工具

（一）点放码

点放码是在纸样上靠一些关键点（放码点）按号型规格逐档移动来实现的。首先选定放码点即原始坐标，通过对这些放码点给定新的坐标增量（dx、dy），增量可以是水平方向、垂直方向或斜向的。再

从新的坐标位置绘制结构线来实现纸样放大与缩小。如图2–45所示。

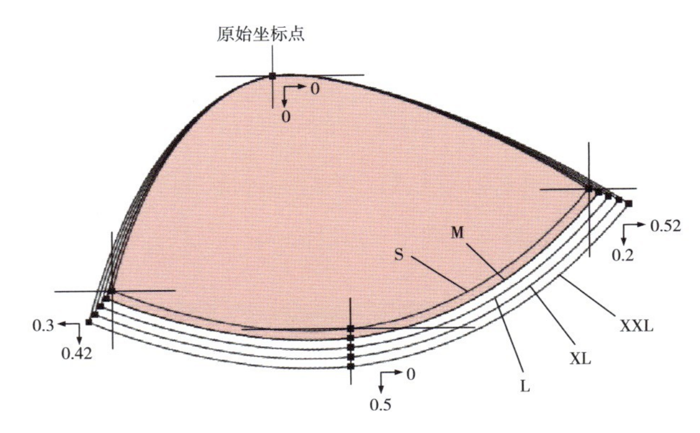

图 2–45　点放码

点击快捷工具栏上的点放码表按钮，系统弹出【点放码表】窗口，如图2–46所示。利用点放码表窗口中的工具，对纸样的单个点或多个点进行放码操作。如图2–47所示。

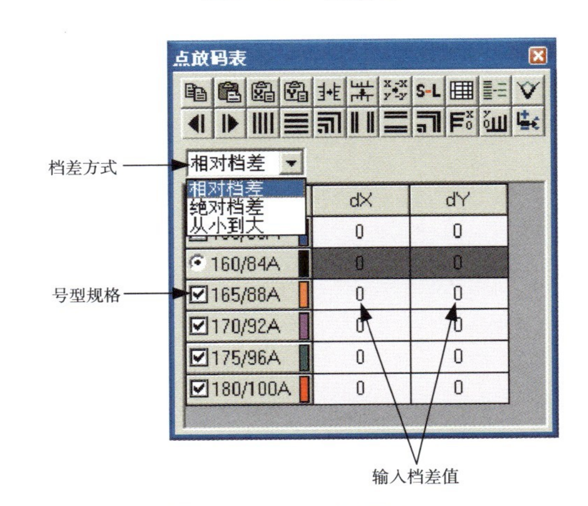

图 2–46　点放码表窗口

确定需要放码的纸样后，利用纸样工具栏中的【选择纸样控制点】工具，在工作区中单击或框选纸样的放码点，放码表窗口中的dx、dy栏被激活，可以在除基码外的任何一个码档中输入放码量，再单击放码表窗口工具栏中的【x相等】、【y相等】或【xy相等】命令按钮，即可完成该点各码的等差推放；若单击放码表窗口工具栏中的【x不等距】、【y不等距】或【xy不等距】命令按钮，即可完成该点的不等差推放。利用【选择纸样控制点】工具，按住键盘上的【Ctrl】或【Shift】键的同时，依次单击纸样上的多个放码点，也可以框选多个放码点，来选择多个具有相同放码量的放码点，同时进行放码。在工作区的任何空白处单击左键，或者按【Esc】键，则取消当前放码点的选择。

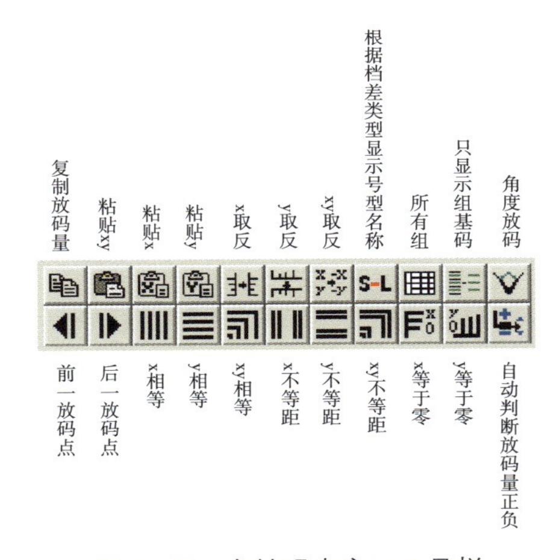

图 2–47　点放码表窗口工具栏

在点放码表窗口中，号型栏下为号型名称，号型名称前面为“□”的表示该号型为放码号型，框内打钩☑为显示该号型的放码状态，不打钩□则为隐藏该号型的放码状态。号型名称前面为“○”的表示该号型为基码，圈内有点⦿的表示基码为显示状态，圈内无点○的表示基码为隐藏状态。如果号型是单组，则数据只能是在非基码中输入；如果在号型分了组，则数据可以在非基码组的基码输入。输入完成后，再单击放码表窗口工具栏中的【x相等】、【y相等】或【xy相等】命令按钮，即可完成该点各码的推放。不等距放码方法相同。

（二）线放码

线放码的原理是基于推板的放缩原理，在母板的基础上，按照各码规格档差，对纸样进行放大或缩小。在纸样各个需要放缩的部位设置水平、垂直或斜向放码线。如图2–48（a）所示。将衣片在水平、垂直或斜向放码线上作垂直、水平或垂直于斜向放码线的方向作切开、移动。在这些切开线上可输入档差值，在标准母板的适当部位进行放大或缩小。每一条放码线可根据需要输入1～3个档差分配量，分别标示为$q1$、$q2$和$q3$：

（1）如果只输入$q1$值，则纸样作平行放缩。如图2–48（b）所示。

（2）如果同时输入$q1$和$q3$值，且$q1 \neq q3$，则纸样作斜向放缩。如图2–48（c）所示。

（3）如果同时输入$q1$、$q2$和$q3$值，且$q1$、$q2$和$q3$均不相等，则纸样作梯形放缩。如图2–48（d）所示。

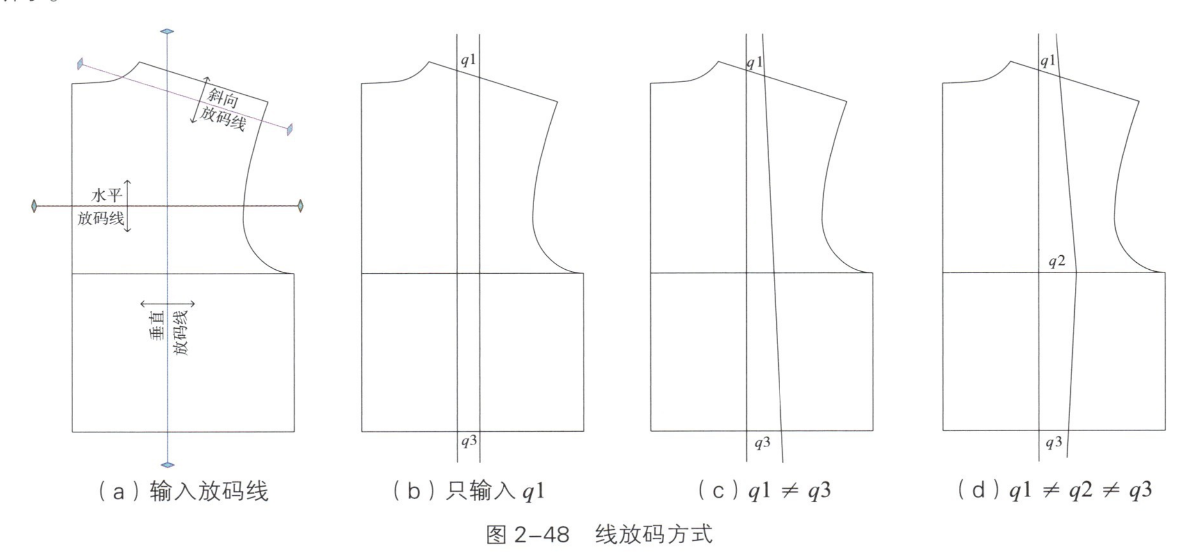

（a）输入放码线　（b）只输入 $q1$　（c）$q1 \neq q3$　（d）$q1 \neq q2 \neq q3$

图2–48　线放码方式

点击快捷工具栏上的线放码表图标按钮，系统弹出【线放码表】窗口，如图2–49、图2–50所示。

分别用【输入垂直放码线】、【输入水平放码线】或【输入任意放码线】，选择纸样，在合理部位输入放码线。然后，用【选择放码线】工具单击或框选放码线两端的小菱形标，线放码表窗口中的q1、q2、q3栏被激活，显示为白色，可以在比基码大的任一个号的栏内输入放码量，再单击放码表窗口右下角的“放码”，即可完成被选中放码线各码的等差推放（如需作等差推放，需先将【均码】键按下，系统则执行等差放码。若为非等差推放，需将此按键弹起）。

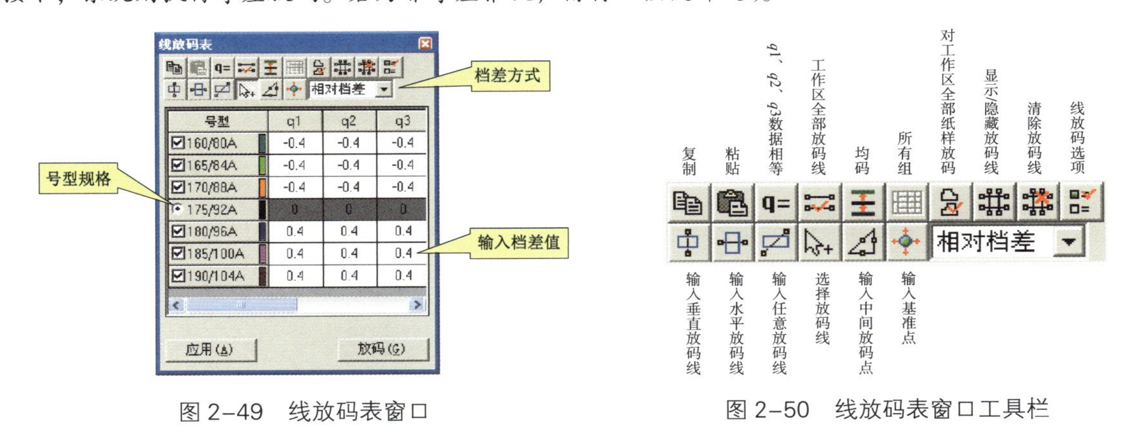

图2–49　线放码表窗口　　图2–50　线放码表窗口工具栏

执行非等差放码，先将【均码】键弹起。需在各栏内分别输入对应的放码值，然后点击“放码”。

如纸样中有多条放码线的放码值相同，可同时框选这些放码线，一次性输入放码值一并推放，提高放码效率。也可在纸样间相互复制放码值，加快放码速度。

放码表中的 q1 q2 q3，分别对应某条放码线的起始部位、中间部位和终了部位的放码状况。当【q1、q2、q3数据相等】键被按下，输入放码值后，系统则将这3个部位按同一放码值处理，该放码线作平行推放。当【q1、q2、q3数据相等】键弹起，需要分别在各栏内输入相应的放码值，系统将按填入的放码值分配给q1、q2、q3这3个部位，该放码线作非平行推放，适应体型变化非标准或规律化的个体。

【输入中间放码点】。用于在放码线内指定位置添加中间放码点。通常，每条放码线系统都默认3个放码部位（q1、q2、q3）。但某些纸样除了前面的3各部位之外，还需在特定的位置进行局部推放，可用此工具在指定点添加1个或多个中间放码点。

【输入基准点】。用该工具单击指定点，设定该点为基准点（不动点），保留原始数据。其他放码线则参照该点的原始数据，按输入的档差值作推放。

【显示/隐藏放码线】。该工具按下，可显示工作区内全部放码线，弹起则隐藏放码线。

【清除放码线】。单击该工具，删除工作区内全部放码线。若只需要删除一条或部分放码线，可用【橡皮擦】擦除。

三、女式衬衫（基板）放码（表2-2、图2-51）

表2-2 放码档差

单位：cm

号型	衣长	胸围	肩宽	领围	袖长	袖根	袖口
160/84A	2	4	1	1	1.6	1.5	0.8

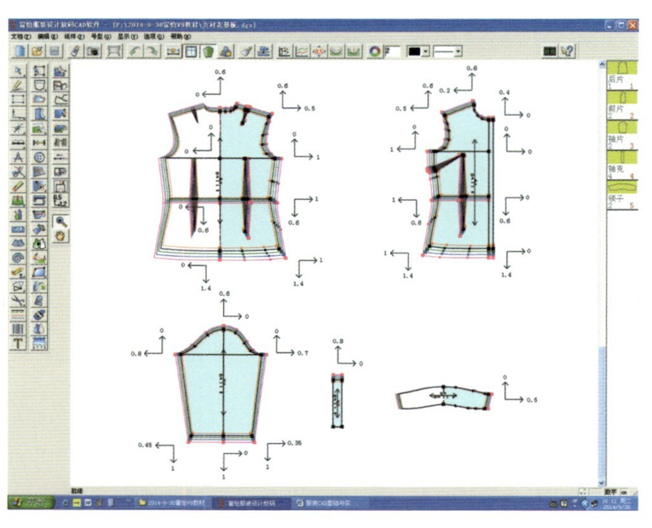

图 2-51 女式衬衫放码

思考题

1. 智能笔的灵活运用。
2. 角连接与单向靠边的不同适用情形与作用。
3. 单圆规/双圆规的功能特点？该工具与作圆形的区别。
4. 三角板与角度线的使用方法，共同点与不同点。
5. 非放码点如何调整为放码点？或将放码点调整为非放码点。
6. 使用点放码或线放码时，非等差放码的放码值有何区别，如何输入？
7. 为什么在线放码中需要插入中间放码点？

练习

1. 智能笔不同功能操作手法练习。
2. 线上定点、画线，线外定点、画线。
3. 运用三角板绘制直角线、平行线。
4. 结构线的移动/复制。
5. 变更线段颜色或类型，加文字标注。
6. 裙子放码。
7. 女外衣放码。
8. 试做放码线在衣片中遇到省、褶、定位点及衣兜等情况，如何作出的合理避让？

第三章

富怡 V9.0 排料系统

学习重点

1. 排料系统的功能分布、排料各工具匣与主、辅唛架区的作用，工具匣的打开与隐藏。

2. 排料参数的设定。人机交互排料，合理旋转衣片，提高用料率。

3. 掌握如何绘制 1∶1 排料图，或将排料文件输出至自动裁床？并打印排料指导文件资料。

学习难点

1. 倒顺毛设定，单跑“一件顺”“尺码顺”的含义。对花对格。

2. 合理制订分床比例与尺码分配。

服装排料，也称为排板、划皮、唛架、套料。服装排料是指将服装的衣片样板在规定的面料幅宽内合理排放的设计过程。将纸样依工艺要求（如正反面、倒顺向、对条、对格、对花等）进行科学的排列，以最小面积或最短长度排出用料定额，使布局空间达到尽可能高的利用率。合理的排料应做到排列紧凑、减少空隙、合理拼接，既可单一款式排料，亦可多款组合套排。

本文中出现的“唛架”一词即英文“Marker”，意为排料。为香港、广东方言的音译，亦有部分地区称为“马克”。

因为工业排料是针对大批量服装的生产，排料时即要针对成衣外观特点保证裁片的规格质量，又要节约原料，是成衣生产中一个重要的工序，技术含量高。该系统是为服装行业提供的排料专用软件，界面简洁而友善，思路清晰而明确，所设计的排料工具功能强大、使用方便。为用户在竞争激烈的服装市场中提高生产效率，缩短生产周期，增加服装产品的技术含量和高附加值提供了强有力的保障。

第一节 排料系统功能及界面

一、功能概述

该系统主要具有以下功能特点：

（1）超级排料、全自动、手动、人机交互，按需选用；

（2）键盘操作，排料，快速准确；

（3）自动计算用料长度、利用率、纸样总数、放置数；

（4）提供自动、手动分床；

（5）对不同布料的唛架自动分床；

（6）对不同布号的唛架自动或手动分床；

（7）提供对格、对条功能；

（8）可与裁床、绘图仪、切割机、打印机等输出设备连接，可以按1∶1进行唛架图的绘制与裁割，或按指定的缩小比例打印唛架图。

二、界面介绍

富怡排料系统界面主要分为四大功能区域：菜单及工具匣、纸样窗、主唛架区及辅唛架区，如图3–1所示。

1. 标题栏

位于窗口的顶部，用于显示文件的名称、类型及存盘的路径。

2. 菜单栏

标题栏下方由9组菜单组成的菜单栏，如图3–2所示，排料系统菜单的使用方法符合Windows标准，单击其中的菜单命令可以执行相应的操作，快捷键为【Alt】加括号中的字母。

3. 主工具匣

该栏放置着常用的命令，为快速完成排料工作提供了极大的方便。如图3–3所示。

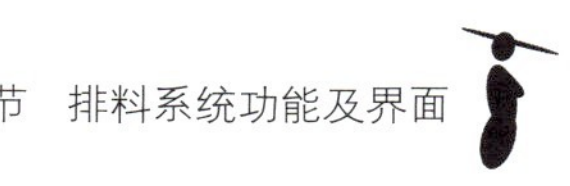

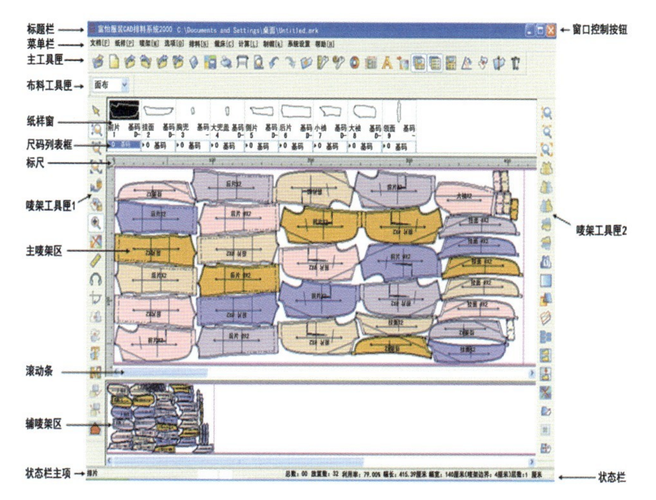

图 3-1　富怡 V9.0 排料系统界面

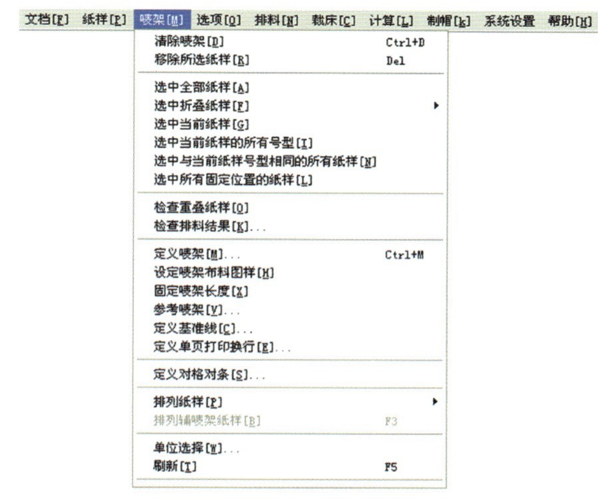

图 3-2　唛架菜单

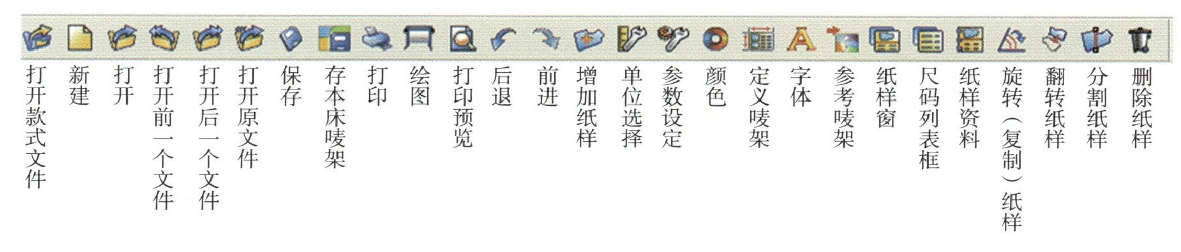

图 3-3　主工具匣

4. 隐藏工具（自定义工具匣）

隐藏工具为非常用工具，可利用【选项】—【自定义工具匣】将需要应用的工具调入。如图3-4所示。

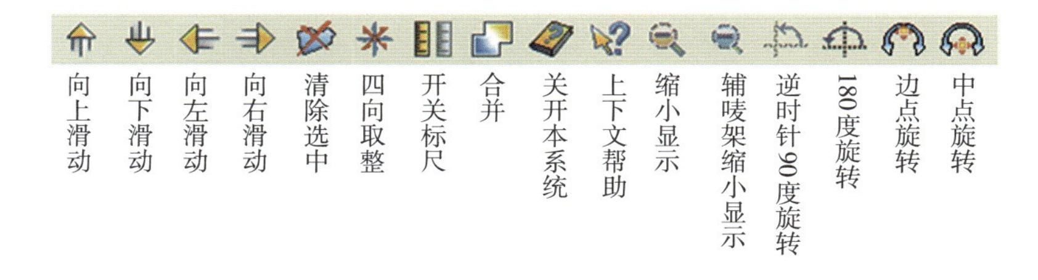

图 3-4　隐藏工具

5. 纸样窗

纸样窗中放置着排料文件所需要使用的所有纸样，每一个单独的纸样放置在一小格的纸样框中。纸样框的大小可以通过拉动左右边界来调节其宽度，还可通过在纸样框上单击鼠标右键，在弹出的对话框内改变数值，调整其宽度和高度。

6. 尺码列表框

每一个小纸样框对应着一个尺码表，尺码表中存放着该纸样对应的所有尺码号型及每个号型对应的纸样数。

7. 标尺

显示当前唛架使用的单位。

8. 唛架工具匣 1

通常竖向列于左侧。如图 3-5 所示。

纸样选择
唛架宽度显示
显示唛架上全部纸样
显示整张唛架
旋转限定
翻转限定
放大显示
清除唛架
尺寸测量
旋转唛架纸样
顺时针90度旋转
水平翻转
垂直翻转
纸样文字
唛架文字
成组
拆组
设置选中纸样虚位

图 3–5　唛架工具匣 1

9. 主唛架区

主唛架区可按自己的需要任意排列纸样，以取得最省布的排料方式。

10. 滚动条

包括水平滚动条和垂直滚动条，拖动可浏览主辅唛架的整个页面、纸样窗纸样和纸样各码数。

11. 辅唛架区

将纸样按尺码分开排列在辅唛架上，方便主唛架排料。

12. 状态栏主项

状态栏主项位于系统界面的最底部左边，把鼠标移至工具图标上，状态栏主项会显示该工具名称；如果把鼠标移至主唛架纸样上，状态栏主项会显示该纸样的宽、高、款式名、纸样名称、号型、套号及光标所在位置的 X 坐标和 Y 坐标。根据个人需要，可在参数设定中设置所需要显示的项目。

13. 窗口控制按钮

可以控制窗口最大化、最小化显示或关闭。

14. 布料工具匣 面布

15. 唛架工具匣 2

通常竖向列于右侧。如图 3-6 所示。

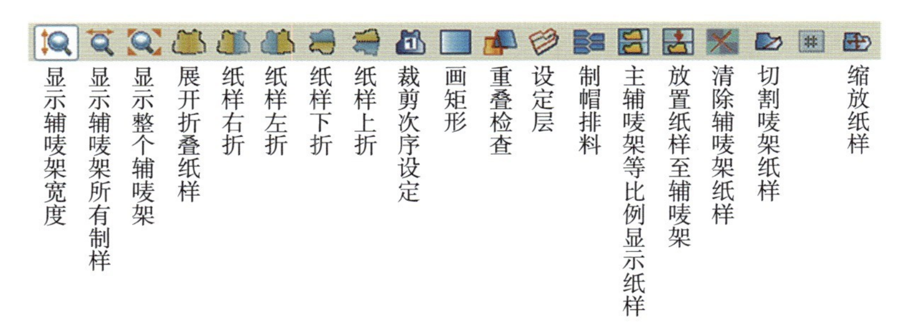

图 3–6　唛架工具匣 2

16. 状态条

状态条位于系统界面的右侧最底部，它显示着当前唛架纸样总数、放置在主唛架区纸样数量、唛架利用率、当前唛架的幅长、幅宽、唛架层数和长度单位。

排料设定

1. 单击新建，弹出［唛架设定］对话框。如图3-7所示。

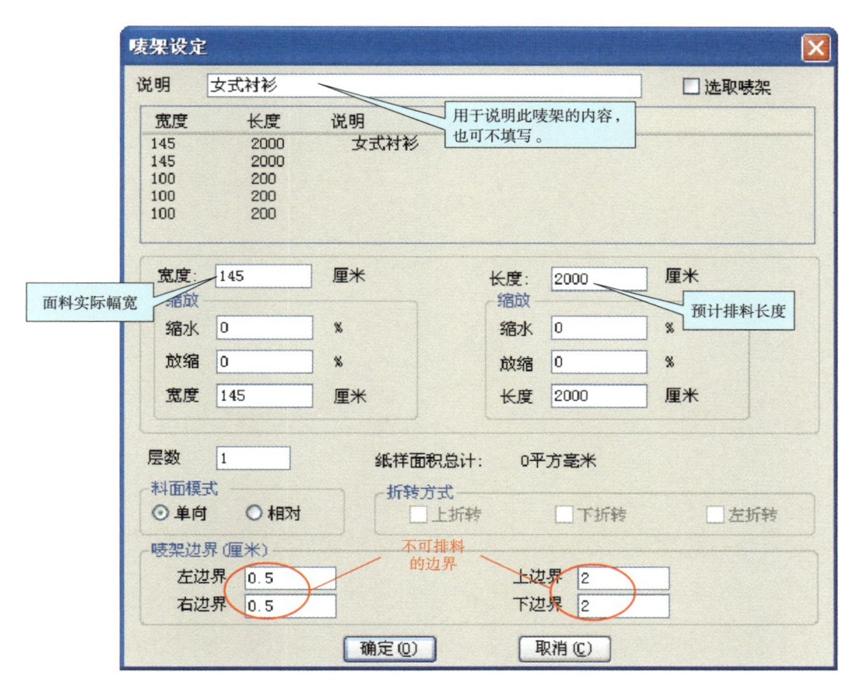

图3-7 唛架设定

（1）［说明］：用于说明此唛架的排料款式、面料、尺码等，也可以不填写。

（2）［幅宽］：设定面料幅宽，面料宽度根据实际情况来定。

（3）［长度］：预计唛架的大约长度，最好略多一些，应结合面料裁剪案的实际有效长度或计划的裁剪分区段来预计。

（4）［层数］：用于确定所排面料的面料模式，分单层、双幅对折及圆筒。机织面料或针织经编面料产品通常为平面织造，较常见的形式为单层或对折，针织纬编面料产品通常为圆筒的形式。如图3-8~图3-10所示。

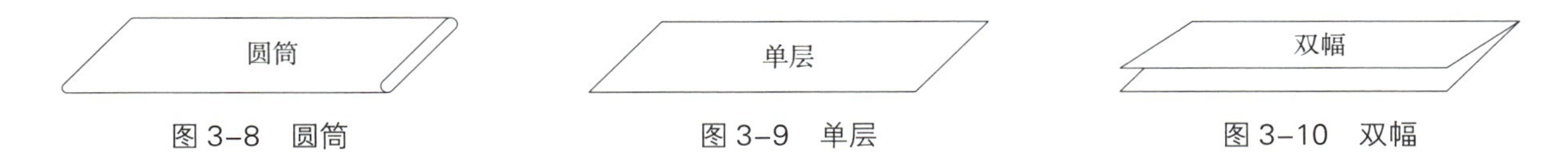

图3-8 圆筒　图3-9 单层　图3-10 双幅

① 层数输入［1］：对应“单向”面料模式，最常用的铺料形式。可随意摆放左、右对称片或非左、右对称片纸样，但切记不可随意沿x轴或y轴方向翻转左、右对称片中的一片，否则将出现一顺边衣片。如为省料，需要翻转其中的某一片时，切记与它对应的另一片也须随之翻转，以确保仍是一对衣片。另外，为保证面料的毛羽方向或对花、对格，应采用“单向”面料模式。排料时，前面说过除不可翻转衣片外，还不可进行衣片的180°旋转，以免产生倒顺毛不同，或是无法对花、对格现象。一般来说，电脑排料系统通常会设定衣片的翻转与旋转功能限制，以防止出现不必要的生产质量问题。若确认衣片的翻转或旋转均对产品质量无影响后，需人工解除限制，可提高用料率。

② 层数输入［2］：即可对应“单向”，也可对应“相对”面料模式，常见于对折双幅料或圆筒针织物。双幅料在纸样摆放时，左、右对称片只需摆放一片即可，上层若摆放的是左片，下层即自动产生右片，由于左、右对称片总是成对出现。在需翻转衣片时不会出现一顺边的现象。若遇中心线对折的纸样（如领子、衬衫后肩育克、袖克夫等），只需排半个对称片即可，将中心线置于折叠边界上，上层是左半片，下层即为右半片。

③ 排料方式可参考对折双幅料，只是在摆放中心线对折纸样时，上、下两个折叠边界均可利用。

④ 在面料铺料时还有单跑同向、单跑相对和折返跑铺料之分，如图3-11、图3-12所示。

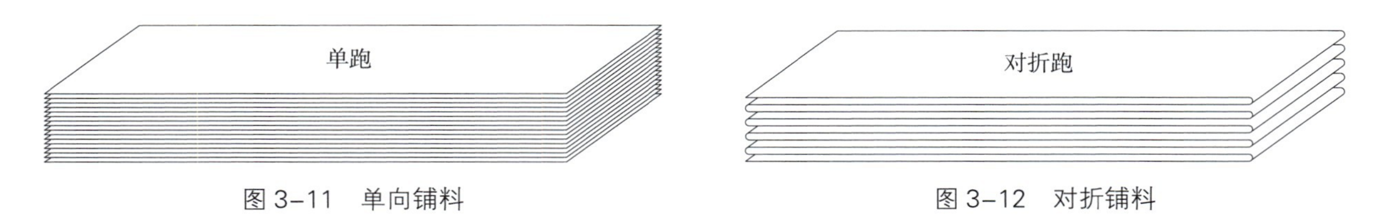

图 3-11　单向铺料　　　　图 3-12　对折铺料

⑤ 排料时还应考虑左、右对称片的摆放问题。若是带有条格、图案或倒顺毛的面料，除翻转衣片要注意外，还特别要注意不可随意将左、右对称片中的衣片做180°调头旋转。否则将出现左右片、前后片或上下片等衣片对不上格子或倒顺毛现象。若为了省料，衣片必需做180°旋转的话，则可以将同一款式或同一尺码的衣片全部旋转180°，称为“一件顺”或“尺码顺”。

（5）［边界］：唛架边界可以根据布边的拉幅针眼或印、织的文字宽度，以及实际铺布时的齐边情况自行设定。

边界设定后将在排料布面四周显示粉红色限定量，限定范围之内为有效幅宽，排料时，系统将禁止纸样排入边界。若希望最大限度利用有效幅宽（达面料实际幅宽），以提高用料率，边界量可设为0，但要求铺布时布边应严格上下垂直对齐，确保衣片的完整。

2. 单击［确定］，弹出［选取款式］对话框。如图3-13所示。

3. 单击［载入］，弹出［选取款式文档］对话框，单击文件类型文本框旁的三角按钮，可以选取文件类型是DGS、PTN、PDS、PDF的文件。如图3-14所示。

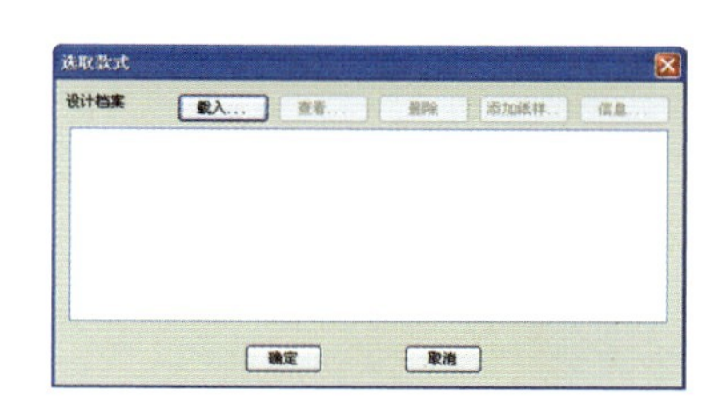

图 3-13　选取款式

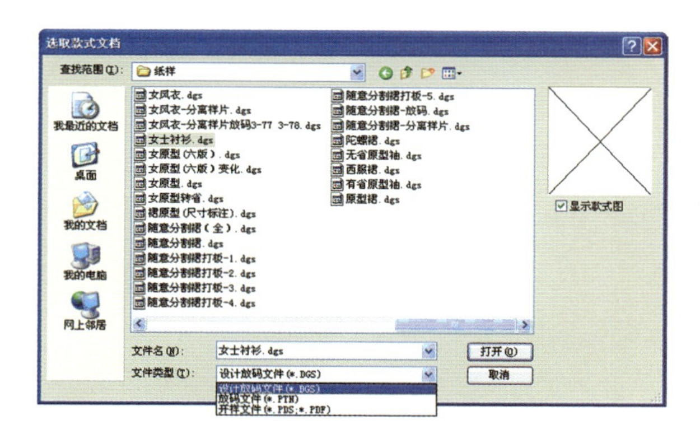

图 3-14　选取款式文档

4. 在指定存储的文件夹内选择“女式衬衫.DGS”，单击［打开］，弹出［纸样制单］对话框。如图3-15所示。根据实际需要，可通过单击要修改的文本框进行补充输入或修改。

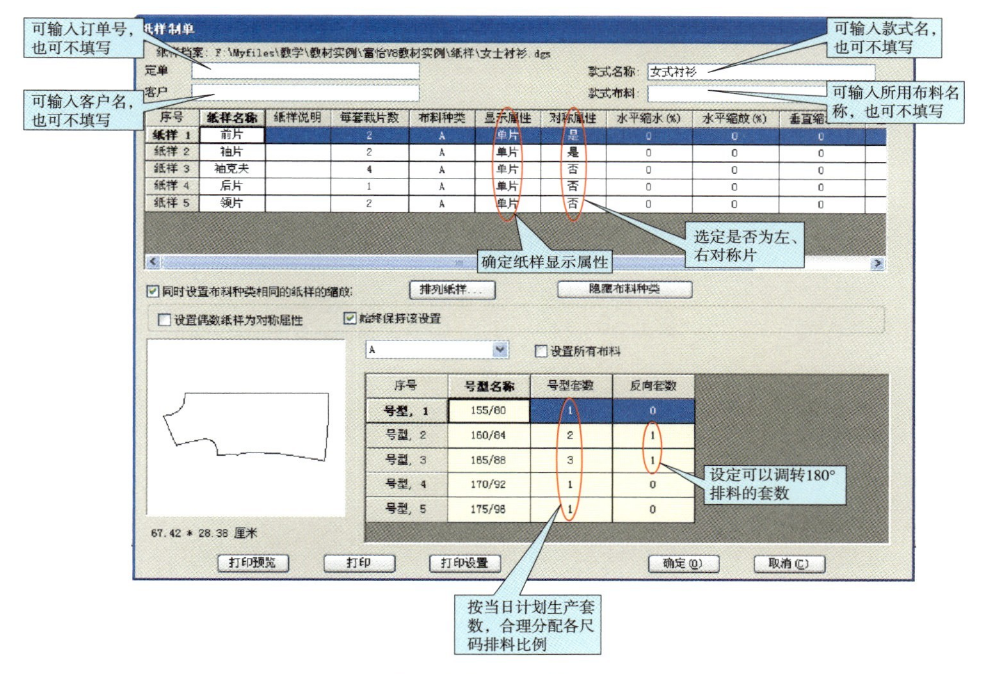

图 3-15　纸样制单

（1）［定单］：主要是用于注明此唛架要进行排料的定单，可以是单一定单排料，也可是两个或两个以上定单的款式套排，也可不填写。

（2）［客户］：注明此唛架对应的客户，也可不填写。

（3）［款式名称］：可以是单一款式，也可是两个或两个以上的款式套排，也可不填写。

（4）［款式布料］：标明所排的款式布料名称或类型，也可不填写。

（5）［显示属性］：用于排料时，在纸样窗中显示的衣片属性。鼠标单击该格子，用户可根据个人爱好下拉选择是“单片”、“左片”或“右片”。

（6）［对称属性］：必须选定相应的纸样是否为左、右对称片。鼠标单击该格子，下拉选择“是”，排料时系统将自动产生该片的另一侧衣片，并列入排料片数规划。若选“否”，则只出现默认的单片衣片。

（7）[号型套数]：应按当日计划生产套数，确定拉布的层数以及裁剪案的有效长度，合理分配各尺码的排料套数比例。

（8）[反向套数]：设定某一号型的全部衣片可以调转180° 方向排料的套数，便于大号、小号套排及合理插排，提高用料率。也可以不设置反向套数，在排料时单独对衣片进行180° 旋转，但应确保旋转后不可出现对不上格子、图案或倒顺毛的现象。

5. 检查各纸样的裁片数，并在 [号型套数]、[反向套数] 栏，给各码输入所排套数。

6. 单击 [确定]，返回上一级对话框。如图3–16所示。

图 3–16　返回选取款式对话框

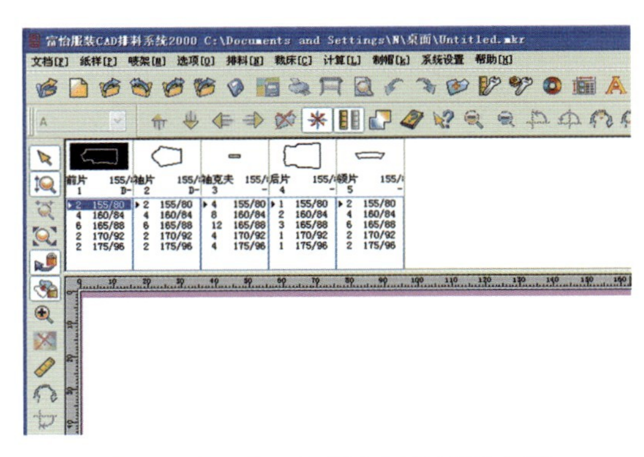

图 3–17　显示纸样窗和号型列表框

7. 选中需要排料的款式文件，再单击 [确定]，即可看到纸样窗内显示纸样，号型列表框内显示各号型纸样数量。如图3–17所示。若没有显示“纸样窗”和“号型列表框”，按下主工具匣的 [纸样窗] 和 [号型列表框] 键。

8. 这时需要对纸样的显示与打印进行参数的设定。单击 [选项]—[在唛架上显示纸样]，弹出 [显示唛架纸样] 对话框。单击 [在布纹线上] 和 [在布纹线下] 右边的三角箭头，勾选 [款式名称] 等所需在布纹线上、下显示的内容。如图3–18、图3–19所示。

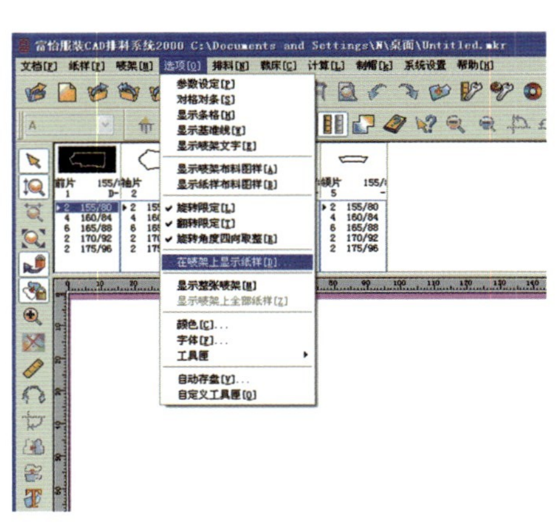

图 3–18　下拉选单

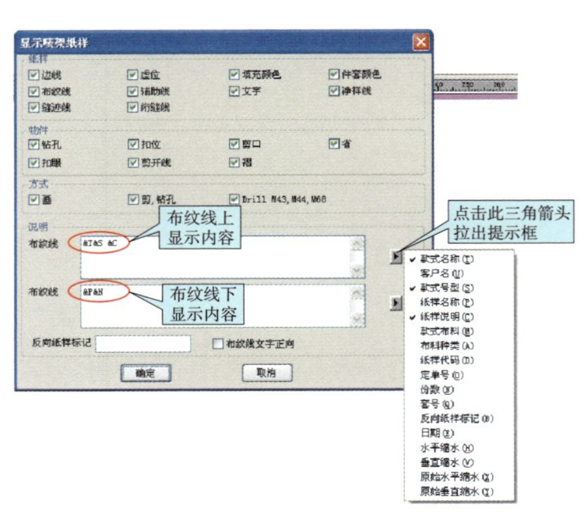

图 3–19　勾选在布纹线上、下的显示内容

9．运用人工排料，选中要排的样片尺码，然后鼠标点击要排的纸样图形，按着左键拖动到主唛架区，释放鼠标左键，纸样便摆放到工作页面里。重复此项操作，直到尺码列表框里全部尺码前面的数字均为“0”，则表示全部纸样排料完成。如图3-20所示。

也可用自动排料快速排至利用率最高最省料。根据实际情况也可以用方向键微调纸样使其重叠，或用小键盘上的【1】键或【3】键旋转纸样等（如果纸样呈未填充颜色状态，则表示纸样有重叠部分）。如图3-21所示。

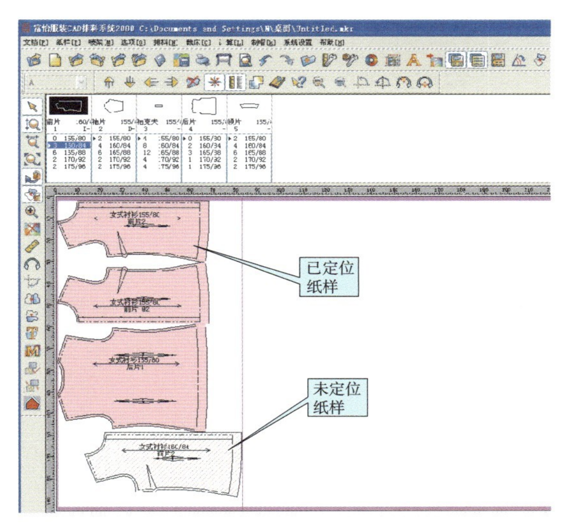

图3-20　人工排料

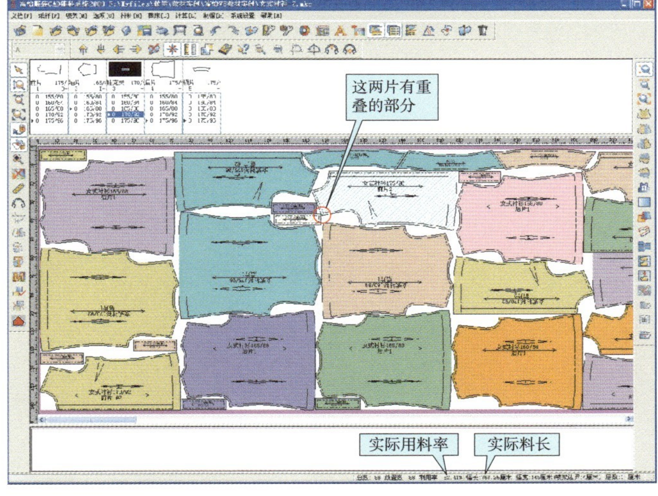

图3-21　实际排料效果

10．唛架即显示在屏幕上，在状态栏里还可查看排料相关的信息。在［利用率］里即是实际用料率80.74%，［幅长］为实际料长1551.14cm。如图3-21所示。

11．单击 保存图标或从菜单［文档］—［另存为］或键盘组合键【Ctrl】+【A】，弹出［另存为］对话框，找到指定的文件夹，键入文件名，按［保存］，保存唛架。

绘图（打印）输出

完成排料作业后，利用系统的绘图（打印）功能，点击绘图或打印图标，选择与之连接的绘图机（打印机），并设定好绘图实际尺寸。可绘制1：1的唛架图，投放到裁剪车间，按规定的料宽、料长铺好料后，直接作为划皮并手工裁剪。若企业具备与CAD系统匹配的自动裁床（CAM），亦可将排料图直接发送到自动裁床，实现自动裁割。

也可用打印机按缩小比例打印成工艺文档，或通过电子邮件发送到外协厂，作为排料的指导文件等。如图3–22所示。

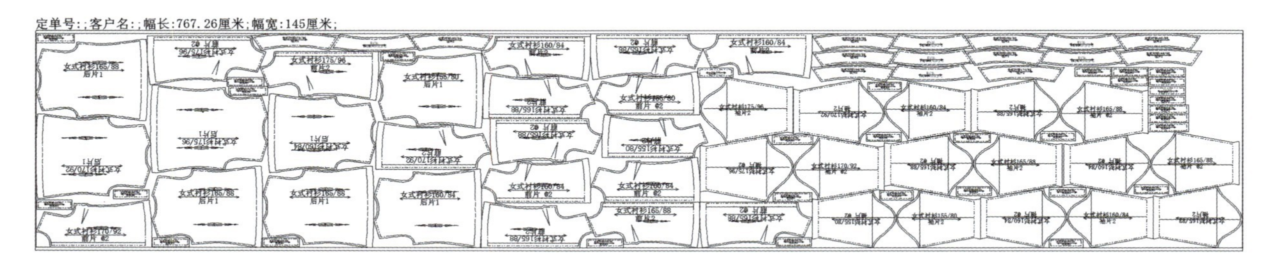

图 3–22　缩小比例输出的排料图

在实际生产过程中，服装企业往往会依据生产情况，例如，产量、交期、面料表面形态（倒顺毛、条格、图案）、丝缕方向、衣片对称形式、铺布方式、分床比例、尺码分配、色彩搭配及裁剪设备能力等多项因素。对同一款式或多款同时套排品种排出多种排料方案，并对各个排料方案进行综合比较，选择最为合理的排料方案用于生产。

思考题

1. CAD排料与手工排料间的共同点与不同点。如何相互适应?
2. 主片与小片的排料，为何先排主片后次序排小片?
3. 如何合理地利用样片缺口对位，提高利用率?
4. 如何提高样片的排放效率?

第四章
实训范例

学习重点

1. 熟练掌握省褶变化的各种操作方法。

2. 熟练掌握各种领型的CAD制图方法。

3. 熟练掌握各种袖型的CAD制图方法。

4. 多加练习，熟练掌握打板、纸样与放码工具的功能特点与实操技巧。

学习难点

1. 同一样板，采用多种操作方法均可完成。难点在于在不同的操作环境下，采用何种工具最有效率，这需要在熟练掌握各个工具的操作方法的基础上不断总结与思考。

2. 点放码。辅助线与边线的放码。

3. 线放码。放码线的输入方向。

本章以服装企业实用款型为基础，列举了多款常用到的板型设计实例，设置实例分解与综合实例两节，介绍服装板型的局部变化与整体板型设计。内容涵括服装造型特点、着装效果、纸样结构、生产制单及制图过程，作为样片设计人员的基础实训范例。该部分综合运用前面介绍过的打板、放码工具进行实操运作，通过多款的变化练习，使读者能够较为熟练地、灵活地掌握富怡V9.0打板、放码与排料的功能与手法，学以致用，真实体验服装CAD系统带来的方便与快捷，改善打板工作环境，提高样片设计效率。

第一节 实例分解

范例一、省、褶变化实例

款式一

在前胸部采用曲线幅度很大的分割线。在纸样的处理上需将胸省减短，使其省尖点至分割线处，然后通过合并省道把省量转至育克缝线中，如图4–1所示。

图 4–1 款式一省变化

（一）结构图（图4–2）

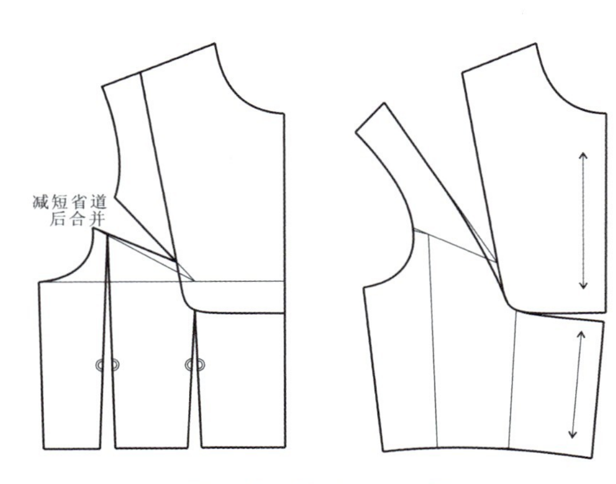

图 4–2 款式一结构图

（二）作图方法

方法1

（1）【调整】工具，缩短胸省长度。

单击胸省省尖点，移动鼠标，缩短胸省长度。用【智能笔】工具，根据款式图，绘制育克分割线。如图4–3所示。

（2）【剪断线】工具，将育克分割线在*A*点、*B*点剪断。

点击育克分割线，再点击*A*点，则育克分割线在*A*点剪断。同样方法，将育克分割线在*B*点剪断。如图4–4所示。

（3）【转省】工具，把省a和省d转入分割线。

框选或单击转移线：框选虚线标记的线，单击右键；框选或单击新省线：单击线①，右键确认；单击一条线确定合并省的起始边：单击线②；再单击线

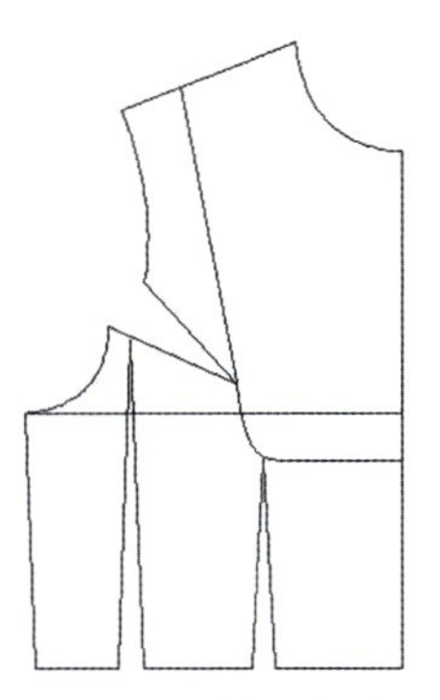

图 4–3 绘分割线

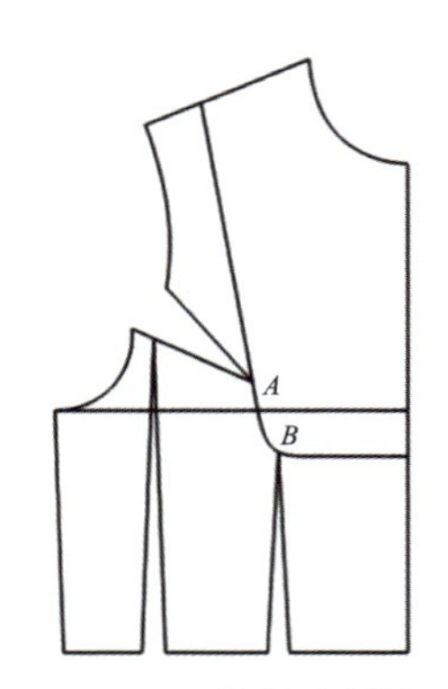

图 4–4 剪断分割线

③，胸省d合并，转入分割线中。同样方法，把胸省a转入分割线。如图4–5所示。

（4）【剪断线】工具，将线④在C点剪断。【转省】工具，把省b转入线④。【智能笔】工具，修圆顺袖窿弧线、育克线和腰线。如图4–6所示。

（5）【剪刀】工具，拾取纸样的外轮廓线，生成纸样。【纱向】工具，单击A点、B点，调整纱向和其平行。如图4–7所示。

方法2

（1）【调整】工具，缩短胸省长度。单击胸省省尖点，移动鼠标，缩短胸省长度。【智能笔】工具，根据款式图，绘制育克分割线。如图4–8所示。

（2）【剪刀】工具，分别拾取纸样的外轮廓线，把纸样分割开。如图4–9所示。

（3）【合并纸样】工具，实现纸样的合并。单击线①、线②、线③、线④、线⑤、线⑥，合并纸样，同时完成省道的转移。如图4–10所示。

（4）【智能笔】工具，重新绘制袖窿弧线。【曲线替换】工具，单击袖窿弧线，再单击右键，则用新的新袖窿弧线替换了旧袖窿弧线。同样方法，【智能笔】工具，重新绘制育克线、腰围线，并用【曲线替换】工具替换旧线，完成纸样。如图4–11所示。

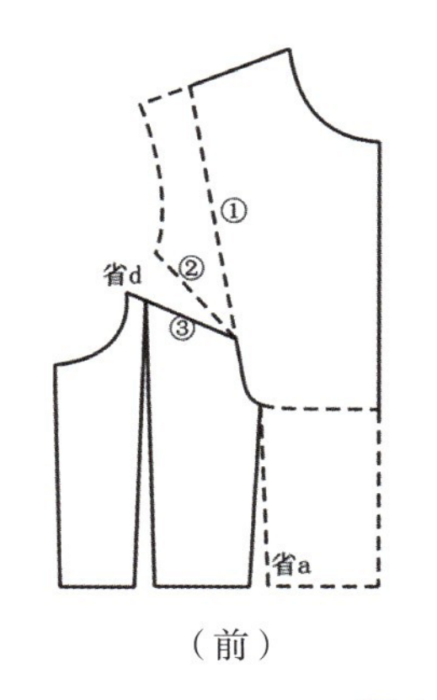

（前）

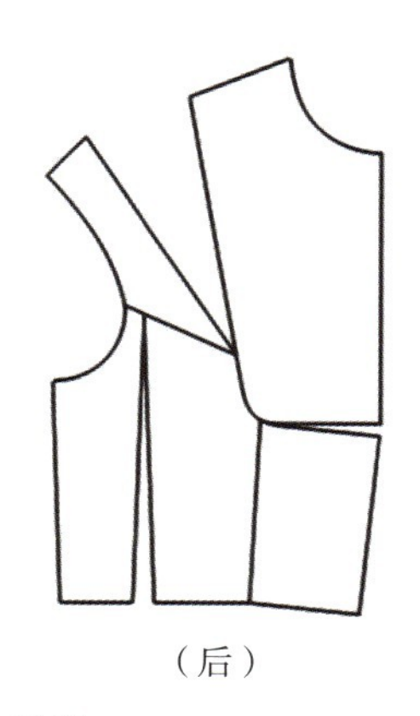
（后）

图4–5 转省

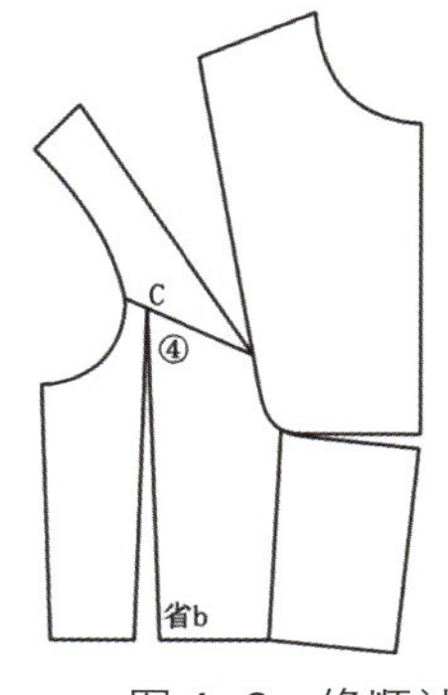

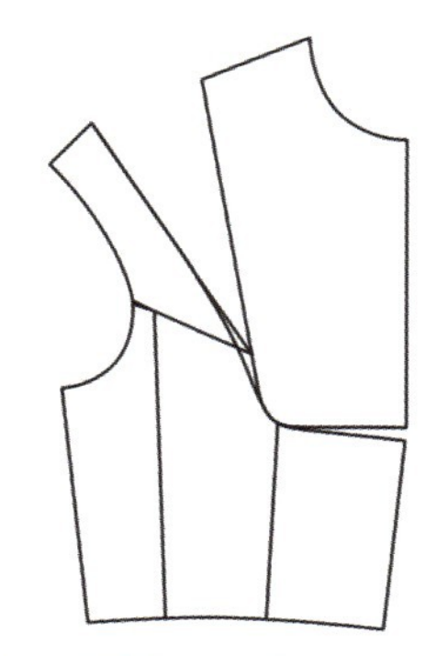

图4–6 修顺袖窿弧、育克线、腰线

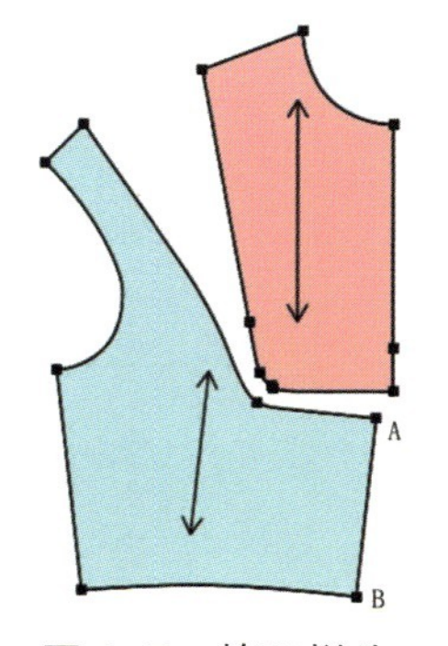

图4–7 拾取样片

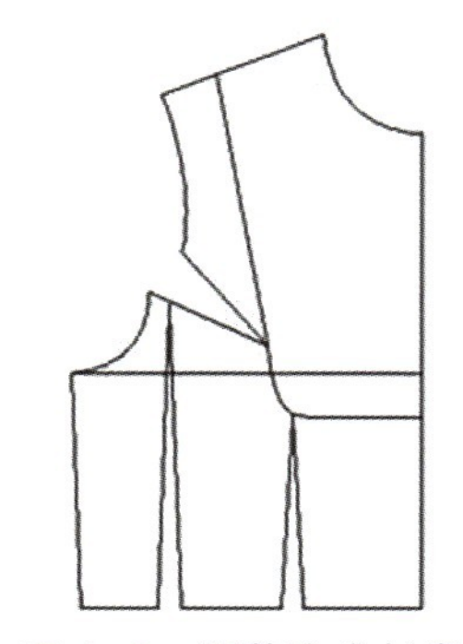
图4–8 调整胸省长度

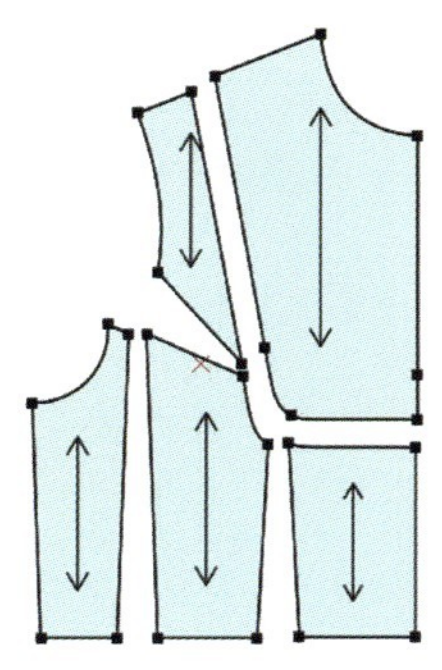
图4–9 拾取样片

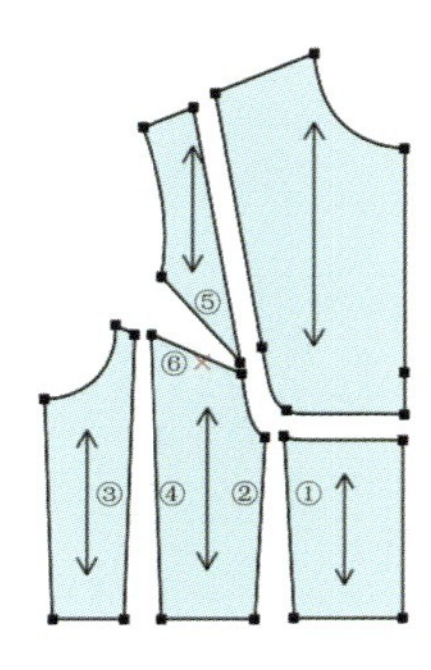

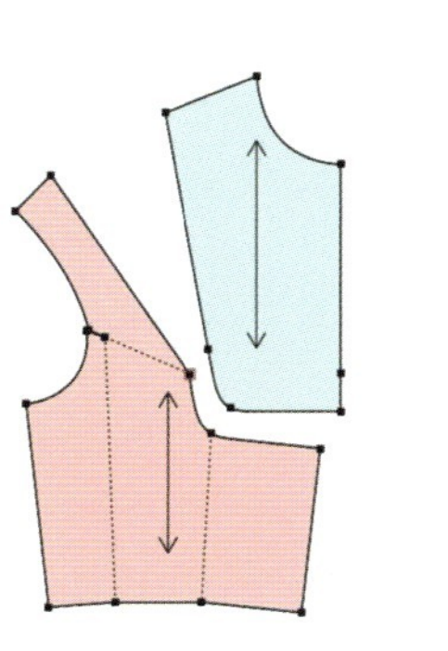
图4–10 合并样片

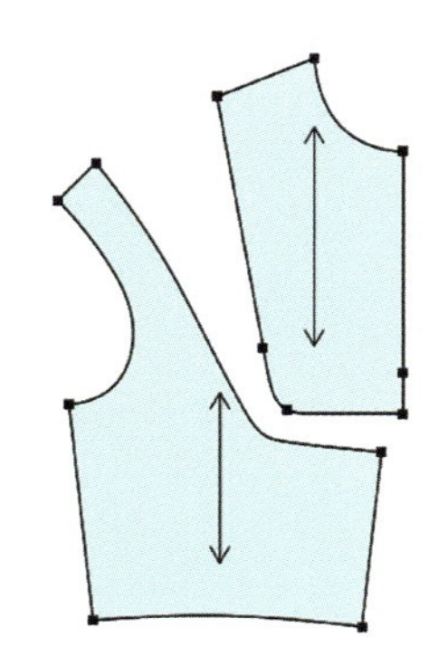
图4–11 修顺袖窿弧、育克线、腰线

图 4-12　款式二省褶变化

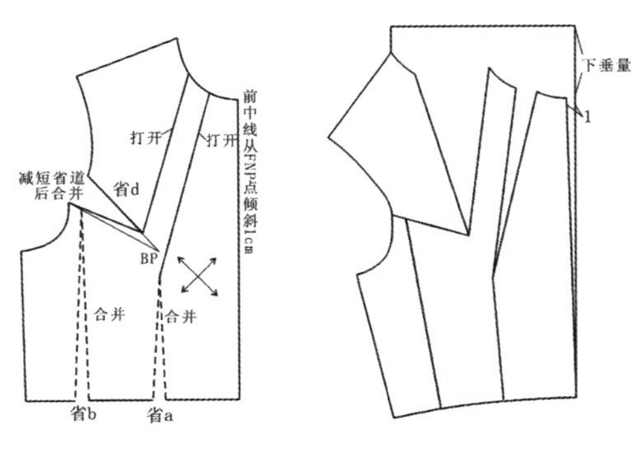

图 4-13　款式二结构图

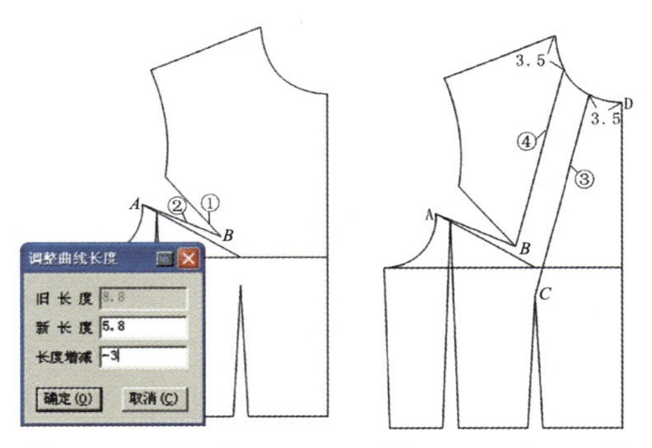

图 4-14　调整胸省长度　图 4-15　绘制省线

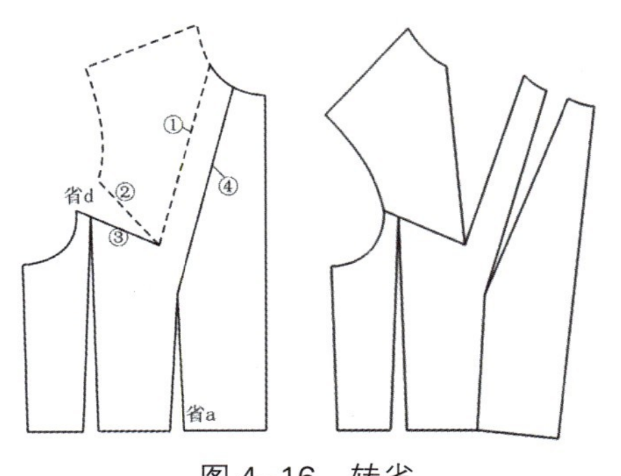

图 4-16　转省

款式二

设计重点是荡领，在纸样的处理上需将胸省和a省道稍微减短后合并转移至领口，然后沿前中心线向领口上方追加荡领的褶量，如图4-12所示。

（一）结构图（图4-13）

（二）作图过程

（1）【智能笔】工具，缩短胸省长度。

按住【shift】键，右键单击胸省省线①，弹出【调整曲线长度】对话框，在“长度增减”中输入“-3”，缩短线①的长度；再选择【智能笔】工具，单击*A*点和*B*点，绘制胸省省线②。如图4-14所示。

（2）【智能笔】工具，绘制新省线③、新省线④。

鼠标悬停于*D*点，当*D*点亮星显示时，在领口线上移动鼠标，输入“3.5”，再单击*C*点，绘出新省线③。同样方法，绘制新省线④。如图4-15所示。

（3）【转省】工具，将胸省d和a省道合并转移至领口。

框选或单击转移线：框选虚线标记的线，单击右键；框选或单击新省线：单击线①，右键确认；单击一条线确定合并省的起始边：单击线②；再单击线③，胸省d合并，转入分割线①中。同样方法，把胸省a转入分割线④中。如图4-16所示。

（4）【转省】工具，将省b合并消除。

框选或单击转移线：框选虚线标记的线，单击右键；框选或单击新省线：单击线①，右键确认；单击一条线确定合并省的起始边：单击线②；再单击线③，胸省b合并，转入分割线①中。【剪断线】工具，单击上下两段袖窿弧线，右键确认，合并成一条。【调整】工具，修顺袖窿弧线。如图4-17所示。

（5）【旋转】工具，追加荡领的褶量。

单击或框选点、线，击右键结束：框选整个衣片，

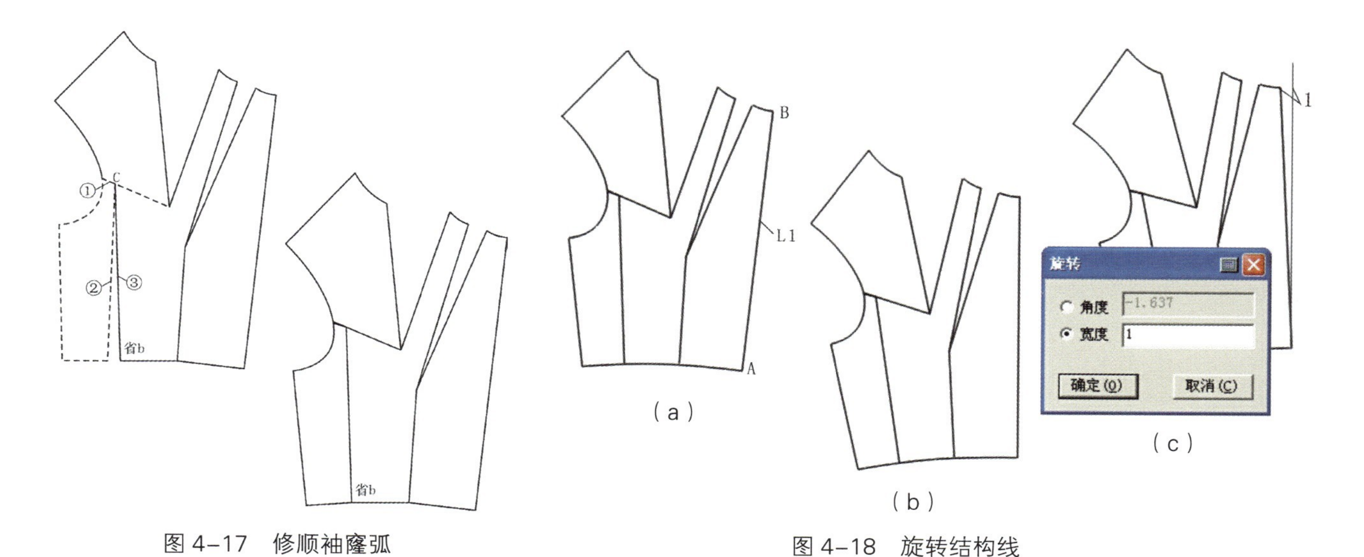

图4-17 修顺袖窿弧

图4-18 旋转结构线

右键确认；单击旋转的中心：*A*点；单击旋转的起点：*B*点；单击旋转的终点：拖动鼠标使L1线旋转到垂直状态，单击左键。如图4-18（b）所示。同样方法，继续向左旋转纸样，当出现“单击旋转的终点”的提示时，拖动鼠标到任意位置单击左键，弹出【旋转】对话框，在“宽度”中输入“1”，单击确认。如图4-18（c）所示。

（6）【智能笔】工具，绘制线①、线②、延长线③。【剪断线】工具，单击三段底摆线④、线⑤、线⑥，右键确认，合并成一条。【调整】工具，修顺底摆线。如图4-19所示。

（7）【剪刀】工具，拾取纸样的外轮廓线，生成纸样。【纱向】工具，在纱向上单击右键，旋转成45° 方向。如图4-20所示。

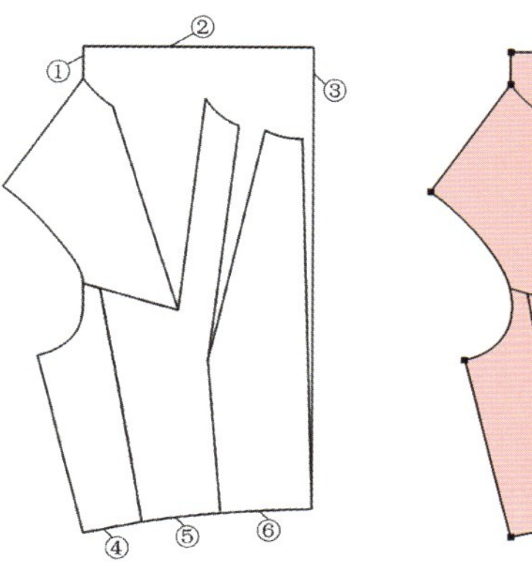

图4-19 修顺底摆线

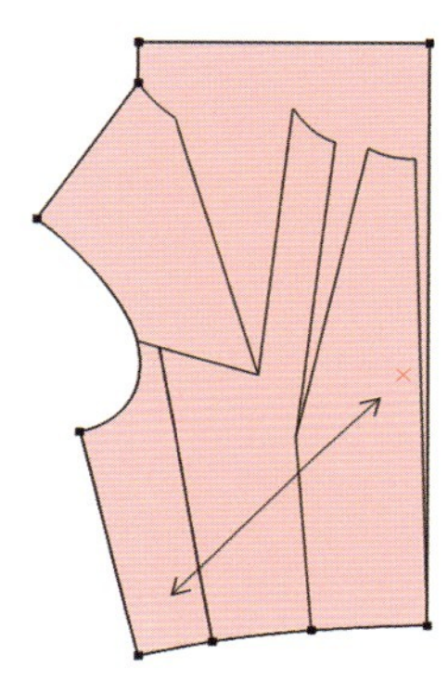

图4-20 拾取样片

款式三

在前肩线附近有一横向分割线，在前胸部有一L型分割线。分割线上方为风琴褶造型，分割线下方为碎褶造型，如图4-21所示。

图4-21 款式三褶变化

（一）结构图（图4-22）

（二）作图过程

（1）【剪刀】工具，拾取纸样的外轮廓线。依次单击或框选前片的轮廓线，轮廓线封闭后，工具变为【拾取辅助线】工具，继续拾取衣片内部的辅助线，拾取完毕击右键，形成纸样。如图4-23（a）所示。

（2）【分割纸样】工具，分离肩育克和门襟育克。

单击线①、线②、线③，前片被分割成4片。如图4-23（b）所示。

（3）【合并纸样】工具，实现省道转移功能。单击*A*点，然后按【shift】键，切换成“保留合并线”，再单击*B*点。如图4-24所示。

（4）【褶】工具，做前育克和前片的展开。

框选或单击左键选择展开线：框选线①、线②、线③、线④，线⑤，右键确认；在弹出的【褶】对话框中输入上下褶宽1cm，选择褶类型，单击确认。再调整褶底，右键确认。如图4-25所示。同样方法，做前片的褶展开。上部褶宽1.5cm，下部褶宽6cm。如图4-26所示。

（5）根据款式图，前育克处为碎褶，因此需要去掉褶的标记，并修圆顺相关的曲线。

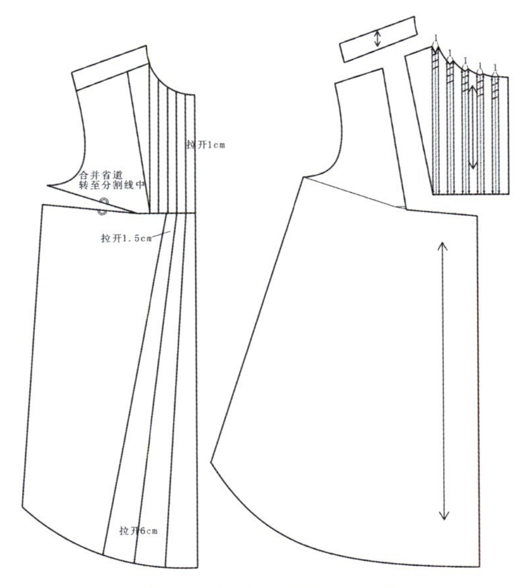

图4-22　款式三结构图

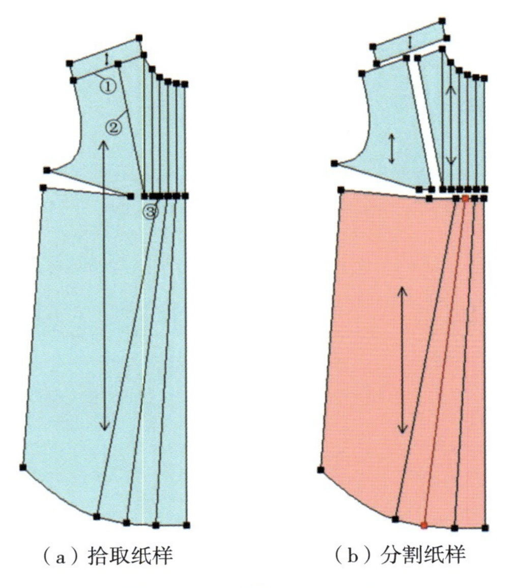

（a）拾取纸样　　（b）分割纸样

图4-23　拾取并分割纸样

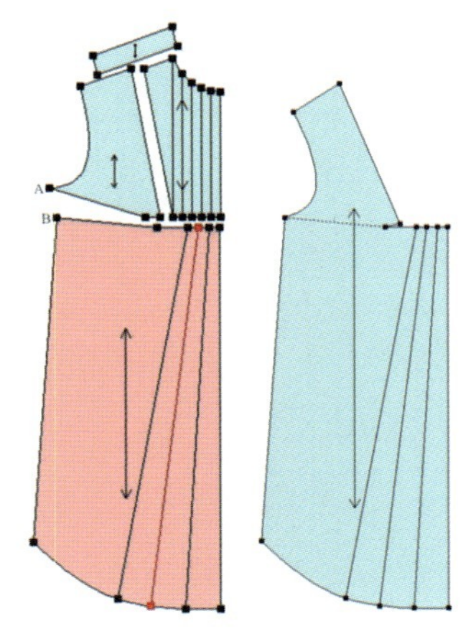

图4-24　合并纸样

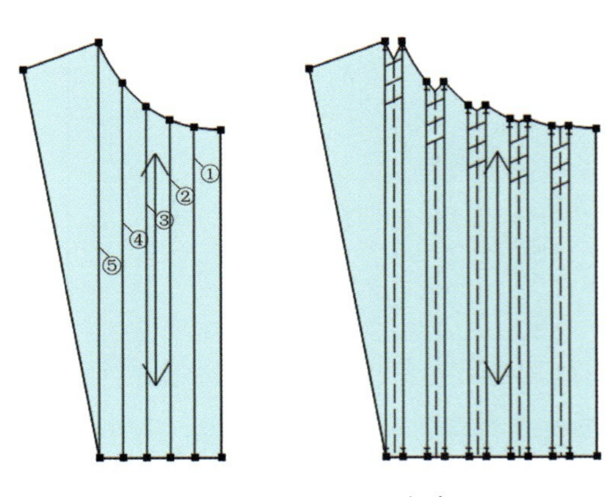

图4-25　褶展开（育克）

【智能笔】工具，连接A点和B点，重新绘制L1线。【曲线替换】工具，单击L1线，再单击右键，则用新的L1线替换了旧弧线。如图4-27（a）所示。同样方法，【智能笔】工具，重新绘制底摆线并用【曲线替换】工具替换旧底摆线，完成纸样。如图4-27（b）所示。

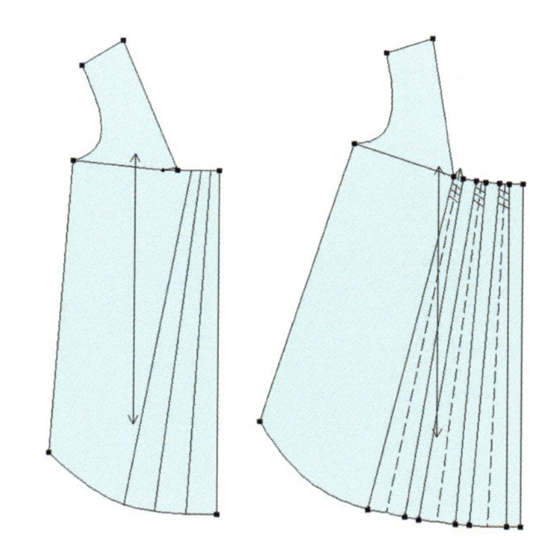
图4-26　褶展开（前片）

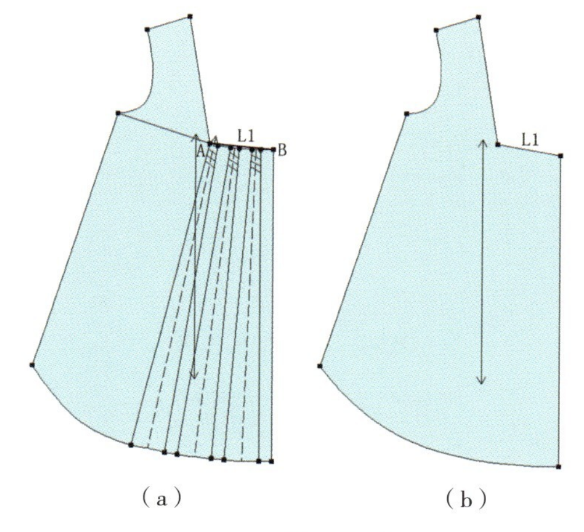

（a）　（b）
图4-27　圆顺曲线

范例二　领变化实例

款式一

传统的中式立领，也是立领的基本造型结构，如图4-28所示。

图4-28　款式一：中式立领

（一）结构图（图4-29）

（二）作图过程

（1）【矩形】工具，绘制领基础框架。

鼠标在工作区内单击后向右下拖动，输入“19.7”（前领弧线和后领弧线的总和），回车，“3.5”（领高），回车。【点】工具，鼠标放在A点，单击回车键，在弹出的【移动量】对话框中输入横偏移“8.1”（后领弧线长），画出SNP点。如图4-30所示。

（2）【智能笔】工具，绘制领底弧线①。

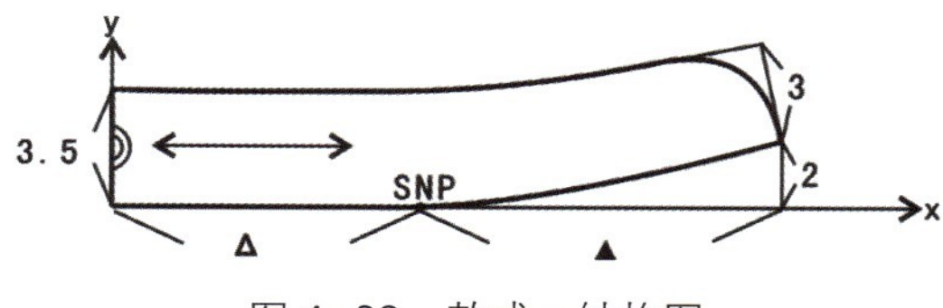

图4-29　款式一结构图

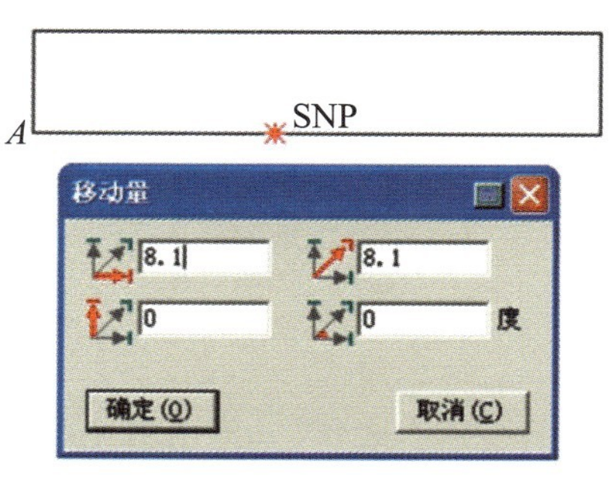

图4-30　确定SNP

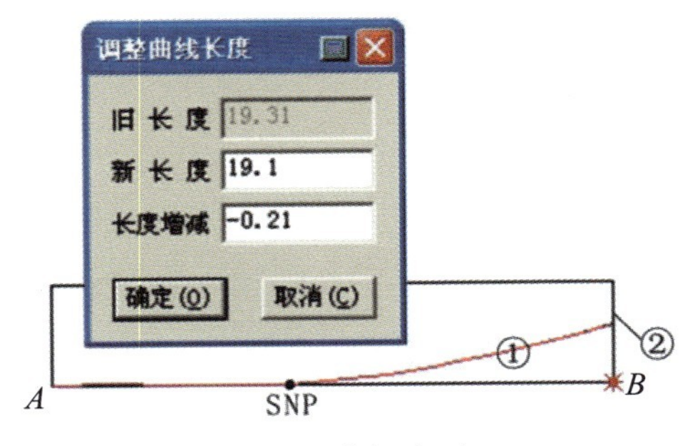

图 4-31　作领底弧

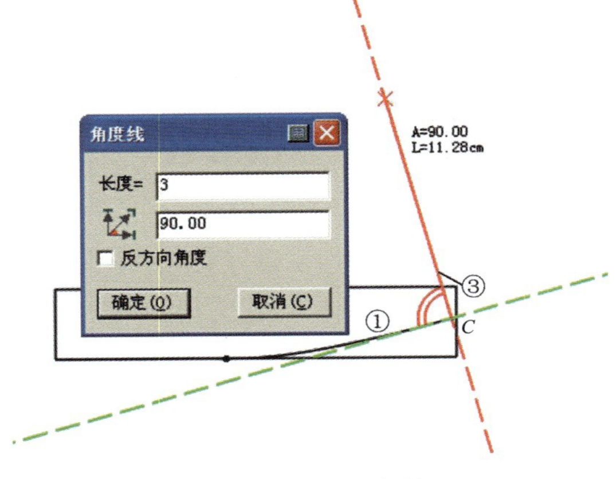

图 4-32　作直角线

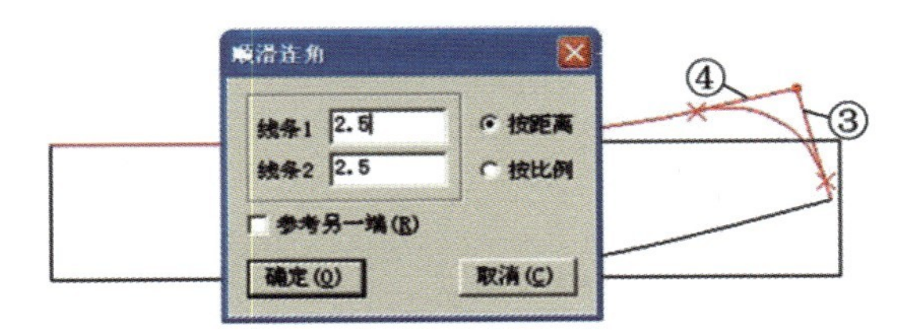

图 4-33　作领圆角

图 4-34　款式二：筒式立领

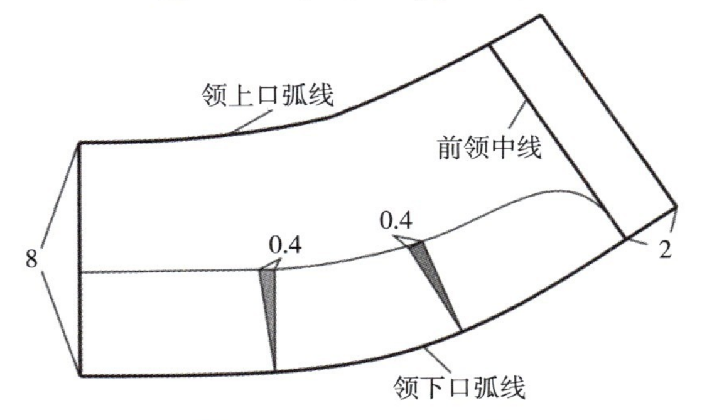

图 4-35　款式二结构图

鼠标悬停于B点，当B点亮星显示时，在线②上移动鼠标，输入“2”，再单击SNP点、A点，右键结束，绘出线①。在线①上单击鼠标右键，切换成【调整】工具，拖动线①上的点调整形状，完成后右键确认。【智能笔】工具，按下【shift】键同时在线①上单击右键，弹出【调整曲线长度】对话框，在长度增减框中输入“-0.21”，调整线①长度为“19.7”，单位：cm，单击确定。如图4-31所示。

（3）【角度线】工具，绘制领底弧线①的垂线③。单击线①，再单击点C，出现两条互相垂直的参考线，按【shift】键切换参考线与线①重合。移动光标使其与所选线垂直的参考线靠近，光标会自动吸附在参考线上，单击，弹出【角度线】对话框，输入垂线长度“3”，单击确认。如图4-32所示。

（4）【智能笔】工具，绘制领上口弧线的辅助线④。【圆角】工具，框选线③、线④，移动光标，击右键切换成【切角保留】，再单击，弹出【顺滑连角】对话框，输入“2.5”，单击确认。如图4-33所示。

款式二

筒式立领，领子较高，更贴合脖颈，有搭门设计，如图4-34所示。

（一）结构图（图4-35）

（二）作图过程

（1）【移动】工具，按【shift】键切换成“复制”，拷贝款式二的立领纸样。

（2）【等分规】工具，在小键盘上输入“3”，单击领下口弧线，把其等分成3份。

（3）【角度线】工具，绘制分割线①、分割线②。按【shift】键进入“切线”功能，单击领下口弧线，再单击点*A*，按右键切换成垂直方向。在和领上口弧线相交的位置单击，绘制完成分割线①。同样方法，绘制分割线②。如图4–36所示。

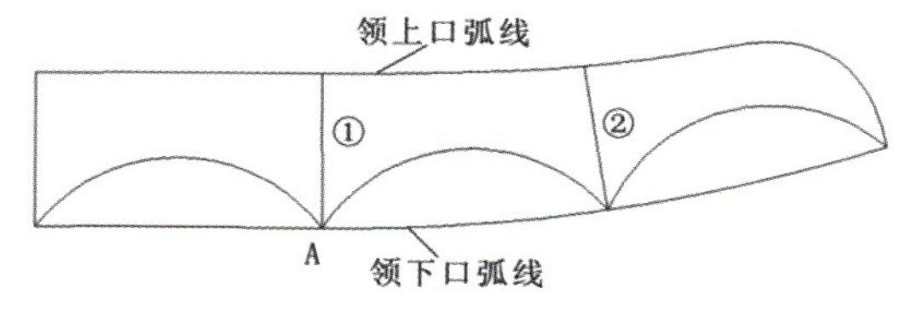

图4–36 作领分割线

（4）【分割、展开、去除余量】工具，去除领余量。框选操作的线：框选立领，右键确认；左键单击不伸缩的线：单击线③，右键确认；左键单击伸缩线：单击线④；框选线①、线②，在靠近后中线附近单击右键确认，弹出【单向展开或去除余量】对话框，在“平均伸缩量”中输入“–0.4”，“处理方式”中选择“分割”，单击确认。如图4–37所示。

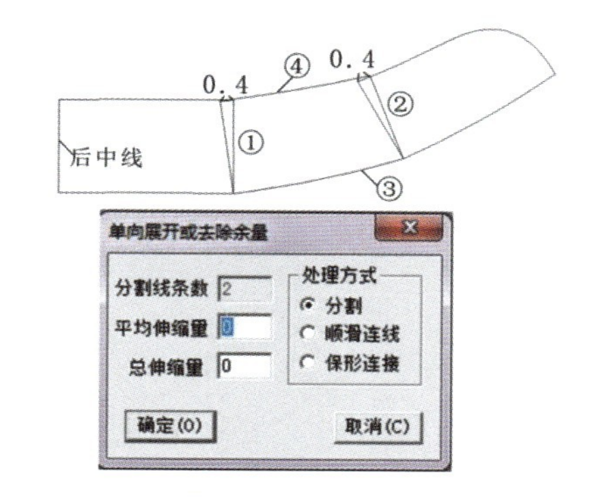

图4–37 收0.4

（5）【智能笔】工具，按住【shift】键在后中线靠近上端点的位置单击右键，弹出【调整曲线长度】对话框，在“新长度”中输入“8”，单击确认。同样方法，把领下口弧线延长2cm。如图4–38所示。

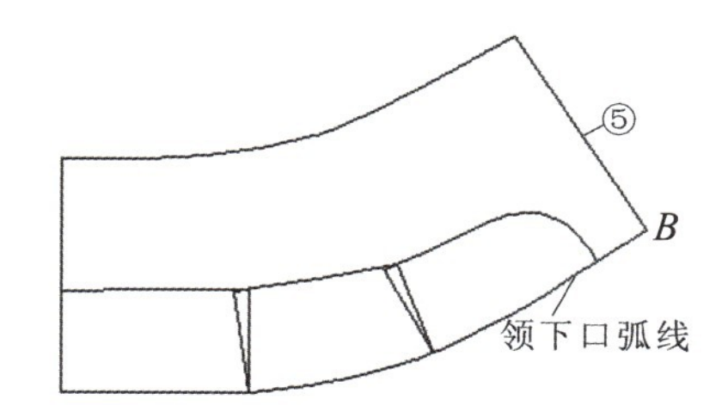

图4–38 延长后领中线、领下口线

（6）【角度线】工具，做领下口弧线的垂线⑤。

单击领下口弧线，再单击*B*点，出现两条互相垂直的参考线，按【shift】键切换参考线与领下口弧线重合。移动光标使其与所选线垂直的参考线靠近，光标会自动吸附在参考线上，单击，弹出【角度线】对话框，输入垂线长度“8”，单击确认。

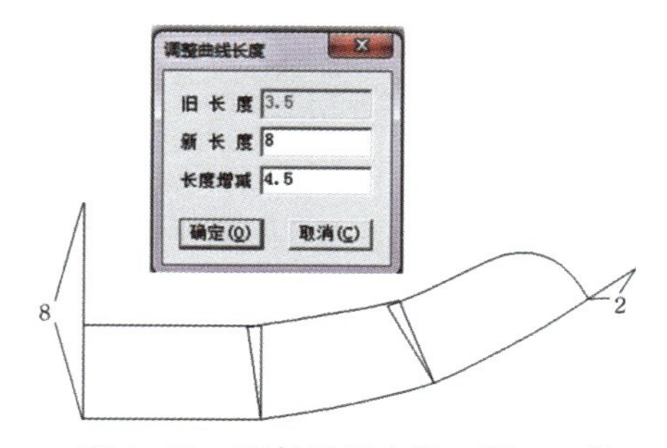

图4–39 修顺领下口线

【智能笔】工具绘制领上口弧线，调整圆顺。【剪断线】工具，选择三段领下口弧线，右键确认，连接成一条，【调整】工具，调整圆顺。如图4–39所示。

（7）【智能笔】工具，绘制领中线。把鼠标放在前止口线上，按下【shift】键的同时左键拖动，进入【相交等距线】功能，再分别单击相交的两边：领上口弧线和领下口弧线，再输入“2”，回车，绘制完成前领中线。如图4–40所示。

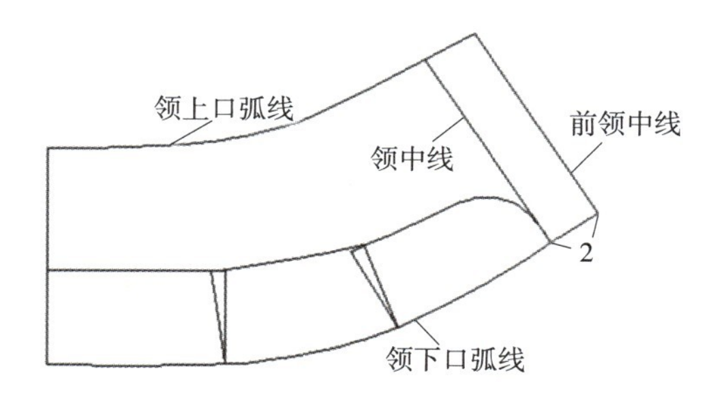

图4–40 作前领中线

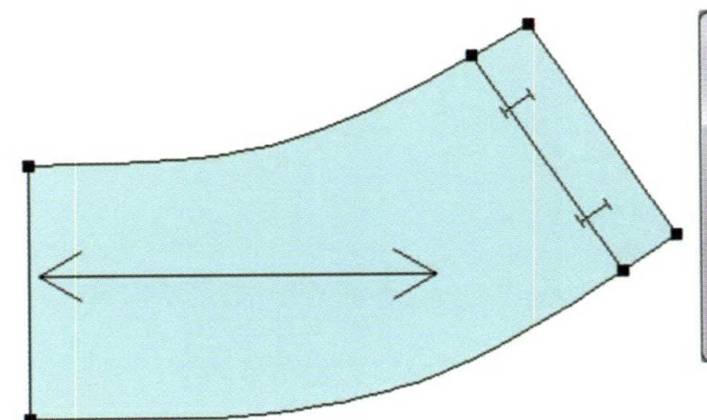

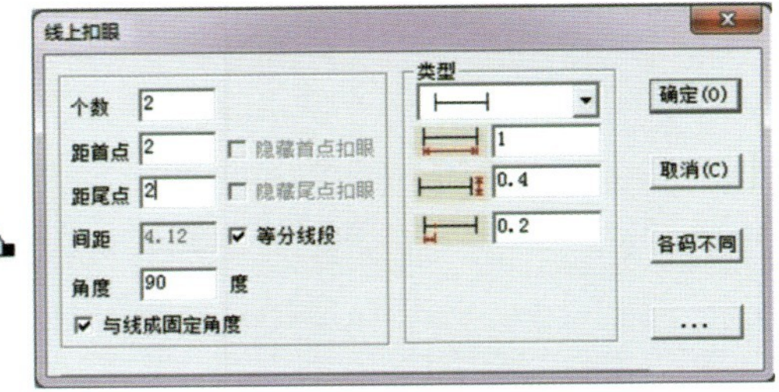

图 4-41　作扣眼位

（8）【剪刀】工具，拾取领子的外轮廓线。依次单击或框选领子轮廓线，轮廓线封闭后，工具变为【拾取辅助线】工具，继续拾取领中线，拾取完毕击右键，形成纸样。【眼位】工具，制作扣眼。鼠标单击领中线，在弹出的【线上扣眼】对话框中输入个数“2”；距首点“2”；距尾点“2”；勾选“等分线段”，下拉列表中选择需要的扣眼类型；输入扣眼大小“1”，余量“0.2”等参数；输入角度“90°”，单击【确定】，即显示出扣眼。【布纹线】工具，在领子纸样上击右键，布纹线以45°旋转，调整领子纸样的布纹线为水平方向。如图4-41所示。

图 4-42　款式三：平领

款式三

平领，前后片以颈侧点相对接，肩端点相重叠4cm，如图4-42所示。

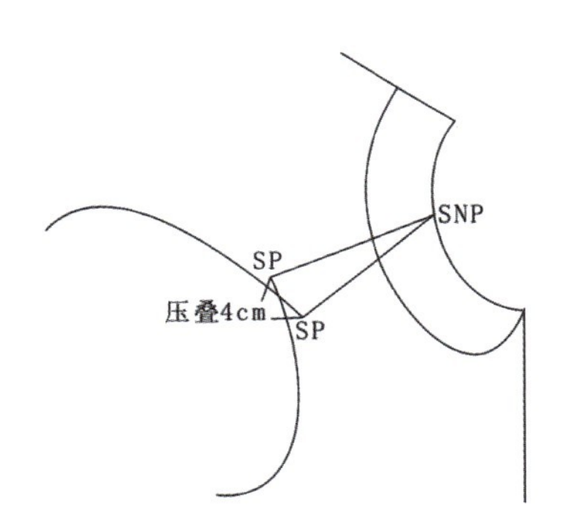

图 4-43　款式三结构图

（一）结构图（图4-43）

（二）作图过程

（1）【对接】工具，拼合前后片领口线。

依次单击*A*点、*B*点、*C*点、*D*点，再框选后片需要对接的要素，单击右键确认。如图4-44所示。

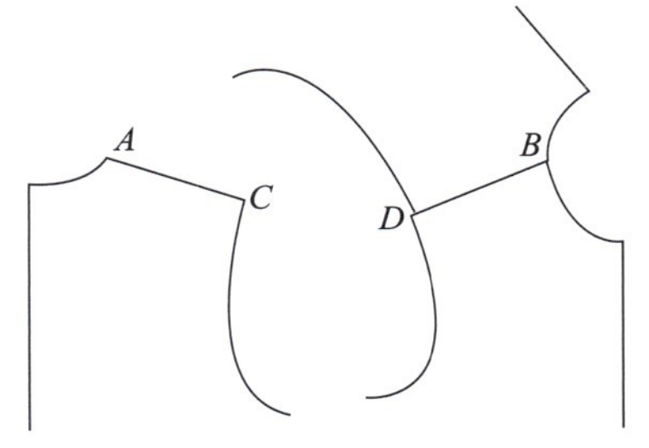

图 4-44　肩线对称

（2）【旋转】工具，将前后SP点压叠。

单击或框选点、线：框选后片，右键结束；单击旋转中心：SNP点；单击旋转的起点：SP点；单击旋转的终点：单击左键，弹出的【旋转】对话框，在“宽度”中输入“4”，单击确定。如图4-45所示。

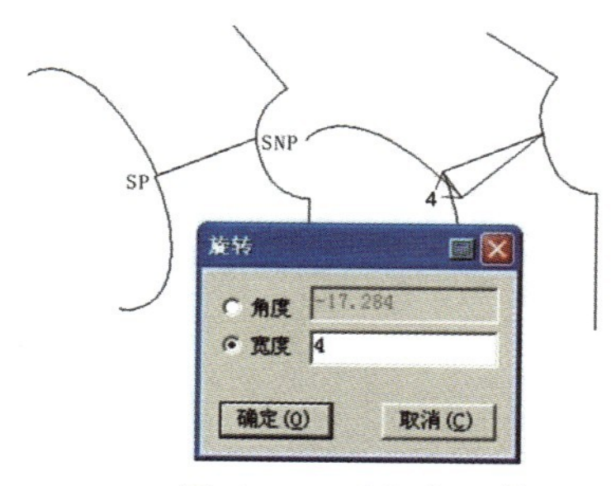

图 4-45 SP点压叠

（3）【智能笔】工具，画领外口弧线，并调整圆顺。【对称调整】工具，调整领口弧线。

选择对称轴：单击后中线①；单击或框选要修改的线：单击领口弧线②，右键确认；单击曲线进行修改：单击领外口弧线②，此时曲线上出现控制点，单击拖动控制点到合适位置，调整完成后右键确认。如图4-46所示。

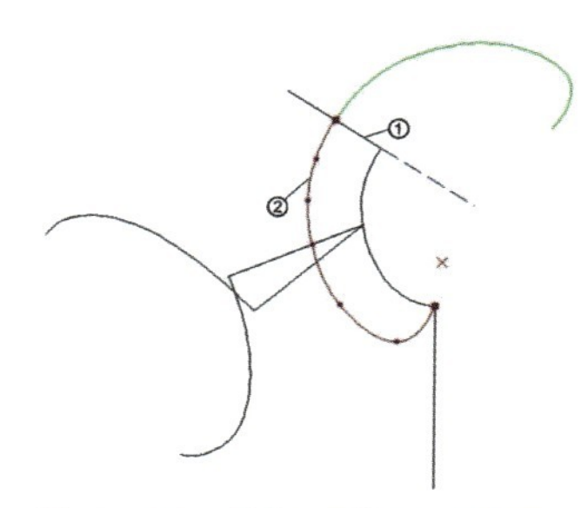

图 4-46 外领口线对称调整

款式四

波浪领，在纸样上做剪切和旋转操作，使领上口展开，产生波浪，如图4-47所示。

图 4-47 款式四：波浪领

（一）结构图（图4-48）

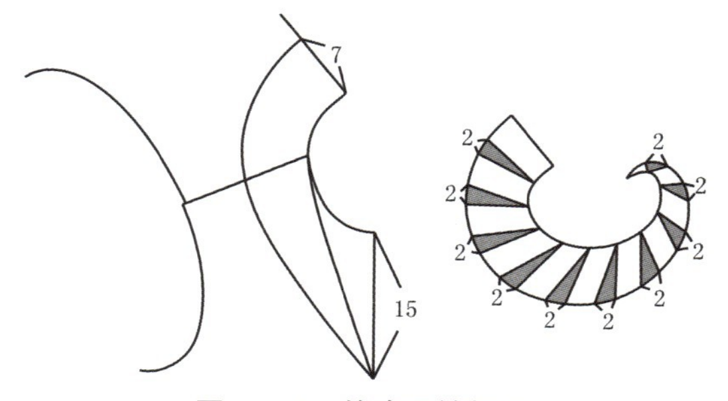

图 4-48 款式四结构图

（二）作图过程

（1）【对接】工具，拼合前后片领口线。依次单击*A*、*B*、*C*、*D*点，再框选后片需要对接的要素，单击右键确认。如图4-49所示。

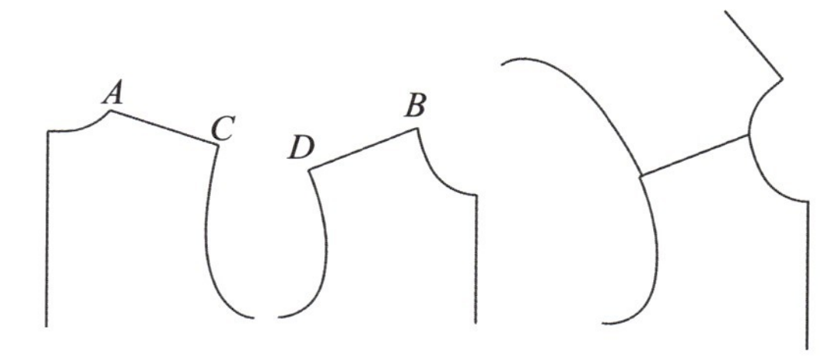

图 4-49 肩线对接

（2）【智能笔】工具，画领口弧线，并调整圆顺。如图4-50所示。

（3）【移动】工具，按【shift】键切换成“复制”，框选构成领的几条线，右键结束，单击任意一个参考点拖动到目标位置后单击。【智能笔】工具，修剪长出的线。如图4-51所示。

（4）【分割、展开、去除余量】工具，展开平领为荷叶领。

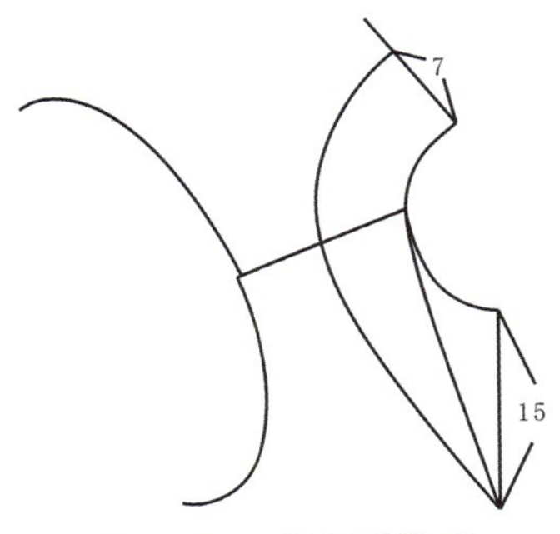

图 4-50　作领结构线

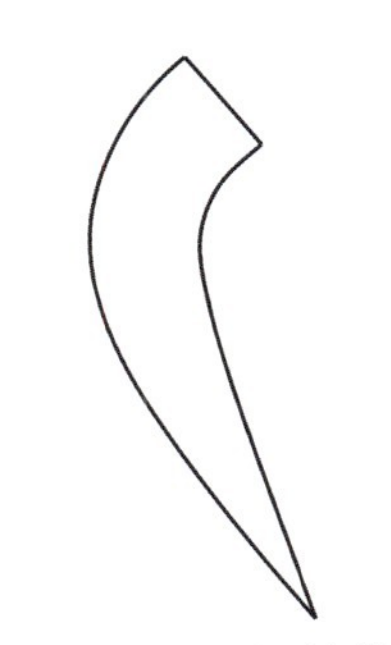

图 4-51　复制领结构线

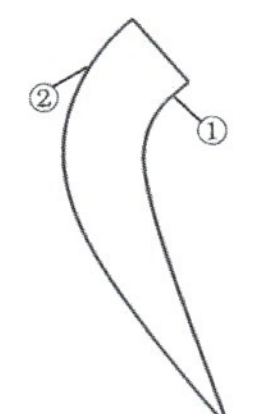

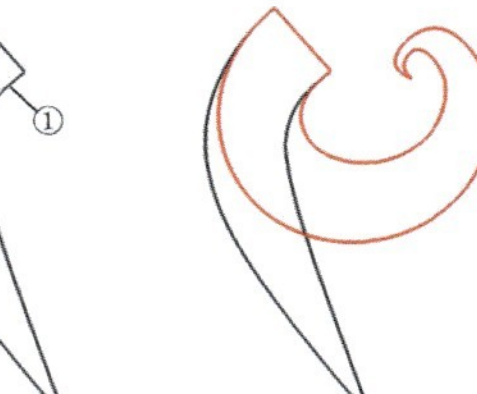

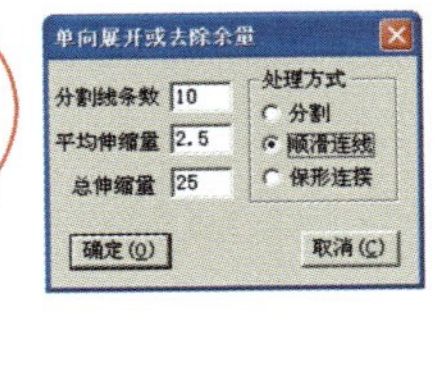

图 4-52　作荷叶领

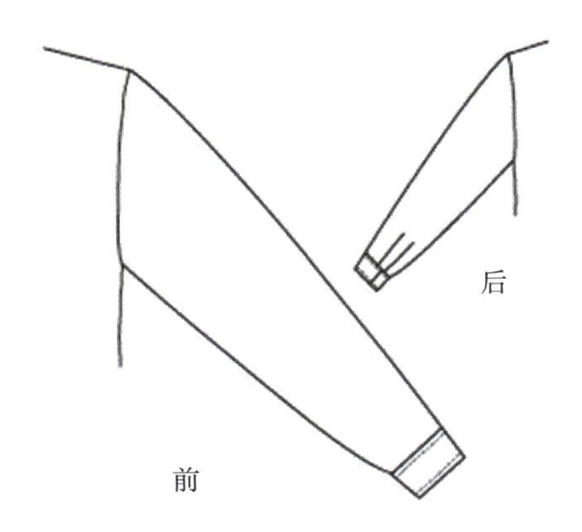

图 4-53　款式一：衬衫袖

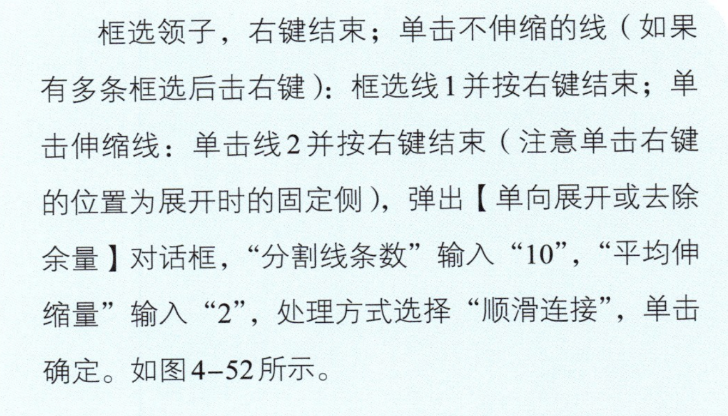

框选领子，右键结束；单击不伸缩的线（如果有多条框选后击右键）：框选线1并按右键结束；单击伸缩线：单击线2并按右键结束（注意单击右键的位置为展开时的固定侧），弹出【单向展开或去除余量】对话框，“分割线条数”输入“10”，“平均伸缩量”输入“2”，处理方式选择“顺滑连接”，单击确定。如图4-52所示。

范例三　袖变化实例

款式一

衬衫袖，袖口有两个活褶，如图4-53所示。

（一）结构图（图4-54）

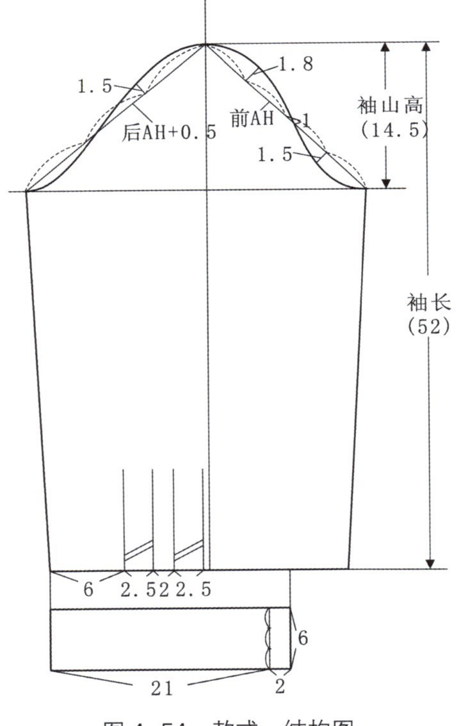

图 4-54　款式一结构图

（二）作图过程

（1）定袖长和袖山高。

【智能笔】工具，绘制袖中线①。鼠标左键在空白位置单击，右键切换成丁字尺，输入“52”，回车。

继续【智能笔】工具，鼠标悬停于*A*点，当*A*点亮星显示时鼠标在袖中线①上移动，输入

“14.5”，回车，画水平线②，长度任意。同样方法，画水平线③。如图4–55所示。

（2）画袖山斜线。

【比较长度】工具，测量前、后袖窿弧线长。单击前袖窿弧线，在【长度比较】对话框中显示数值“21.1”。同样方法，测量后袖窿弧线长“22.1”。

【圆规】工具，画前袖山斜线④。

单击A点，再单击袖肥线②，在弹出的【单圆规】对话框中输入数值“21.1”（前AH），回车，完成前袖山斜线④。同样方法，完成后袖山斜线⑤（后袖山斜线=后AH+0.5cm=22.1cm+0.5cm=22.6cm）。

【智能笔】工具，框选线④和线②、线⑤和线③，连接成角。如图4–56所示。

（3）画袖山曲线。

【等分规】工具，等分线④和线⑤。在快捷工具栏等份数 4 中输入份数“4”，再用左键在线④上单击。同样方法，把线⑤等分成3份。

【智能笔】工具，按下【shift】键，左键拖拉选中A点和B点进入【三角板】功能，再单击C点，拖动鼠标，单击左键，在弹出的【长度】对话框中输入“1.8”，点击确定，做出线④的垂直线。同样方法，完成其余几条袖山弧线的辅助线。

【智能笔】工具，画袖山曲线，并用【调整】工具调整至圆顺。如图4–57所示。

（4）【比较长度】工具比较袖山曲线与前后袖窿的差值。单击前后袖山曲线，右键确定，再单击前后袖窿曲线，表中【L】为两组曲线的差值。如图4-58所示。

【线调整】工具，框选前袖山弧线，弹出【线调整】对话框，选择“曲线调整”中的线的“两端点不动，曲线长度变化”，在“长度”或“增减量”中输入数值，单击【确定】，完成曲线长度调整。同样方法，可以调整任意一条需要调整的线使

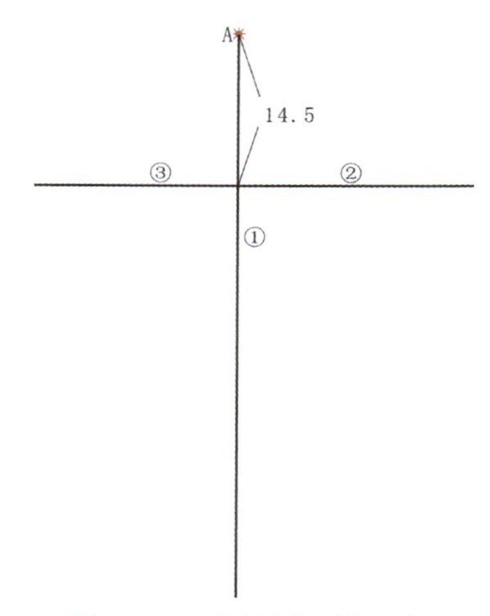

图4–55　定袖长、袖山高

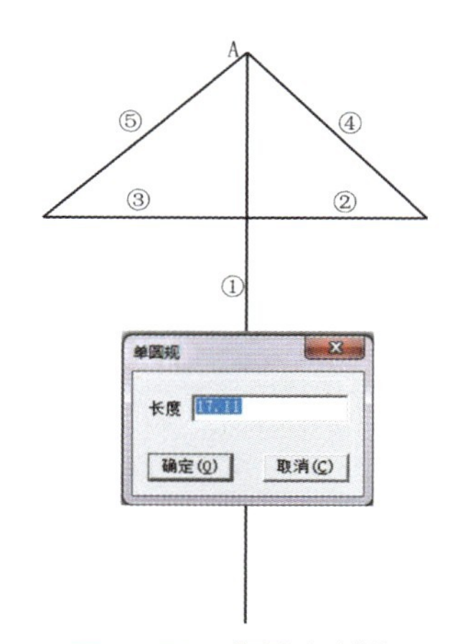

图4–56　作袖山斜线

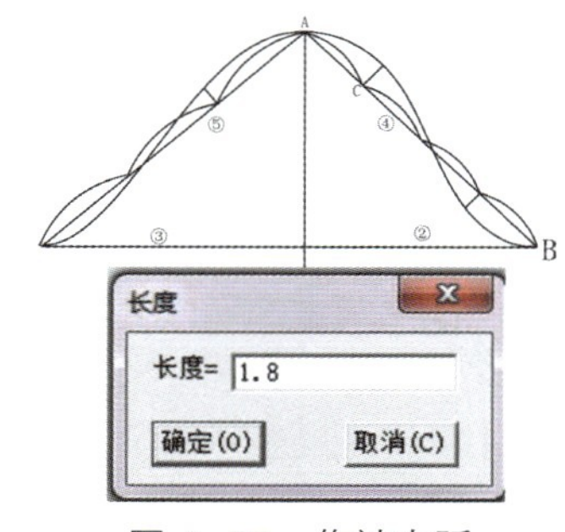

图4–57　作袖山弧

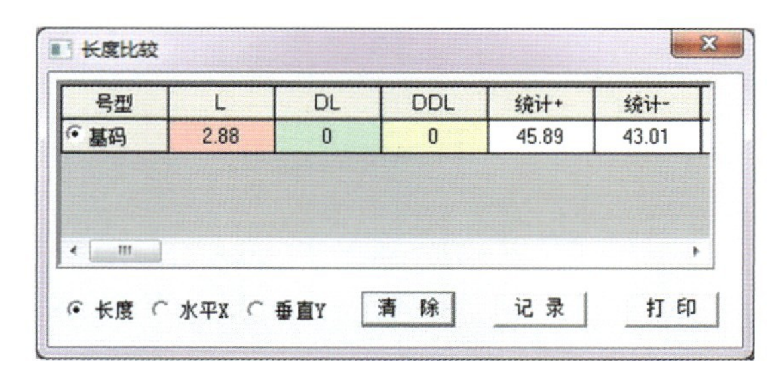
长度比较

号型	L	DL	DDL	统计+	统计-
基码	2.88	0	0	45.89	43.01

长度　水平X　垂直Y　清 除　记 录　打 印

图4–58　比较袖窿、袖山弧长度

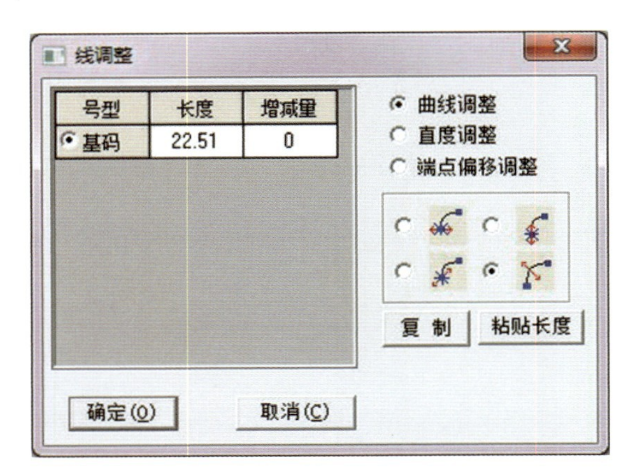

图 4-59 调整袖山弧长

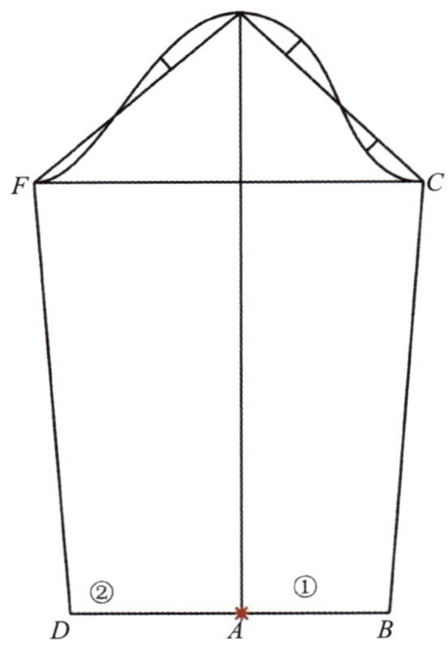

图 4-60 作袖口、袖侧缝

缩缝量达到合适的值。如图4-59所示。

（5）画袖口、袖侧缝。

【智能笔】工具，画袖口线①。鼠标悬停于*A*点，当*A*点亮星显示时，单击鼠标左键，切换成丁字尺，输入“12”，回车，完成袖口线①。同样方法，输入“14”，完成袖口线②。

【智能笔】工具，连接*B*点、*C*点，*D*点、*F*点，完成袖侧缝。如图4-60所示。

（6）画袖开衩、袖褶线。

【智能笔】工具，画袖开衩。鼠标靠近*A*点，同时在袖口线上滑动，输入数值“6”，回车，鼠标右键切换成丁字尺，输入“10”，回车，完成袖褶线①。同样方法，画袖褶线②。如图4-61所示。

（7）拾取衣片。

【剪刀】工具，拾取纸样的外轮廓线。依次单击或框选袖子轮廓线，轮廓线封闭后，工具变为“拾取辅助线”工具，继续拾取袖内部的褶线①、线②，拾取完毕击右键，形成纸样。如图4-62所示。

（8）对于样片中的规则纸样，如袖克夫，可以通过【做规则纸样工具】直接生成。

执行【纸样】/【做规则纸样】命令，弹出【创

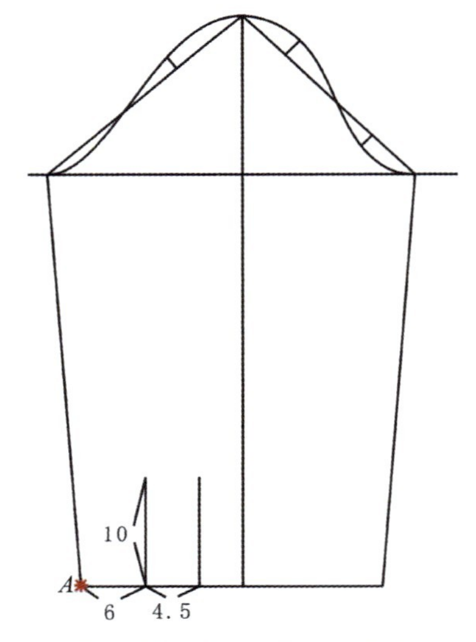

图 4-61 定袖衩、袖褶线

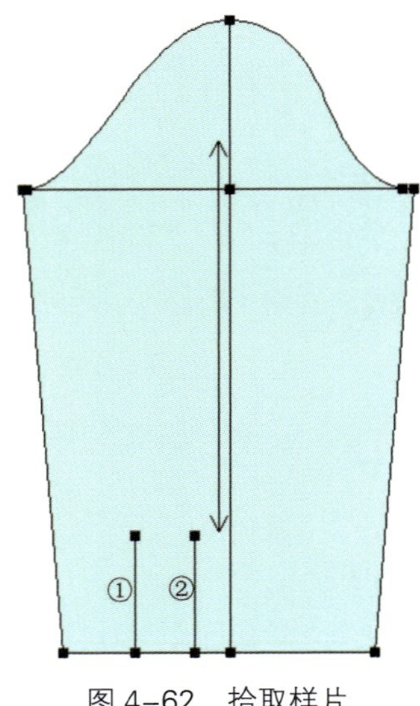

图 4-62 拾取样片

建规则纸样】对话框，选择“矩形”选项，输入数值：长“23”cm，宽“6”cm，点击【确定】，袖克夫纸样即可生成。

【智能笔】工具，把鼠标放在线③上，按住左键往左拖动，会出现线的一条平行线，键盘上输入“2”，回车，绘制完成线。如图4-63所示。

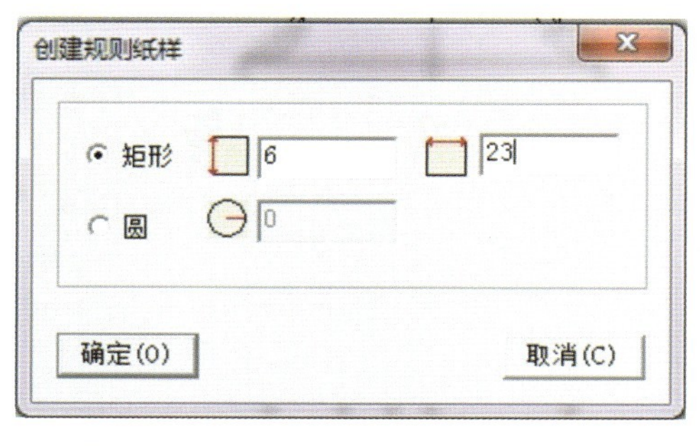

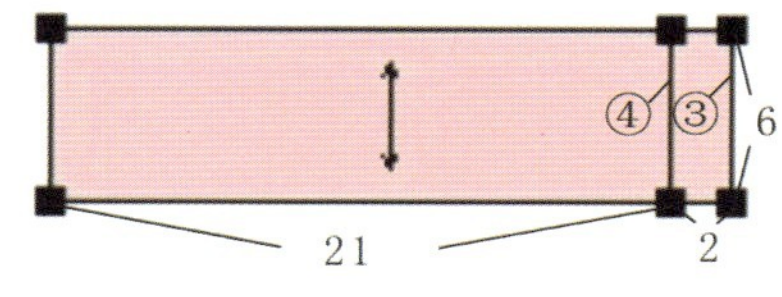

图4-63 作袖克夫

（9）做袖褶。

【褶】工具，做袖子上的活褶。框选或单击左键选择展开线：单击线①、线②，右键结束；弹出【褶】对话框，输入上、下褶宽“2.5”；选择褶类型：刀褶；通过选择【倒向另一侧】按钮可以改变褶的倒向；指定做褶的方式为第三种，点击【确定】，即做出了褶的标记。如图4-64所示。

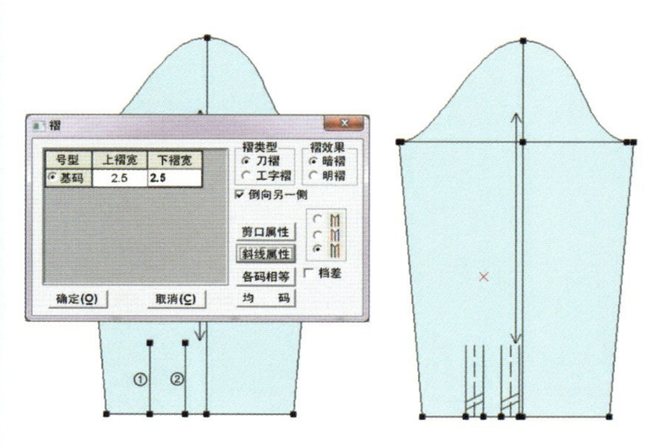

图4-64 作袖褶

> 注：
>
> ① 纸样工具条中的所有工具，只能在生成纸样后在纸样边线上操作，在结构线上是不能操作的。
>
> ② 在纸样边线上增加褶时，如果是做通褶，在原纸样上会把褶量加进去，纸样大小会发生变化；如果加的是半褶，只是加了褶符号，纸样大小不改变。

（10）调整缝边。

【加缝份】工具，调整袖口的缝边量。【F7】键可以快速切换缝份的显示和隐藏。框选要调整缝份量的线段①、线段②，弹出【加缝份】对话框，选择缝边角类型为“按2边对幅”，在起点缝份量中输入“3”，单击【确定】，即给选定的线段修改了缝份量及切角类型。继续【加缝份】工具，给规则纸样加缝份。在任意规则纸样的边线点上单击，在弹出的【衣片缝份】的对话框中输入缝份量“1”，选择“仅选择的纸样”选项，单击【确定】，即给规则纸样加了缝份。如图4-65所示。

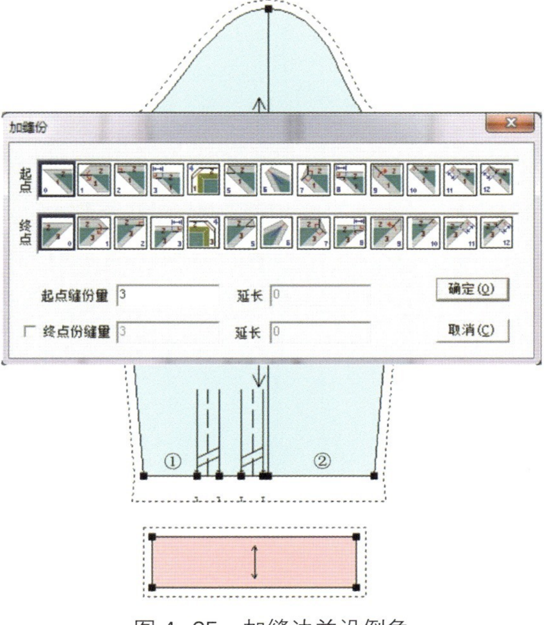

图4-65 加缝边并设倒角

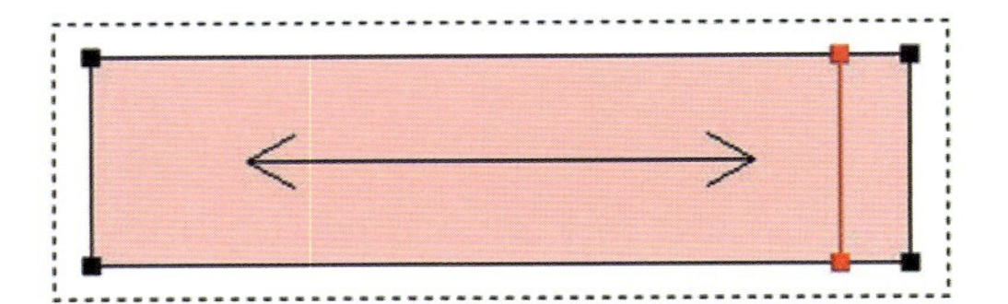

图 4–66　调整袖克夫布纹线方向

图 4–68　款式二：喇叭袖

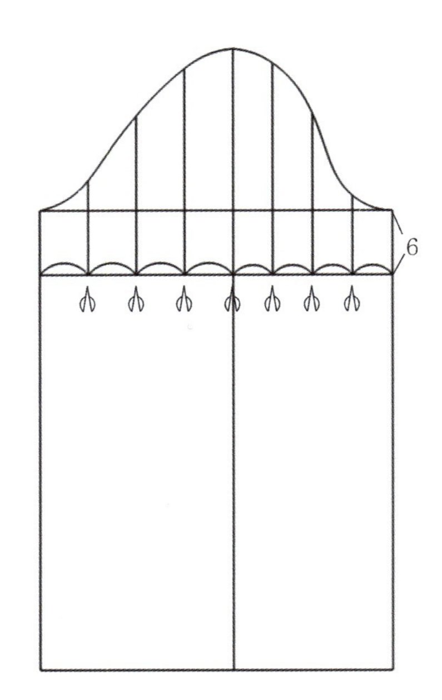

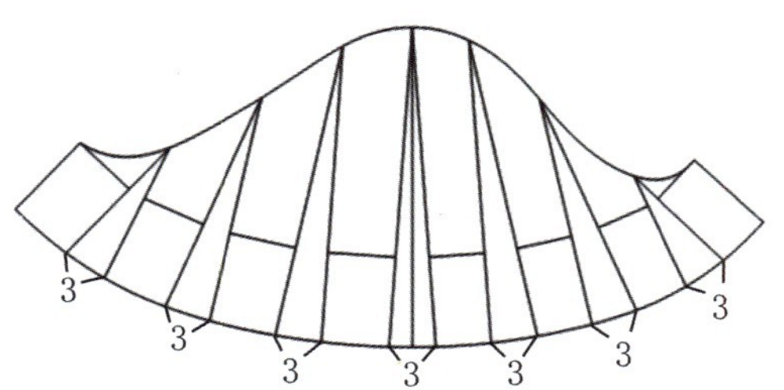

图 4–69　款式二结构图

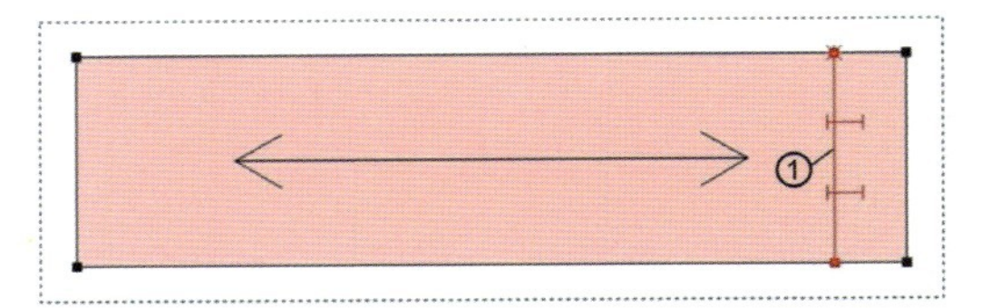

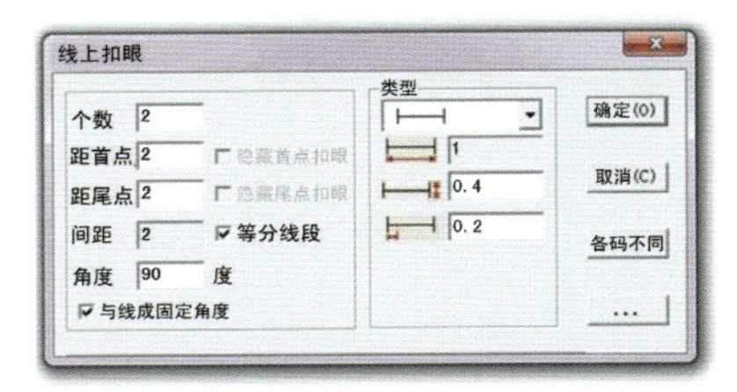

图 4–67　定扣位

（11）调整布纹线。

【布纹线】工具，在袖克夫纸样上击右键，布纹线以45°来旋转，调整袖克夫布纹线为水平方向。如图4–66所示。

（12）定扣位。

【眼位】工具，制作扣眼。鼠标单击线①，在弹出的【线上扣眼】对话框中输入个数“2”；距首点“2”；距尾点“2”；勾选“等分线段”，下拉列表中选择需要的扣眼类型；输入扣眼大小“1”，余量“0.2”等参数；输入角度“90°”，单击【确定】，即显示出扣眼。如图4–67所示。

款式二

喇叭袖，在纸样上需要通过切展纸样增加袖口量，如图4–68所示。

（一）结构图（图4–69）

（二）作图过程

方法1

操作思路：结构图中进行纸样展开——修正——生成纸样。

（1）【移动】工具，按【shift】键切换成“复制”，拷贝款式1的袖纸样。【智能笔】工具，把鼠标放在袖肥线上，按住左键往下拖动，会出现袖肥线的一条平行线，键盘上输入“6”，回车，完成袖口线。如图4–70所示。

（2）【等分规】工具，小键盘上输入“4”，单击*A*点、*B*点，把后袖口等分成4份；再单击*A*点、*C*点，把前袖口等分成4份。【智能笔】工具，分别从等分点绘制分割线。如图4–71所示。

（3）【分割、展开、去除余量】工具，展开袖口成喇叭型。

框选操作的线：框选袖子，右键确认；左键单击不伸缩的线：框选袖山弧线①、线②，右键确认；左键单击伸缩线：框选袖口线③、线④；框选7条分割线，在前袖侧缝附近单击右键确认（单击右键的位置决定展开的固定侧），弹出【单向展开或去除余量】对话框，在“平均伸缩量”中输入“3”，“处理方式”中选择“顺滑连接”，单击确认。如图4–72所示。

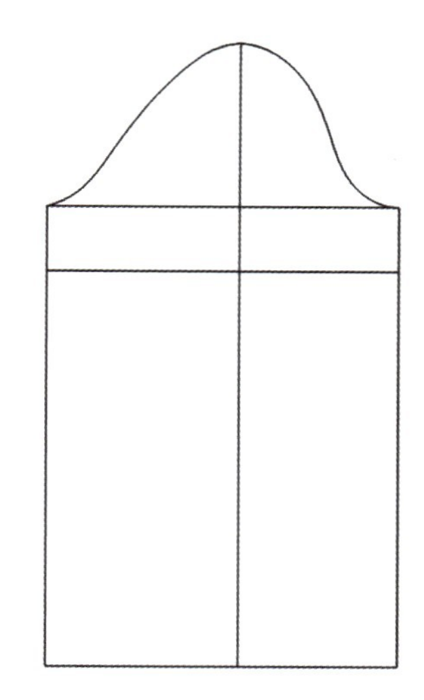

图4–70　复制袖结构线

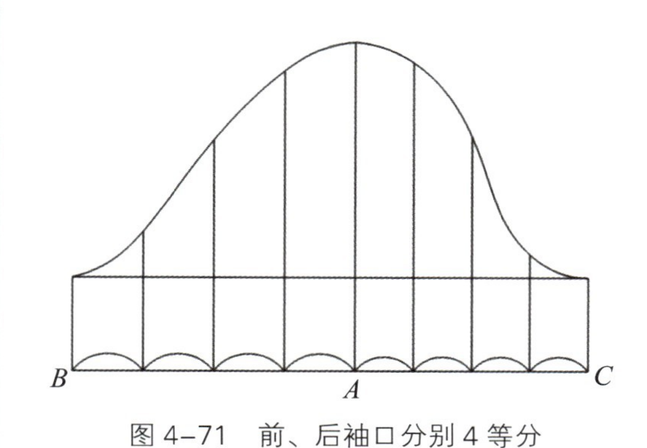

图4–71　前、后袖口分别4等分

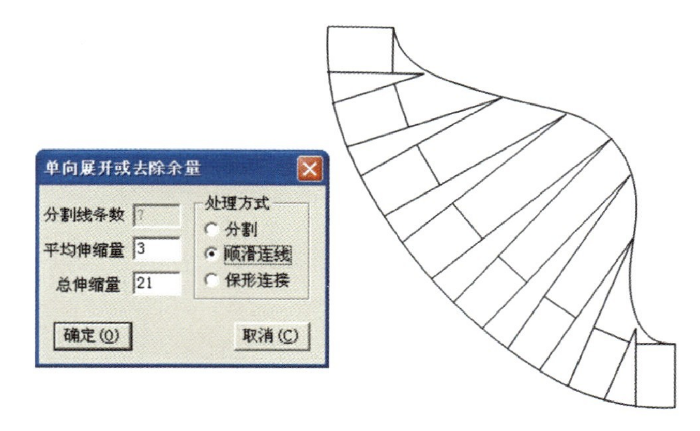

图4–72　展开

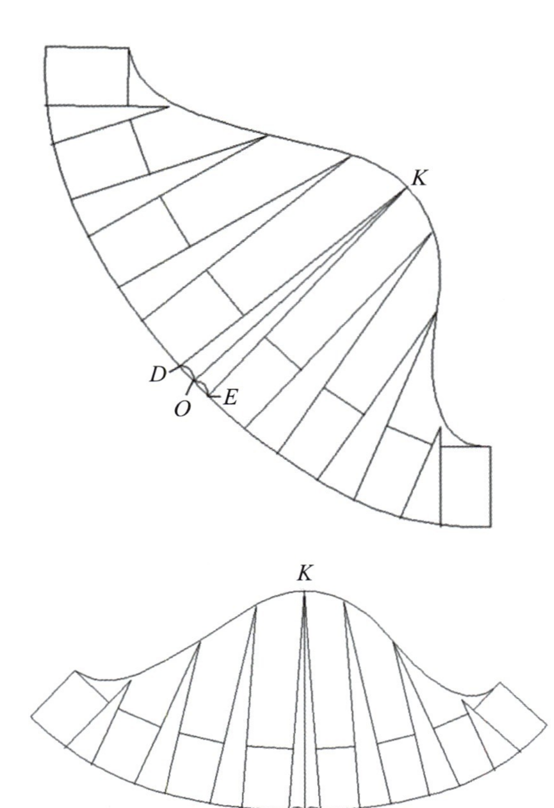

图 4-73　将袖子转为垂直

（4）【等分规】工具，单击D点、E点，等分成2份，【智能笔】工具，连接K点、O点。【旋转】工具，框选袖子，右键确认。单击旋转的中心：K点，单击旋转的起点：O点，旋转纸样，使KO线旋转成垂直，单击左键，袖子纸样被调正。如图4-73所示。

（5）【剪刀】工具，拾取袖子的外轮廓线。依次单击或框选袖子轮廓线，轮廓线封闭后，击右键，形成纸样。如图4-74所示。

方法2

操作思路：生成纸样——展开纸样——修正。

（1）绘制袖子及分割线。绘制方法同方法1中的步骤1、步骤2。

（2）【剪刀】工具，拾取袖子的外轮廓线。

依次单击或框选袖子轮廓线，轮廓线封闭后，工具变为“拾取辅助线”工具，继续拾取袖内部的分割线，拾取完毕击右键，形成纸样。如图4-75所示。

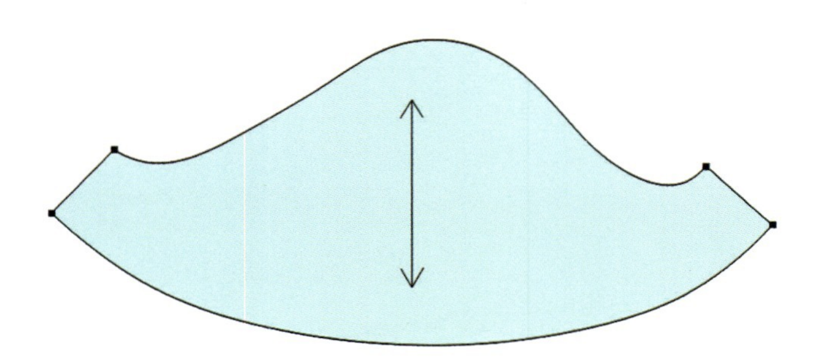

图 4-74　拾取袖片

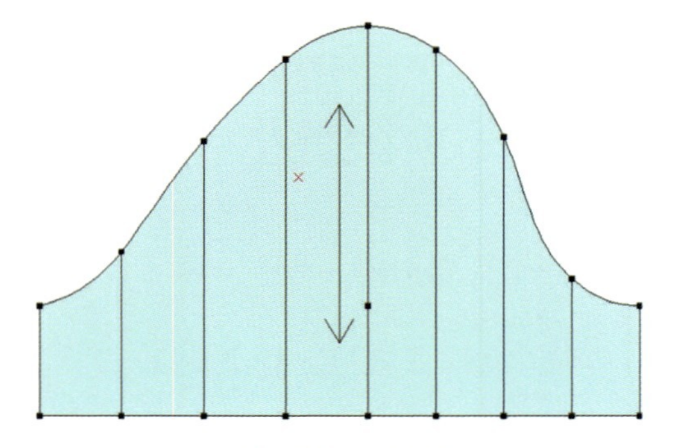

图 4-75　拾取袖片

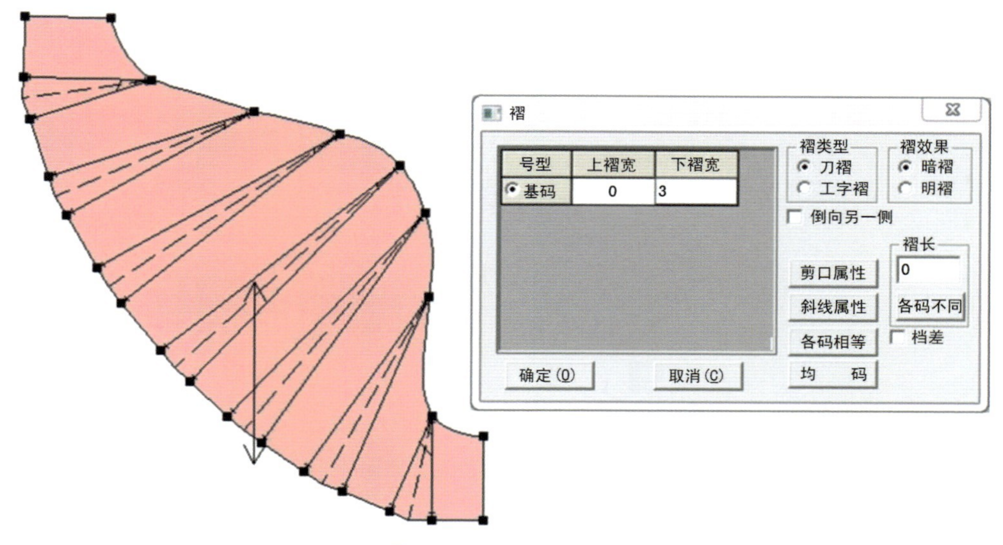

图4-76　展开袖子

（3）【褶】工具，展开袖子。

框选或单击左键选择展开线：框选7条分割线，在前袖片靠近袖山附近单击右键，弹出【褶】对话框中，上褶宽输入“0”，下褶宽输入“3”，单击确认。再单击右键，袖子被展开。如图4-76所示。

（4）【旋转衣片】工具，调整衣片方向。单击*K*点、*O*点，使之变为垂直方向。【布纹线】工具，单击*K*点、*O*点，使布纹线与*KO*线平行。如图4-77所示。

（5）【删除】工具，框选褶标记，全部删除。【智能笔】工具，重新绘制袖口曲线，并修圆顺。【曲线替换】工具，单击新的袖口弧线，在纸样内部单击右键，则用新的袖口弧线替换了旧的袖口弧线，袖纸样完成。如图4-78所示。

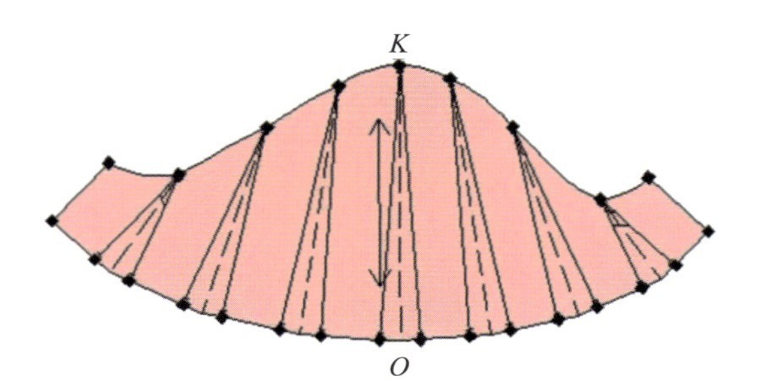

图4-77　布纹线与*KO*线平行

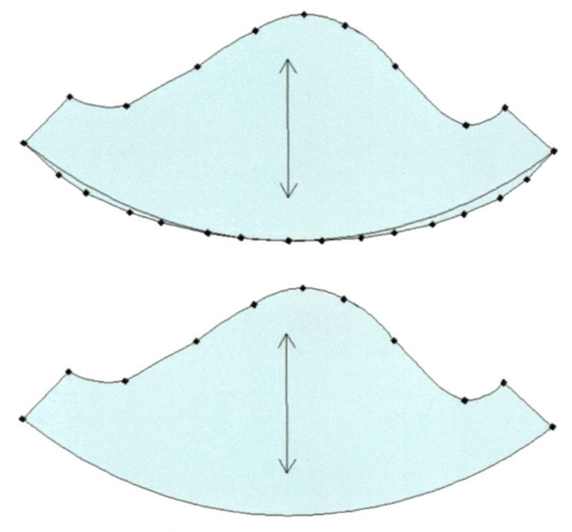

图4-78　替换袖口弧线

第二节 综合实例

范例一、时装短裙

（一）造型特点

此款时装短裙整体采用不对称设计，小A造型，下摆呈波浪褶，此款服装青春活泼，适合年轻女性着装。

（二）着装效果（图4-79）

（三）纸样结构（图4-80）

（四）生产制单（表4-1）

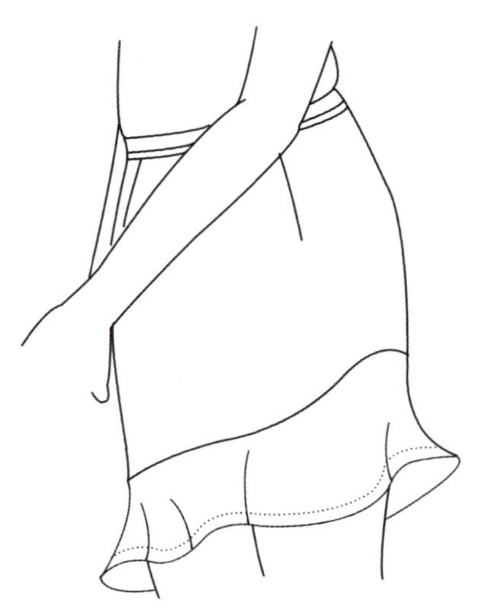

图4-79 着装效果

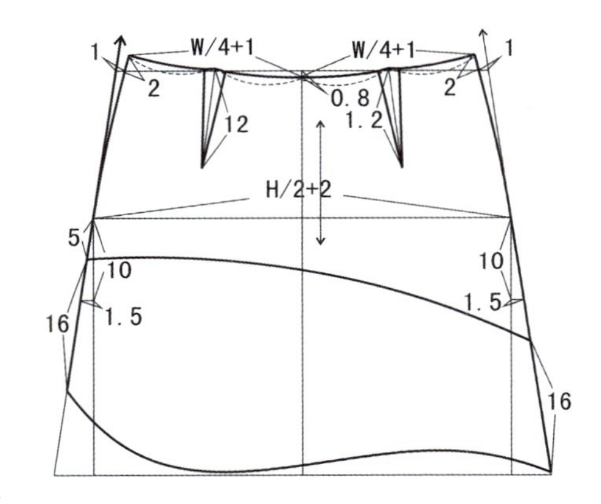

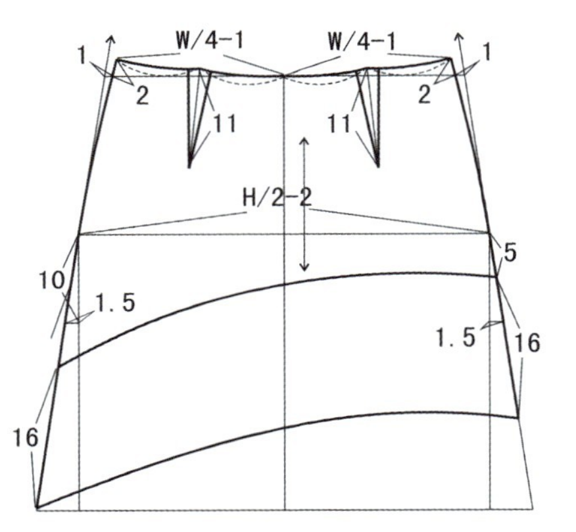

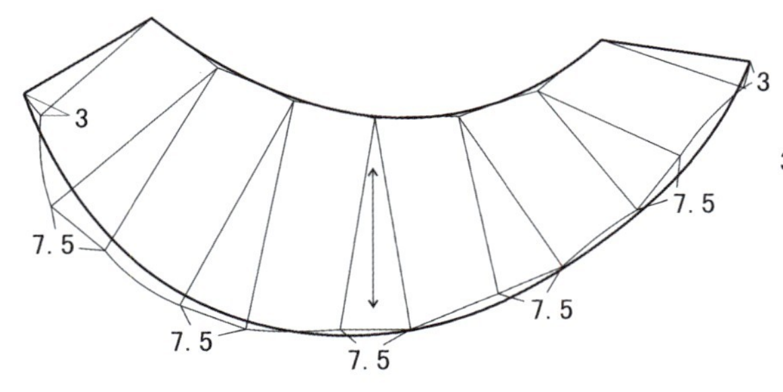

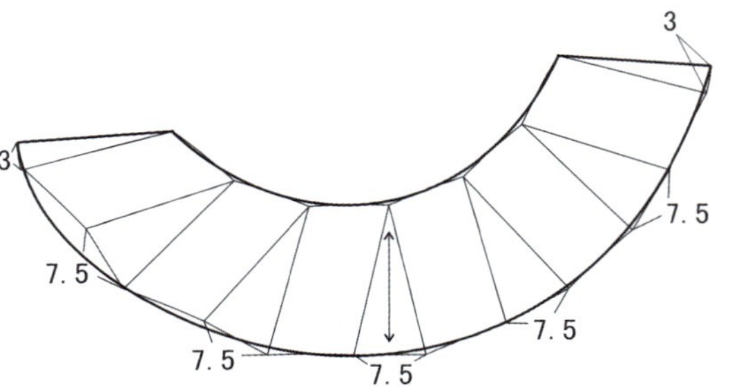

图4-80 纸样结构

表4-1　XX服装有限公司生产制单

2015年　月　日

合同号：××××-××	品名：时装短裙	款号：×××	数量：1400	交期：	面料：时装面料

部位＼尺码		155/80A	160/84A	165/88A	170/92A	175/96A		
裙长（cm）		48	49	50	51	52		
腰围（cm）		66	68	70	72	74		
臀围（cm）		90	94	98	102	106		

分颜色/尺码数量（条）

		155/80A	160/84A	165/88A	170/92A	175/96A		
白		100	200	200	200	100		
蓝		100	100	150	150	100		

款式图

前　　后

工艺说明

特体说明

辅料

拉链：一条	商标、洗涤标、吊牌：各一	衬（里）料：纺衬、无纺衬、嵌条	

纸样：　　制单：　　复核：　　审批：

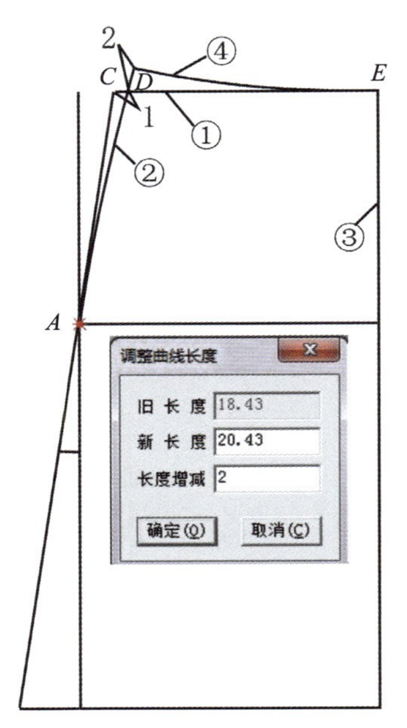

图 4-81　作前片基础框架

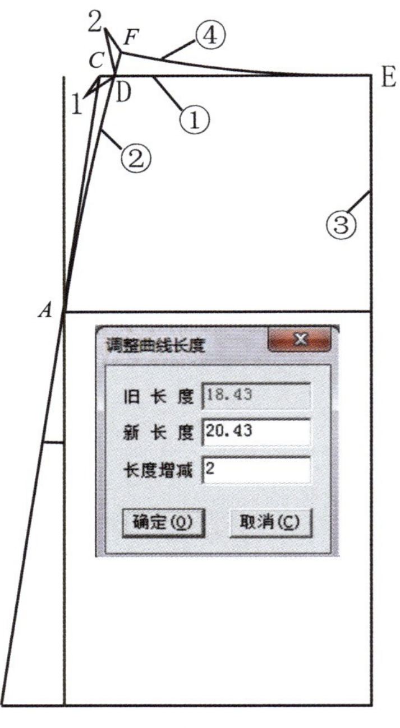

（a）

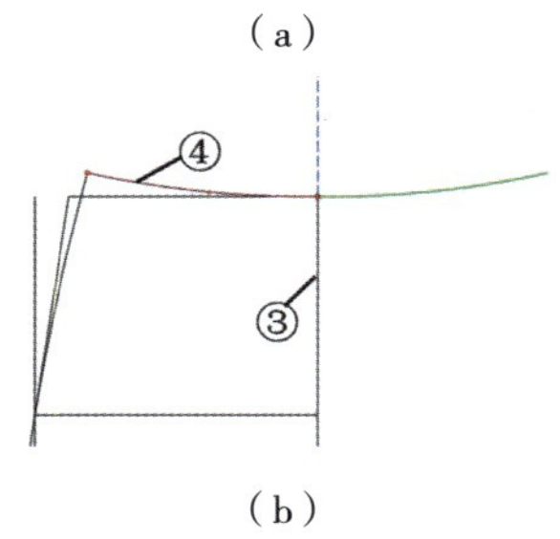

（b）

图 4-82　作腰口弧线

（五）作图过程

（1）绘制前片基础框架。

【矩形】工具，绘制前片基础框架。鼠标在工作区内单击后向右下拖动，输入“22.5”，回车，“49”，回车。完成外框矩形的绘制。

【智能笔】工具，绘制臀围线。把鼠标放在上平线①上，按住左键往下拖动，会出现上平线的一条平行线，键盘上输入“18”，回车，完成臀围线。

【智能笔】工具，鼠标悬停于*A*点上，该点变成亮星时单击回车键，弹出【偏移量】对话框，输入横偏移“-1.5”，纵偏移“-10”，单击【确定】，找到*B*点，与*A*点连接。

【智能笔】工具，框选线②，再框选线③，利用智能笔工具的【连接角】功能延长侧缝辅助线与下摆线相交。同样方法，框选线②，再框选线①，延长侧缝辅助线和腰围线相交。如图4-81所示。

（2）绘制腰围线及侧缝曲线。

【智能笔】工具，从*C*点沿线①向右移动，输入“1”，回车，找到*D*点，再向下移动鼠标，单击任一点，单击*A*点，画圆顺侧缝线。如果需要调整，在【智能笔】工具下单击右键，切换成【调整】工具，拖动控制点，可以调整曲线形状。

【智能笔】工具，按住【shift】键的同时鼠标右键单击线②，弹出【调整曲线长度】对话框。在“长度增减”中输入“2”，单击“确定”。向上延长侧缝线2cm。

【智能笔】工具，单击*F*点、中间任一点、*E*点，画圆顺前腰口弧线。如图4-82（a）所示。

【对称调整】工具，调整前腰口弧线。选择对称轴：单击前中线③；单击或框选要修改的线：单击前腰口弧线④，右键确认；单击曲线进行修改：单击前腰口弧线④，此时曲线上出现控制点，单击拖动控制点到合适位置，调整完成后右键结束。如图4–82（b）所示。

（3）绘制腰省。

【等分矩】工具，键盘上输入“2”，单击腰围线，做出等分线标。

【角度线】工具，绘制省中线。单击腰围线①，再单击中点*A*，出现两条互相垂直的参考线，按【Shift】键切换参考线与腰围线①重合。移动光标使其与所选线垂直的参考线靠近，光标会自动吸附在参考线上，单击弹出【角度线】对话框，输入垂线长度“11”，角度“90”，单击确认。如图4–83所示。

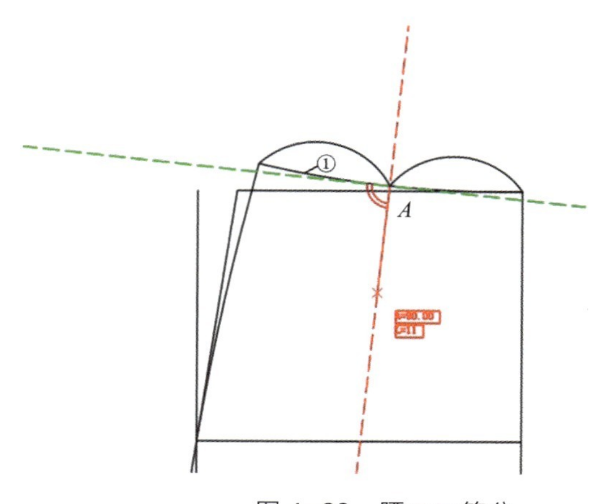

图4–83　腰口二等分

【比较长度】工具，测量腰围线长。【测量】对话框显示出长度为18.5cm。则计算出省道为18.5cm–（*W*/4–1cm）=18.5cm–（68cm/4–1cm）=2.5cm。

【收省】工具，制作省道。选取截取省宽的线：单击腰围线①；选择省线：单击省中线②；输入省道宽：“2.5”；在靠近前中的一侧点击左键，确定省道的倒向；拖动控制点调整省道缝合后腰线的形状；右键确认（单击鼠标左键的位置决定省道的倒向）如图4–84所示。

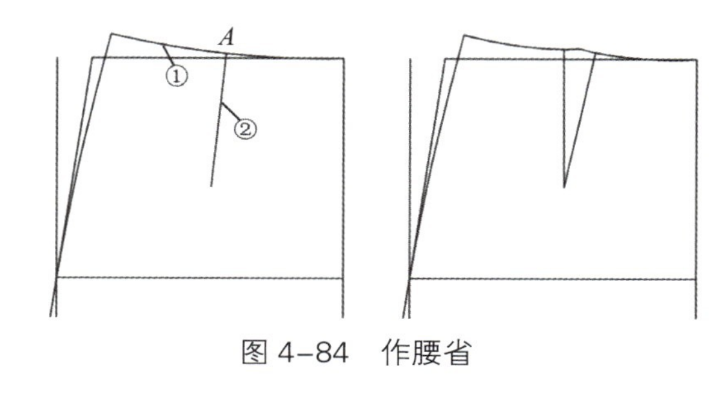

图4–84　作腰省

（4）前片复制成整片。

【对称】工具，前片复制成整片。在结构线或纸样上选择对称轴的起点：*A*点；结构线或纸样上选择对称轴的终点：*B*点；按下【Shift】键切换成“对称复制”，选择要对称复制的线，右键确认。如图4–85所示。

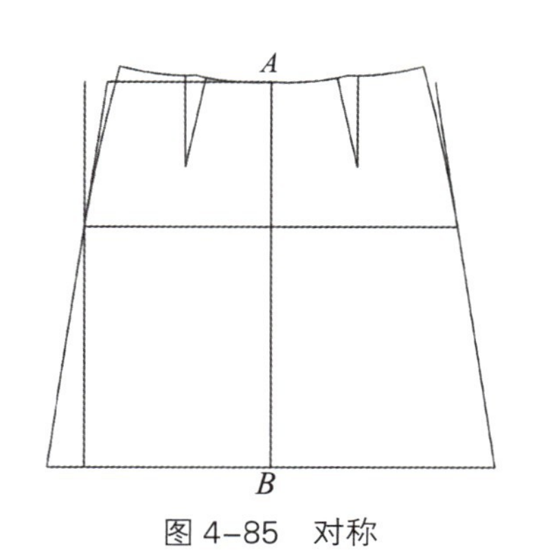

图4–85　对称

（5）绘制前片分割线。

【剪断线】工具，点击线①，再点击*A*点，则侧缝辅助线在*A*点剪断。同样方法，将左侧侧缝辅助线在*B*点剪断。

【智能笔】工具，鼠标悬停于*A*点，在侧缝线上移动，输入“5”，回车，找到*C*点，再单击任

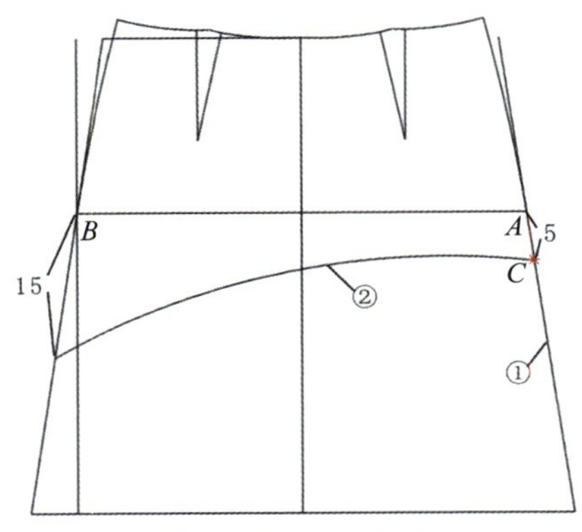

图 4-86　作分割线

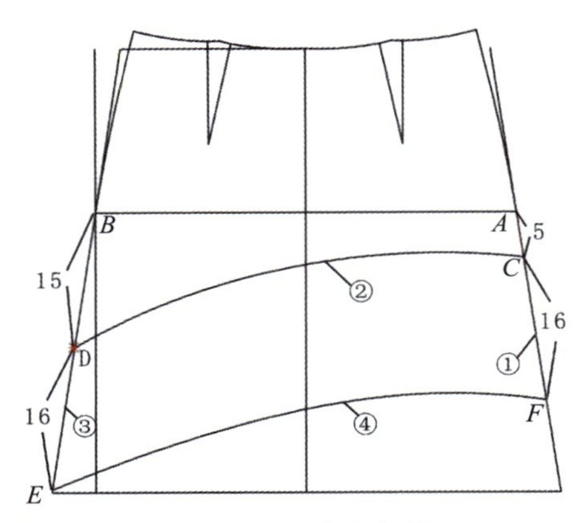

图 4-87　作底摆线

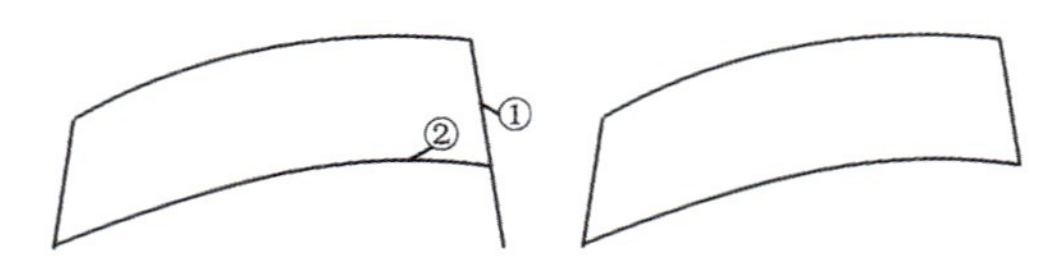

图 4-88　复制前下片并角连接

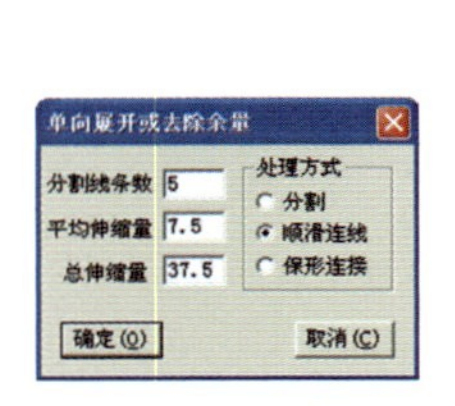
单向展开或去除余量

分割线条数	5
平均伸缩量	7.5
总伸缩量	37.5

处理方式
○ 分割
● 顺滑连续
○ 保形连接

确定(O)　取消(C)

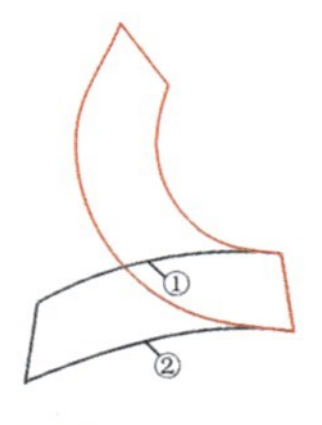

图 4-89　展开

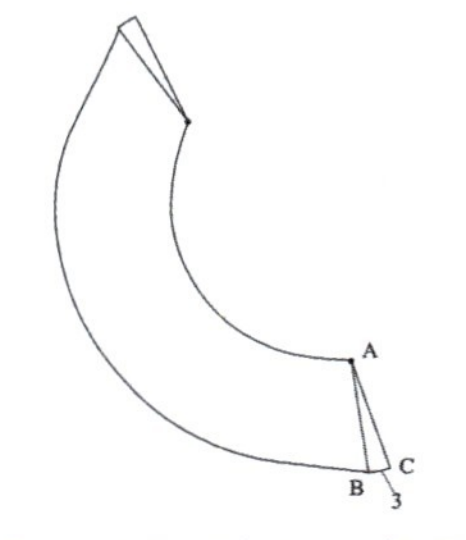

图 4-90　放 3cm 褶量

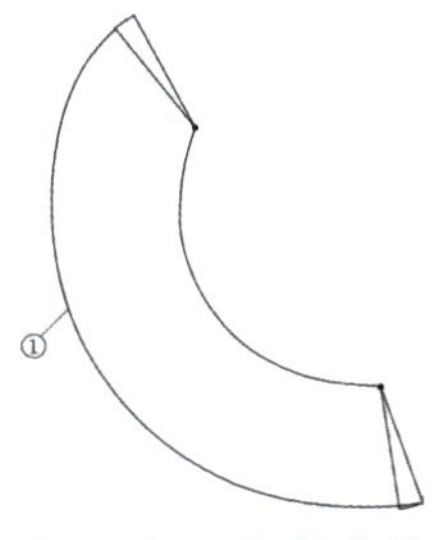

图 4-91　修顺曲线

一点，然后当*B*点加亮显示时，输入“15”，回车，绘出分割线②。在【智能笔】工具下单击右键，切换成【调整】工具，调整前片分割线圆顺。如图4-86所示。

（6）绘制底摆线。

【剪断线】工具，点击线①，再点击*C*点；点击线③，再点击*D*点，则侧缝线在*C*点、*D*点剪断。

【智能笔】工具，鼠标悬停于*D*，在侧缝线上移动，输入“16”，回车，找到*E*点，再单击中间任一点，然后当*C*点加亮显示时，输入“16”，找到*F*点，回车，绘出底摆线。如图4-87所示。

（7）褶展开。

【移动】工具，【shift】键切换成复制，框选前下片的几条线，右键结束，单击任意一个参考点拖动到目标位置后单击。

【智能笔】工具，框选线①和线②，利用智能笔的【连接角】功能去掉长出的线。如图4-88所示。

【分割、展开、去除余量】工具，展开褶。框选操作的线：框选裙下片，右键确认；左键单击不伸缩的线：单击线①；左键单击伸缩线：单击线②；单击右键确定固定侧：靠近右侧单击，弹出【单向展开或去除余量】对话框，“分割线条数”中输入“5”，“平均分割量”中输入“7.5”，“处理方式”选择顺滑连接，单击【确定】。如图4-89所示。

【CR圆弧】工具，在两侧增加褶量。单击左键选择圆心位置：单击“*A*”点；单击左键选择圆弧开始位置：再单击“*B*”点；拖动鼠标，画出圆弧，输入“3”，回车，定出*C*点。【智能笔】工具，连接*A*点、*C*点。同样方法在另一侧也加放出3cm褶量。如图4-90所示。

【智能笔】工具，在下口线①上单击右键，切换成【调整】工具，调整曲线圆顺。如图4-91所示。

（8）同样方法，制作后片纸样。如图4–92所示。

（9）纸样拼合检查。

【合并调整】工具，拼合前后片的下摆线圆顺。点选或框选要修改的线：单击线①、线②，右键结束；点选或框选用来缝合的线：单击线③、线④，右键结束；移动控制点，调整下摆曲线圆顺。如图4–93所示。

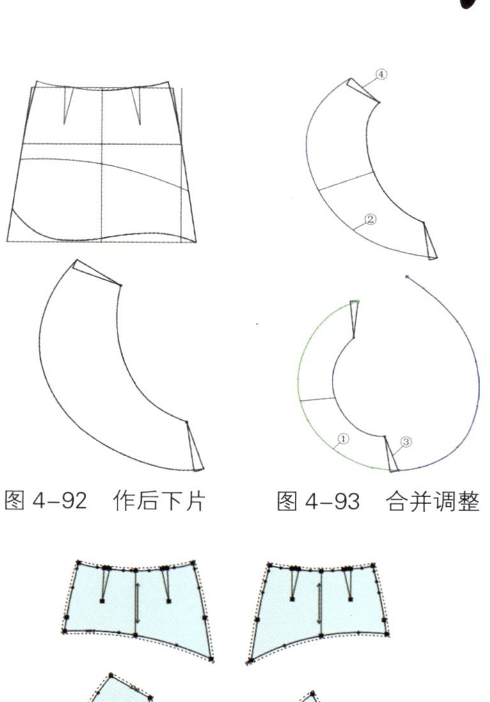

图4–92　作后下片　　　图4–93　合并调整

（10）生成纸样。

【剪刀】工具，拾取前上片的外轮廓线。依次单击或框选前上片的轮廓线，轮廓线封闭后，工具变为【拾取辅助线】工具，继续拾取衣片内部的省线及辅助线，拾取完毕击右键，形成纸样。同样方法，完成裙下片的拾取。如图4–94所示。

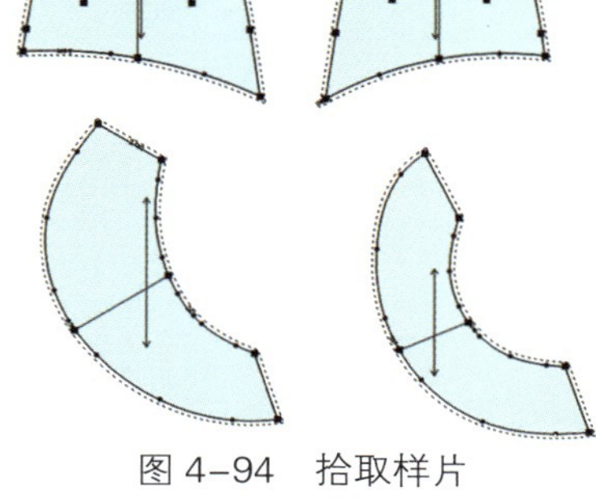

图4–94　拾取样片

（11）调整布纹线方向。

【智能笔】工具，连接前片裙下片上口弧线的中点*A*和下口弧线的中点*B*，作为布纹线的参考线。

【布纹线】工具，单击【纸样列表框】中的前片裙下片，选中裙下片纸样。左键单击参考线两端点*A*、点*B*，将裙下片的布纹线改为和参考线水平。

同样方法，调整后片裙下片纸样。如图4–95所示。

图4–95　调整布纹线方向

（12）调整缝份。

生成纸样时，系统自动加入缝份，如果缝份量及切角类型需要调整，可以用【加缝份】工具修改。

【加缝份】工具，调整下摆缝份量。单击要调整缝份量的线段①，线段显示为红色，弹出【加缝份】对话框，选择缝份角类型为第一种“1、2边相交”，在起点缝份量中输入“2.5”，单击【确定】，即给选定的线段修改了缝份量及切角类型。如图4–96所示。

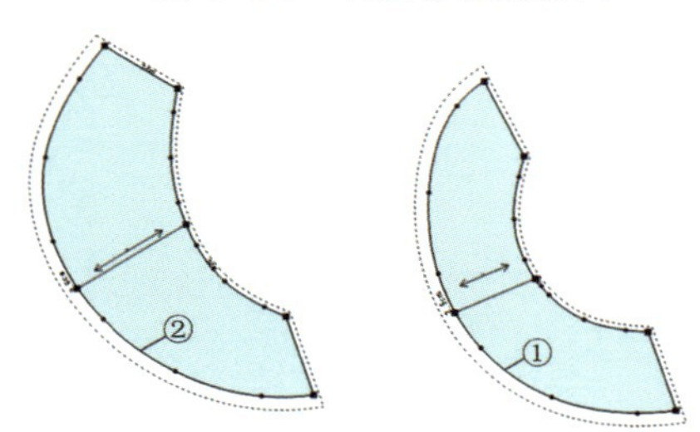

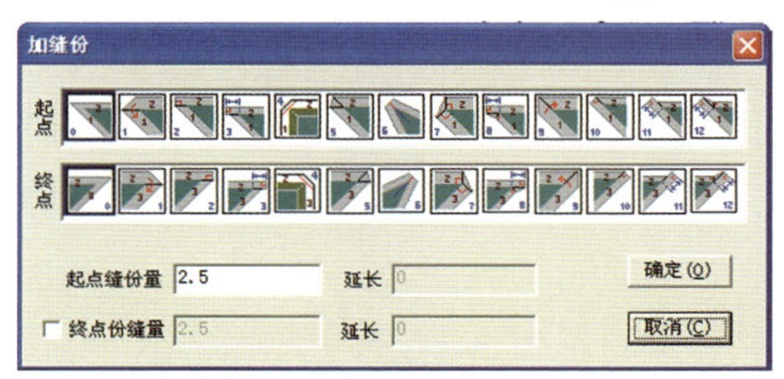

图4–96　加放缝份及倒角

（13）加剪口。

【加剪口】工具，在*A*点单击，弹出【剪口】对话框，可通过点击“剪口属性”设置剪口的形状、宽度和深度等属性。在剪口上单击拖动，可以调整剪口的角度。再单击省道的省边点，加上剪口。在臀围线上靠近*B*点、*C*点的位置单击，则在辅助线上加上剪口。如图4–97所示。

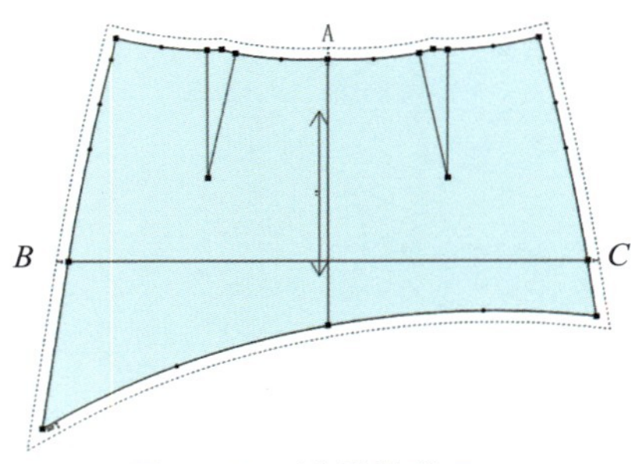

图 4–97　设前片剪口

同样方法，在后片上也加上剪口。如图4–98所示。

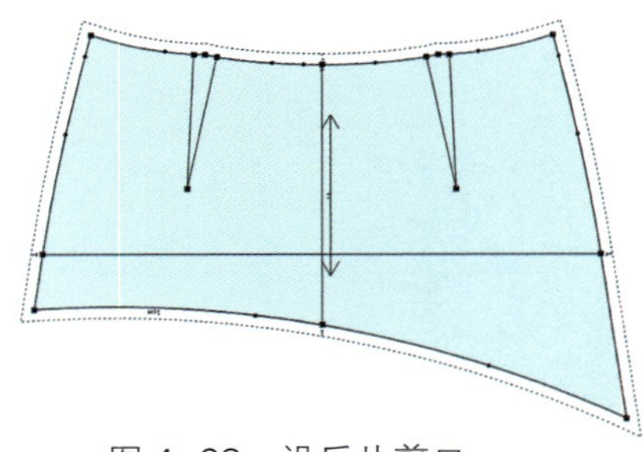
图 4–98　设后片剪口

（14）做规则纸样。

对于样片中的规则纸样，如腰头等矩形或圆形纸样，可以通过【做规则纸样工具】直接生成，省去了做结构图这一步骤。

执行【纸样】/【做规则纸样】命令，弹出【创建规则纸样】对话框，选择“矩形”选项，输入数值：宽“2.5”cm，长“68”cm，点击【确定】，腰头1纸样生成。同样方法，输入数值：宽“1”cm，长“68”cm，腰头“2”纸样生成。

【布纹线】工具，在腰头的布纹线上点击右键，调整成水平方向。如图4–99所示。

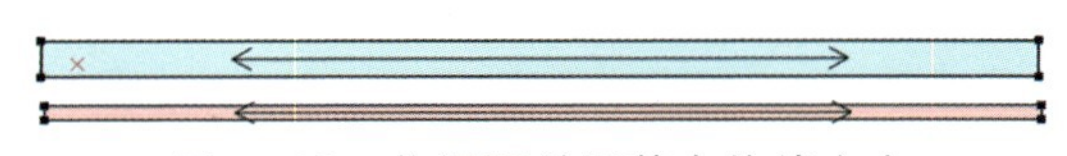
图 4–99　作裙腰并调整布纹线方向

（15）纸样信息。

执行【纸样】/【款式资料】命令，在弹出的【款式信息框】对话框中设置款式名、订单号、布纹方向、布料类型等，单击【确定】。如图4–100所示。

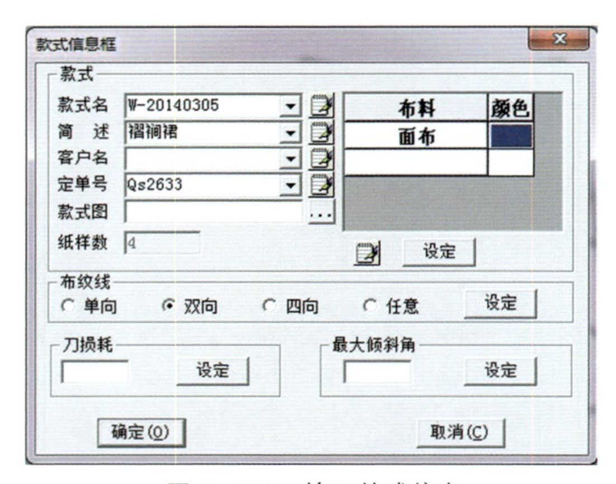

图 4–100　输入款式信息

双击纸样列表框中的衣片，在弹出的【纸样资料】对话框中输入该衣片的名称、份数等信息，单击【应用】。依次完成所有纸样资料的输入，再单击【关闭】。如图4–101所示。

图 4–101　输入纸样资料

（16）保存文档。

完成一款样板后，单击【保存】，选择合适的路径，存储文档。

范例二、女短上衣

（一）造型特点

此款短上衣专为年轻女性设计，前卫的低开V字形前领口、收腰、圆摆造型，九分袖，前襟设11粒扣是其最为吸引人之处，具有很强的装饰效果，肩部可用薄型圆角垫肩略微衬托。搭配弹力牛仔裤，凸显年轻女性的活泼靓丽。服装选用柔软、略带弹性、透气性好的面料制作，贴身、舒适、活动方便。

（二）着装效果（图4-102）

（三）纸样结构（图4-103）

（四）生产制单（表4-2）

图4-102 着装效果

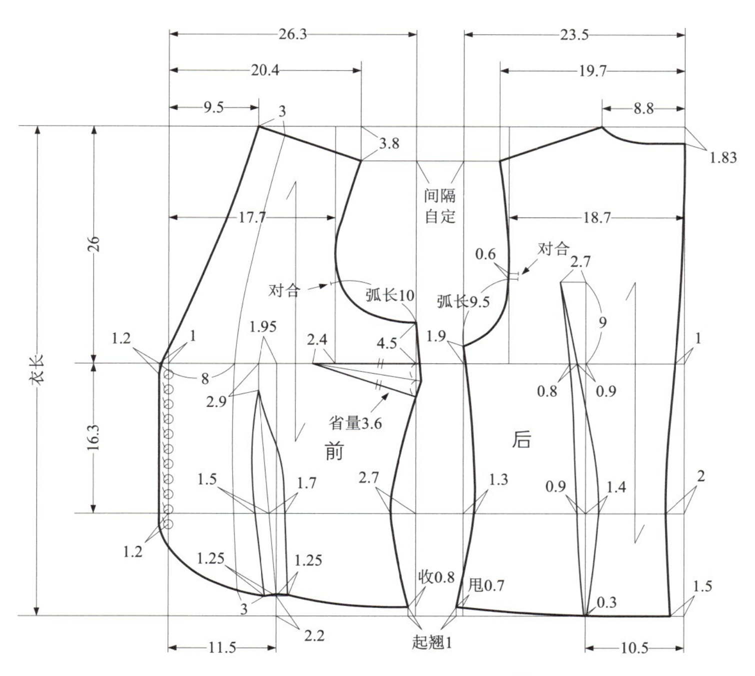

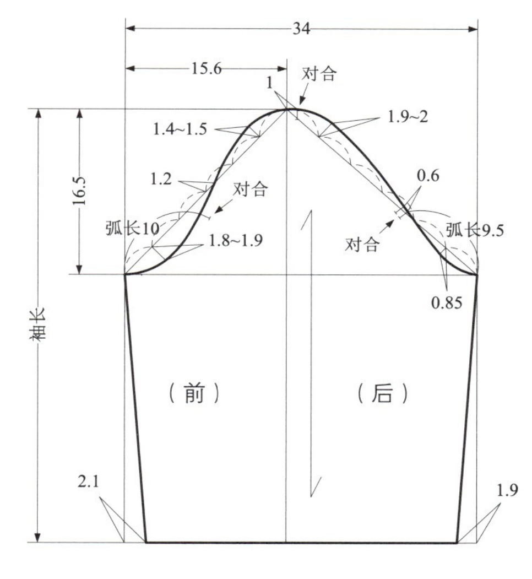

图4-103 纸样结构

表4-2 XX服装有限公司生产制单

2015年 月 日

合同号：××××-××	品名：女短上衣	款号：×××	数量：1000	交期：	面料：氨纶/棉混纺面料

尺码 / 部位	XS	S	M	L	XL	2XL	3XL	4XL
衣长（cm）		52	53.5	55	56.5	57.5		
胸围（cm）		94	98	102	106	108		
腰围（cm）		73	75	77	79	80		
袖长（cm）		42	43	44	45	45.5		
分颜色/尺码数量（件）								
象牙白		50	100	100	100	50		
杏黄		20	60	60	60	20		
豆绿		25	80	80	70	25		
雪青		15	25	25	25	10		

款式图

工艺说明

特体说明

辅料		
纽扣：1cm纽扣11粒	商标、洗涤标、吊牌：各一	衬（里）料：纺衬、无纺衬、嵌条、垫肩

纸样： 制单： 复核： 审批：

（五）制图基本步骤

绘制基准线——绘制前、后片——绘制袖子——拾取衣片。

（六）作图过程

（1）作基础线。

【智能笔】。作宽度为54.8cm（胸宽26.3cm+背宽23.5cm+间隔取5cm），高度为53.5cm（衣长）的矩形。

作胸围线①，将矩形上边线向下平行26cm；腰节线②，再将腰节线向下平行16.3cm。

作前宽线③，将前中线向右平行26.3cm；后宽线④，将后中线向左平行23.5cm。如图4–104所示。

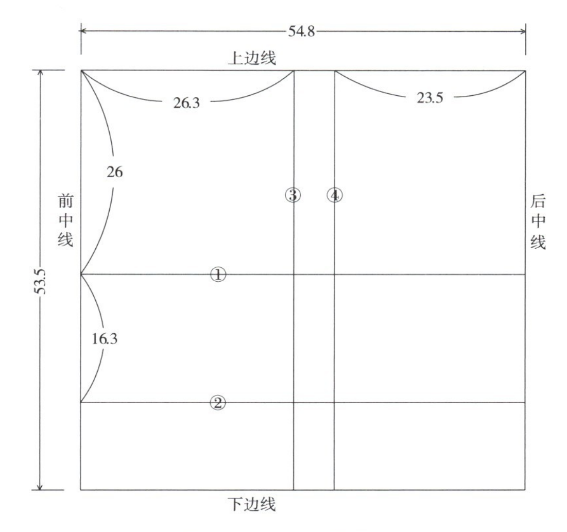

图4–104　作基础线

（2）作胸宽线、背宽线，前、后开领线，肩斜线。

作胸宽线⑤，鼠标悬停于胸围线的左侧，在红色矩形框中输入“17.7”cm，回车，向上作垂直线至上边线。

作背宽线⑥，鼠标悬停于胸围线的右侧，输入“18.7”cm，回车，向上作垂直线。

作前、后开领线。将胸围线向左水平延长1cm，然后再向下画一条垂直，长度自定，作出搭门线。前领宽9.5cm，前领深画至胸围线下1.2cm处；后领宽8.8cm，后领深1.83cm。

作前肩斜线⑦，落肩量3.8cm，前肩宽20.4cm；后肩斜线⑧，落肩量3.8cm，后肩宽19.7cm。如图4–105所示。

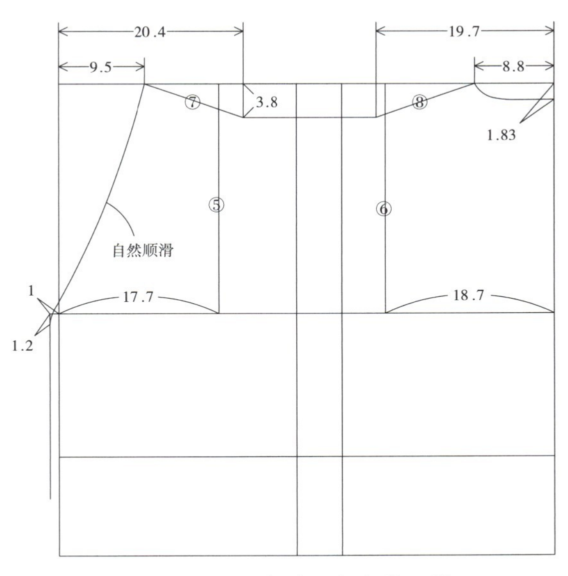

图4–105　作胸宽线、背宽线、前、后开领线、肩斜线

（3）作前、后袖窿弧，前、后侧缝线及袖窿省。

从胸围线与胸宽线的交点向上截取4.5cm，连接至前肩斜线的右端点，作出前袖窿连接线①；再从胸围线与背宽线的交点向上截取1.9cm，连接至后肩斜线的左端点，作出后袖窿连接线②。然后，用智能笔的调整功能将上述2条连接线分别调整成前、

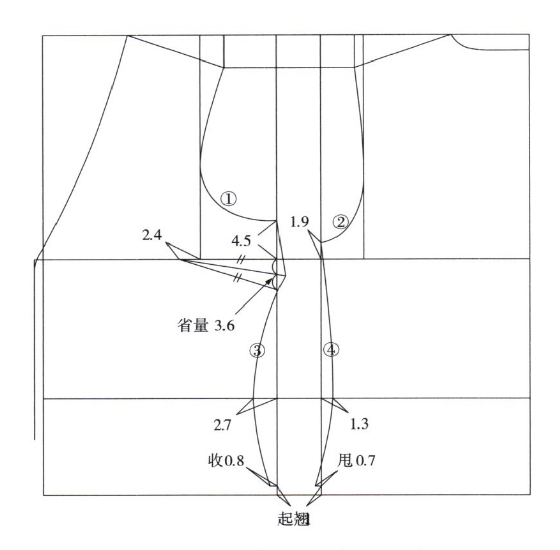

图 4-106 作前、后袖窿弧，前、后侧缝线及袖窿省

后袖窿弧。

从前袖窿弧的下端点起，腰节线处内收2.7cm，底摆处起翘1cm，内收0.8cm，作出前片侧缝线③；从后袖窿弧的下端点起，腰节线处内收1.3cm，底摆处起翘1cm，外甩0.7cm，作出后片侧缝线④。用智能笔调顺这2条弧线（袖窿省的省量为3.6cm，作图时，2条省边的长度应相等）。如图4-106所示。

（4）作后中缝、后片底摆线、后背省。

作后中缝①，从后领中点开始，胸围处收进1cm，收腰2cm，后中底摆处收进1.5cm。

底摆线②，连接后侧缝与后中缝的下端点。然后，用调整功能分别调顺这2条弧线。

先将鼠标悬停于矩形下边线的右侧，在红色矩形框中输入“10.5”cm，回车，向上作垂直线至胸围线，再从该垂直线的上端点继续向上作垂直线，长度为9cm，作出腰省中心线。

从腰省中心线的上端点向左画水平线，长度为2.7cm，确定省尖点。

作后背省右省线③，单击2.7cm水平线的左端点，鼠标悬停于胸围线与省中心线的交点，回车，输入水平移动量“-0.9”，确定。鼠标再悬停于腰节线与省中心线的交点，回车，输入水平移动量“1.4”，确定。最后，鼠标悬停于省中心线的下端点，回车，输入水平移动量“0.15”，确定，按右键结束。

后背省左省线④的作图方法与右省线相同，胸围线处宽度0.8cm，腰节线处宽度0.9cm，省底0.15cm。如图4-107所示。

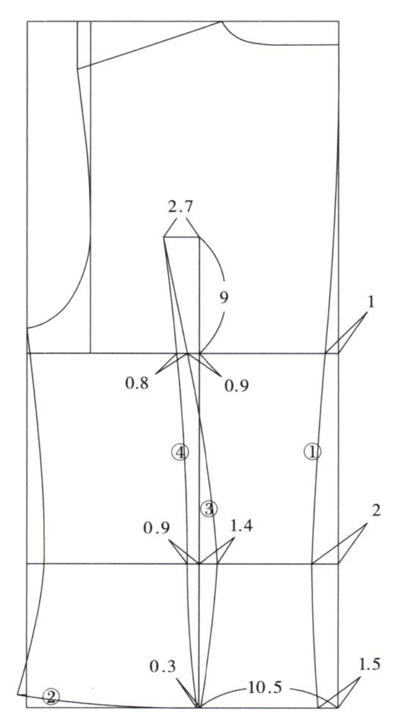

图 4-107 作后中缝、后片底摆线、后背省

（5）作前胸省、前片底摆线、前门襟与底摆弧，确定扣位。

距前中线11.5cm处，向上画垂直线至胸围线。从该垂直线的上端向左量取1.95cm，向下画垂直线，长度2.9cm，确定省尖点。

从该垂直线的下端向上截取2.2cm，分别向左、向右各画一条1.25cm的水平线，确定省底宽。

再将省尖点与2.2cm截取点相连，作出胸省中心线①。

作胸省的右省边线，单击省尖点，鼠标悬停于省中心线与腰节线的交点，回车，输入水平移动量"1.7"，确定。结束于1.25cm水平线的右端点。

左省边线的制图方法与右省边线相同，只是腰节控制点尺寸为1.5cm，结束于1.25cm水平线的左端点。

将1.25cm水平线的右端点与前片侧缝线的下端点相连，作出底摆线②。

从腰节线左端点向左画水平线，交于搭门线，确定最下一粒扣位。

再将该水平线的左端点与1.25cm水平线的左端点相连，作出底摆线③。

然后，用调整功能分别调顺底摆线②、线③。如图4-108所示。

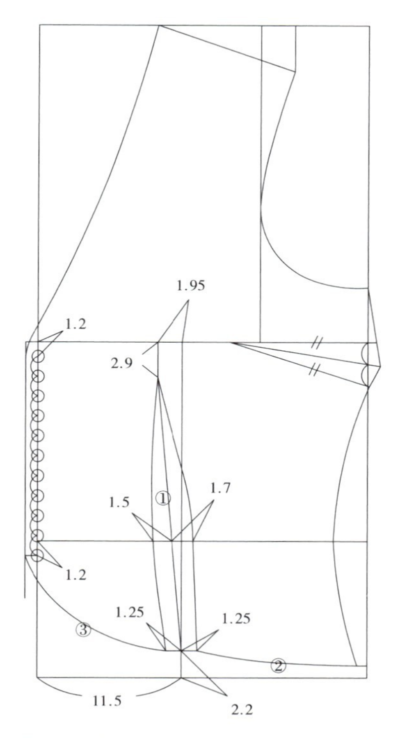

图4-108 作前胸省、前片底摆线、前门襟与底摆弧，确定扣位

【等份规】。在前中线上，距胸围线下方1.2cm处至最下一粒扣位之间作10等分。

【CR圆弧】。按【Shift】键，切换为整圆功能，分别以等分点为圆心，作出11个半径为0.5cm的圆形（扣位）。

（6）作袖子基准线。

【智能笔】。于页面空白处作垂直线，长度43cm（袖长），作出袖长线①。

鼠标悬停于袖长线的上侧，在红色矩形框中输入"16.5"（袖山高），回车，确定*A*点。向左画水平线，长度15.6cm，再将该水平线向右延长至34cm，作出袖肥线②。

然后，分别将袖长线上端点与水平线的两端相连接，作出前、后袖山斜线③、线④。如图4-109所示。

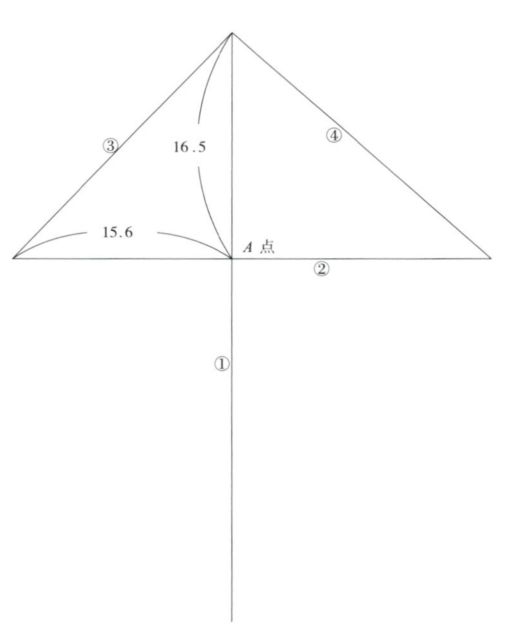

图4-109 作袖子基准线

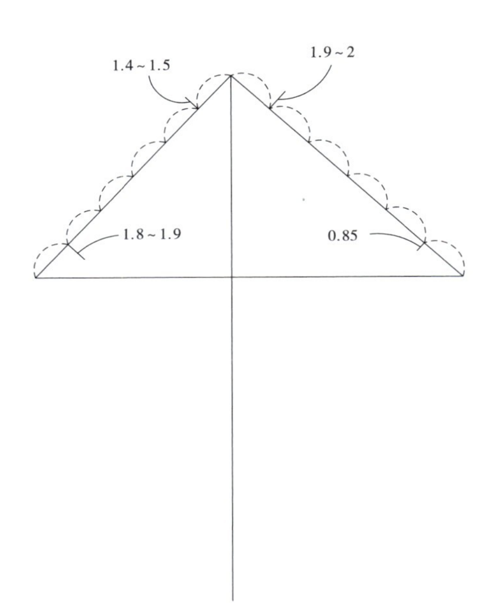

图 4-110　作短直角线

（7）作袖山弧。

【等份规】。分别将前、后袖山斜线作6等分。

【智能笔】。分别在前袖山斜线等分的1/6处与5/6处作垂直于前袖山斜线的短线段，长度1.4～1.5cm和1.8～1.9cm。

同样在后袖山斜线上对应位置作短直角线，长度1.9～2cm和0.85cm。如图4-110所示。

【等份规】。按【Shift】键，切换为【线上反响等距】功能，在前袖山斜线等分的3/6处，沿袖山斜线作出1.2cm的定位点。

从左袖宽点起，过1.8～1.9cm直角线的下端点，再过前袖山斜线1.2cm的定位点，过1.4～1.5cm直角线的上端点，袖山高点，后袖山斜线上1.9～2cm直角线的上端点，2/6等分点，0.85cm直角线的下端点，至右袖宽点，按右键结束，作出袖山弧。用调整功能对该弧稍作调整、圆顺。

画出袖山弧、袖侧缝与袖口线。如图4-111所示。

完成女短上衣结构线设计。如图4-112所示。

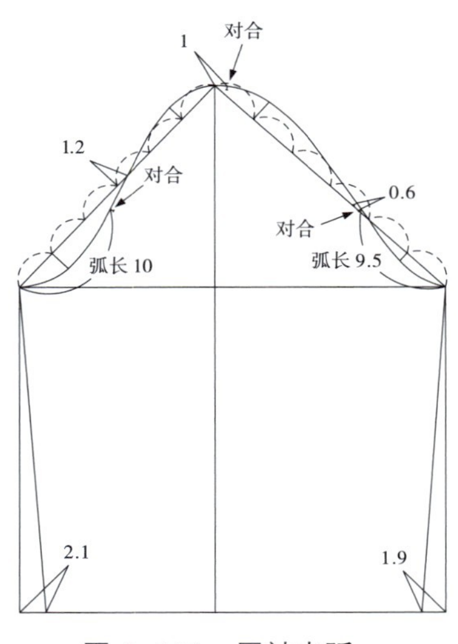

图 4-111　画袖山弧、袖侧缝、袖口线

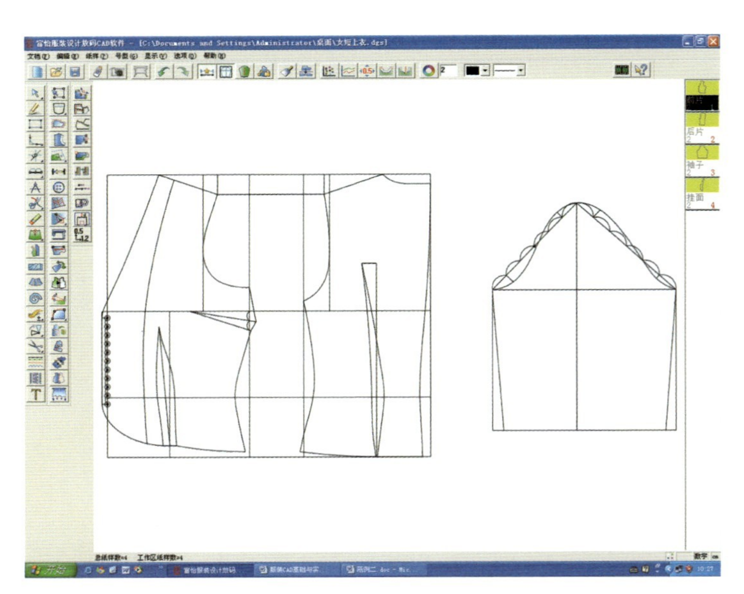

图 4-112　完成结构线设计

（8）拾取纸样。

【剪刀】。分别将各衣片纸样（包括内部线）从结构线中拾取出来。并参见范例一，在款式资料中填写：款式名、订单号、布纹方向、布料类型等。在纸样信息中填写：纸样名称、所用面料及片数。

【剪口】。前片袖窿弧距腋下点10cm，打上1个袖窿剪口。后片袖窿弧距腋下点9.5cm，打上2个袖窿剪口，剪口间距0.6。然后按【Shift】键，切换为【拐角剪口】功能，在全部衣片的外轮廓拐角处打上拐角剪口。如图4–113所示。剪口设置如图4–114所示。

【加缝份】。将前、后片底摆折边加宽至4cm，并设置反折角；袖口折边加宽至3cm，并设置反折角。

拾取出来的纸样结构如图4–115所示。

（9）保存文档。

样片设计完成后，单击【保存】，选择合适的路径，存储文档。

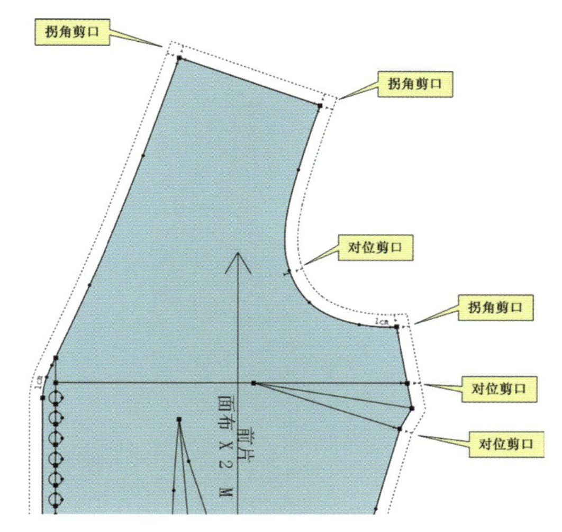

图4–113　对位、拐角剪口

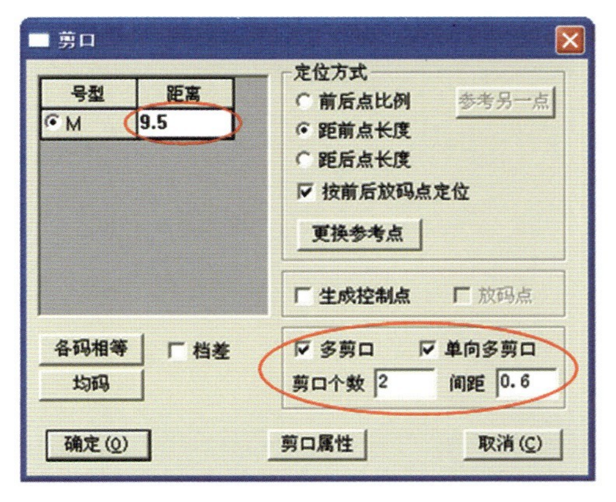

4–114　设置后片剪口

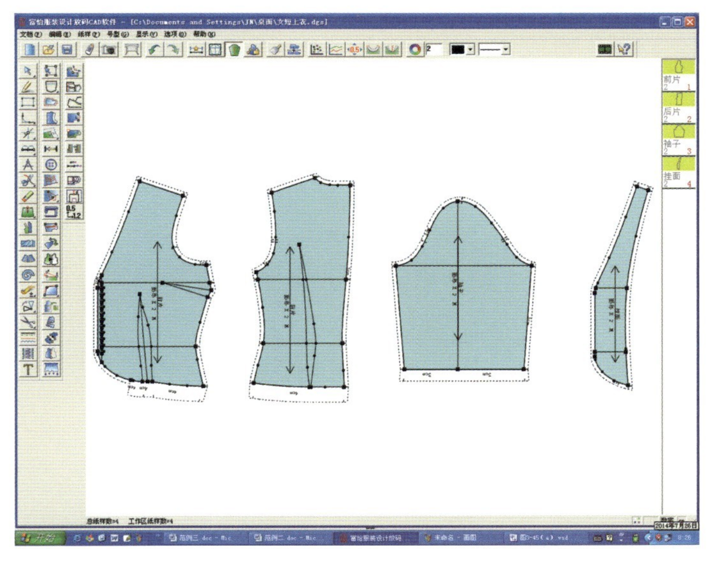

图4–115　拾取后的衣片纸样

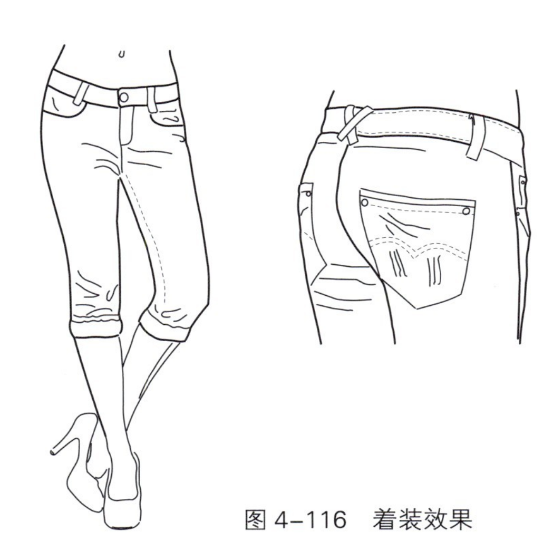

图 4-116　着装效果

范例三、牛仔七分裤

（一）造型特点

此款休闲七分裤由经典牛仔裤变化而成，中腰设计，前片加猫须褶效果，长度过膝，也可加宽裤口翻边作挽边处理。后中串带交叉缝制，有动感。采用靛蓝或黑色弹力牛仔布制作，是年轻女性夏秋日常穿着及外出休闲、游玩的理想裤装。

（二）着装效果（图4-116）

（三）纸样结构（图4-117）

（四）生产制单（表4-3）

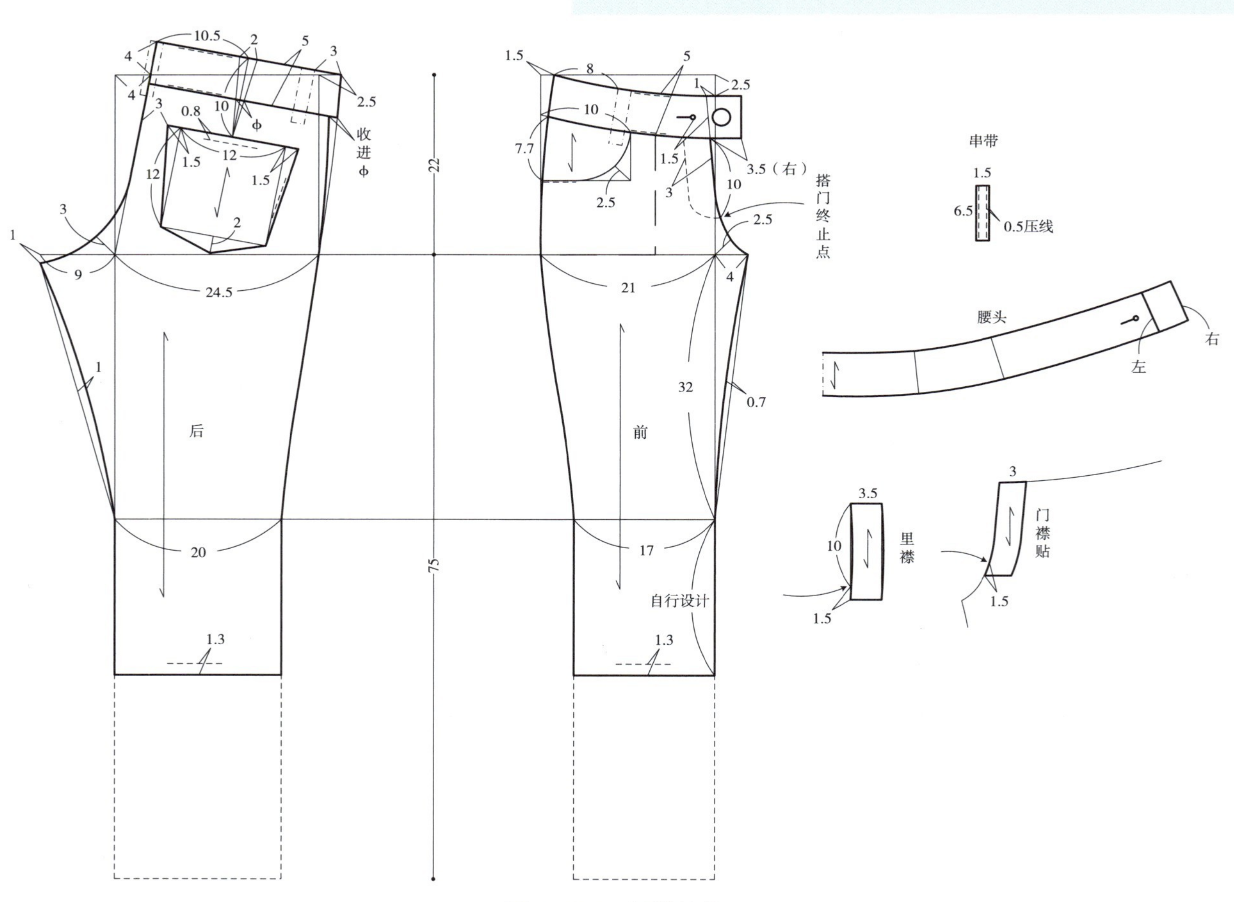

图 4-117　纸样结构

表4-3 XX服装有限公司生产制单

2015年 月 日

合同号：××××-××		品名：休闲七分裤		款号：×××		数量：520		交期：
面料：弹力坚固尼								

部位 \ 尺码	XS	S	M	L	XL	2XL	3XL	4XL
裤长（cm）		94	97	99.4	102			
臀围（前）（cm）		19.7	21	22	23.1			
臀围（后）（cm）		23	24.5	25.7	26.9			
立裆（cm）		21.3	22	22.5	23.1			
中裆（cm）		31	32	32.8	33.6			
小裆（cm）		3.7	4	4.7	4.9			
大裆（cm）		8.4	9	9.4	9.9			
前襟（cm）		9.7	10	10.2	10.5			
侧袋宽（cm）		9.4	10	10.5	11			
腰省位（cm）		9.8	10.5	11	11.7			
腰省长（cm）		9.7	10	10.2	10.5			
串带（cm）		7.5	8	8.4	8.8			
分颜色/尺码数量（条）								
浅棕		20	30	50	60			
靛蓝		20	30	60	60			
青色		30	40	60	60			

款式图

1.3cm折边，缉明线

后串带交叉缝制

工艺说明

特体说明

辅料		
衬（里）料：兜布、无纺衬	纽扣：2cm金属扣1粒	铜齿拉链：1条，长11cm
商标、洗涤标、吊牌：各一	铆钉：1cm金属铆钉8粒，侧袋、钥匙袋、后袋固定	

纸样： 制单： 复核： 审批：

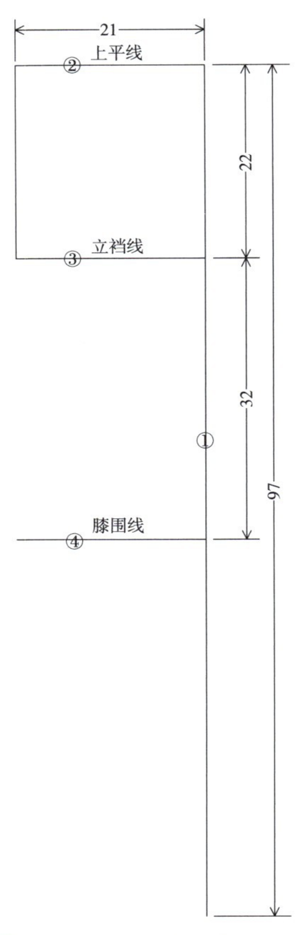

图 4-118　作前裤片基准线

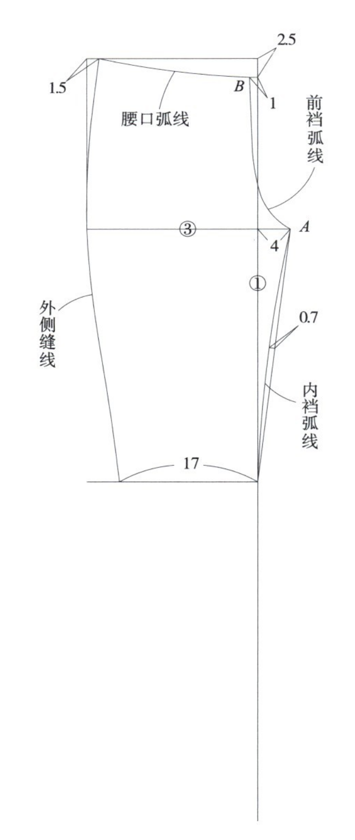

图 4-119　作前裆弧线、内裆弧线、外侧缝线及腰口弧线

（五）制图基本步骤

绘制前片——绘制后片——绘制腰省、后贴袋——腰头制作——拾取衣片。

（六）作图过程

（1）作前裤片基准线（M尺码）。

【智能笔】。作长度97cm的垂直线①，该尺寸为长裤尺寸，可在此基础上自行设计不同裤长，如七分裤、九分裤、短裤等；从该垂直线的上端点向左作上平线②，长度21cm；将上平线向下平行22cm，作出立裆线③，再将立裆线向下平行32cm，作出膝围线④。

用垂直线连接上平线的左端点与立裆线的左端点，作出前片宽线。如图4-118所示。

（2）作前裆弧线、内裆弧线、外侧缝线及腰口弧线。

立裆线③右端延长4cm，确定*A*点。鼠标悬停于垂直线①的上端点，回车，输入水平移动量“-1”，垂直移动量“-2.5”，确定*B*点。然后连接*A*、*B*两点，作为前裆弧线。

连接*A*点与膝围线的右端点，作1条辅助斜线。再从该斜线的中点（可目测）向左作0.7cm的直角线。再从*A*点起，过0.7cm直角线的左端点，结束于膝围线的右端点，作出内裆弧线。

鼠标悬停于上平线②的左侧，在红色矩形框中输入“1.5”，回车。再单击立裆线的左端点，然后，鼠标悬停于膝围线的右侧，在红色矩形框中输入“17”，回车，按右键结束，作出外侧缝线。

将外侧缝线的上端点与*B*点相连，作1条斜线。

用智能笔的调整功能，按结构图要求分别将上述4条线段调整为前裆弧线、内裆弧线、外侧缝线及腰口弧线。如图4-119所示。

（3）作裤口线、腰头、大袋、门襟。

将膝围线向下平行，作出裤口线，尺寸自行设计。再从外侧缝线的下端点向下画垂直线①，至裤口线。

再将腰口弧线向下平行5cm（腰头宽）。用双边靠齐功能将该弧线的两端分别靠齐至前片宽线②（*A*点）与前浪线③（*B*点）。

从腰口弧线④的左侧截取10cm，向下画垂直线，长度自定；再从外侧缝线与腰口弧线④的交点向下截取7.7cm，向右画水平线，长度自定。用智能笔的连接角功能将这两条线连接成直角。

从直角顶点朝左上方45°方向画1条斜线，长度为2.5cm。

然后从水平线的左端点起，过45°斜线的上端点，至垂直线的上端点结束，作出大袋口弧线。

从腰口弧线④的右端点（*B*点）截取3cm，再从*B*点沿前裆弧线向下截取10cm（*C*点，搭门终止点），连接*B*、*C*两点。

然后，用调整功能分别调顺大袋口弧线，以及线段*BC*（门襟弧线）。

再从*B*点向右画长度为3.5cm的水平线，确定裤腰搭门宽度。用水平垂直线功能连接水平线的右端点与腰口弧线的右端点。如图4–120所示。

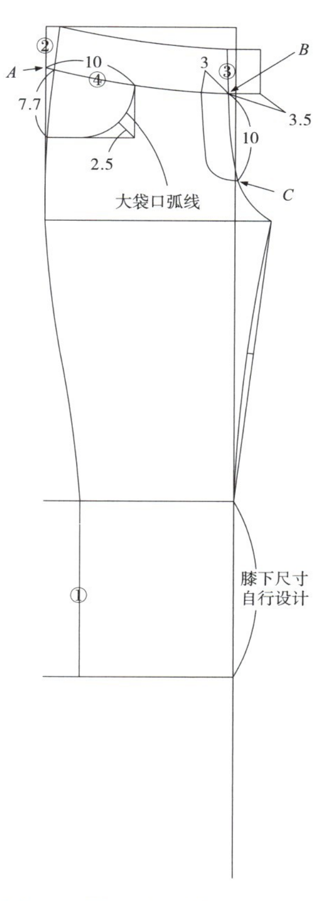

图4–120　作裤口线、腰头、大袋、门襟

（4）作后裤片基准线。

分别将上平线①、立裆线②、膝围线③和裤口线④向左水平延长，长度自定。

然后在距前片外侧缝约1.5倍前片宽处作垂直线⑤，与上述4条水平线左侧相交。再用连接角功能、单边靠齐功能修整好这些基准线。

在上平线与立裆线之间，距垂直线⑤24.5cm画出后片宽线，如图4-121所示。

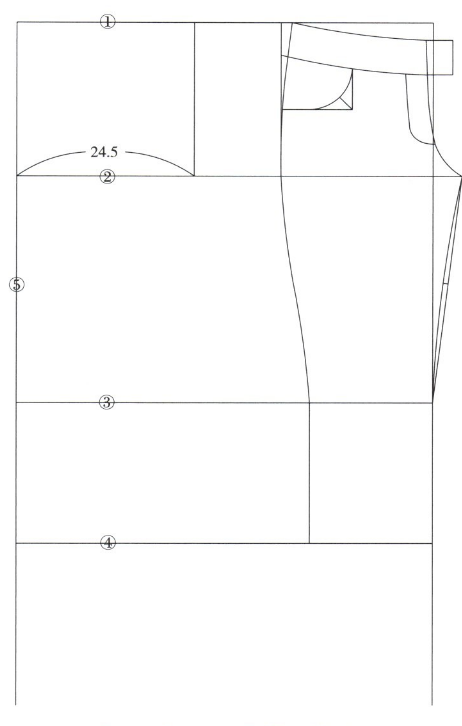

图4–121　作后裤片基准线

（5）作后裆弧线、内裆弧线、外侧缝线、腰口斜线及裤筒线。

将立裆线与垂直线的交点（*A*点）与上平线左

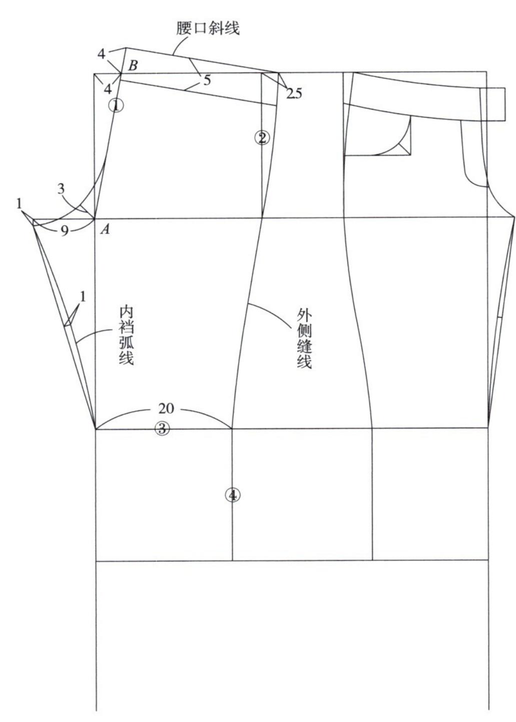

图 4–122 作后浪弧、内裆弧线、外侧缝线、腰口斜线及裤筒线

端点截取4cm处（B点）相连，作出后中缝①。

将后中缝①上端向上延长4cm，作出后腰起翘。

从A点向左水平延长9cm（大裆嘴量）。并在A点朝左上方45° 方向作长度为3cm的辅助斜线。

鼠标悬停于9cm水平线的左端点，回车，输入垂直移动量“–1”（后裆下落量），确定，过45° 辅助斜线的上端点，与后中缝约下1/3处结束，作出后裆弧线。

鼠标悬停于后片宽线②的上端点，回车，输入水平移动量“2.5”，确定，连接至后中缝的上端点，作出腰口斜线。

将腰口斜线向下平行5cm，确定后腰头宽。

单击腰口斜线的右端点，过后片宽线②的下端点，鼠标悬停于膝围线③的左侧，在红色矩形框中输入“20”，回车，按右键结束，作出外侧缝线。

用智能笔的双边靠齐功能将腰头宽线的两端靠齐至后中缝与外侧缝。

连接大裆嘴与膝围线③的左端点，作出辅助斜线。于辅助斜线的中点向右画长度为1cm的直角线。

从大裆嘴起，过1cm直角线的右端点，结束于膝围线③的左端点，作出内裆弧线。

将前片的裤筒线平行至后片外侧缝线的下端点，作出后片裤筒线④。如图4–122所示。

（6）作后腰省、后袋。

以腰口斜线为基准线，从其左侧截取10.5cm，向下画10cm长的直角线，作出腰省中心线。总省量2cm，画出左右两条省边线。

将腰口斜线向下平行至省尖点，作为袋口线。再将袋口线的左端点单边靠齐至后中缝。

从袋口线的左端点向右截取3cm，确定左袋宽点。

以袋口线为基准线，从左袋宽点向右截取1.5cm，向下画12cm长的直角线（袋深），作出左袋深线。再将左袋深线向右平行12cm，作出右袋深线。然后，连接左、右袋深线的下端点，作出袋底线。

从右袋深线的上端点向右截取1.5cm，确定右袋宽点。再从袋底线的中点向下画2cm长的直角线，确定袋尖位置。

从左袋宽点起，按下【Shift】键，单击左袋深线的下端点，过袋尖点，再过右袋深线的下端点，单击右袋宽点后按右键结束，作出后袋。如图4-123所示。

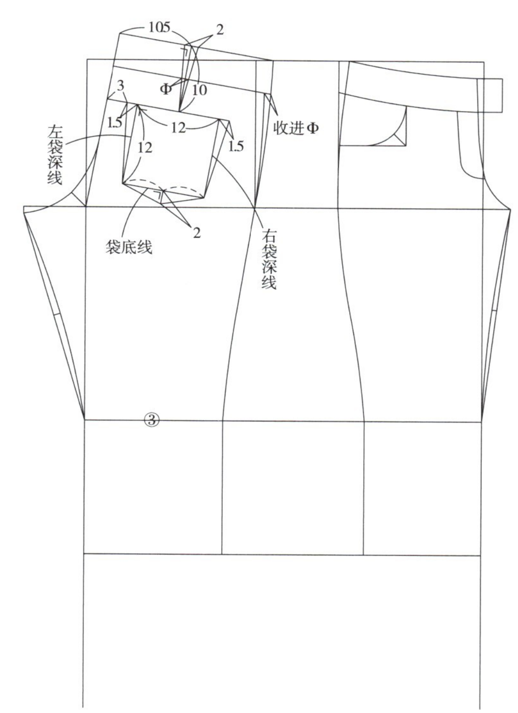

图4-123 作后腰省、后袋

（7）作腰头、串带、里襟及门襟贴。

【移动/复制】。分别将前、后腰头复制到页面空白处。

【智能笔】。利用靠齐或连接角的功能，对复制出来的腰头结构线进行处理，修整一些过长的、没有用的线段。如图4-124所示。

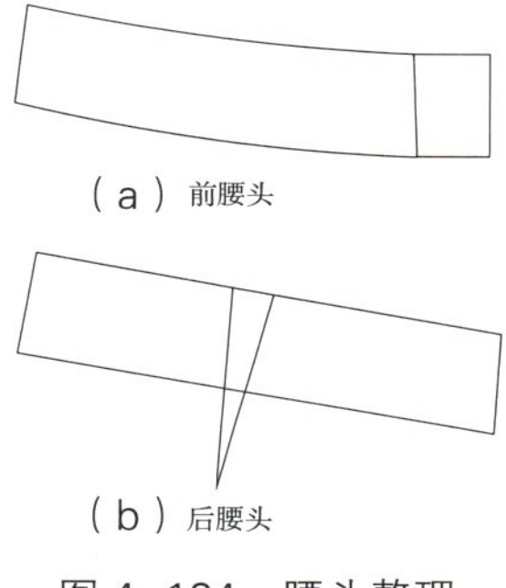

图4-124 腰头整理

【旋转】。合并后腰头省位。如图4-125所示。

【对接】。将调整好的前、后腰头拼接完整。如图4-126所示。

【智能笔】。重新沿拼接好的腰头上、下边线划顺。如图4-127所示。

作宽度为3.5cm，高度为11.5cm的矩形，将矩形的两条竖边调整成弧形，作出里襟。如图4-128所示。

将前片门襟部分复制出来，按图4-129的尺寸制作门襟贴。

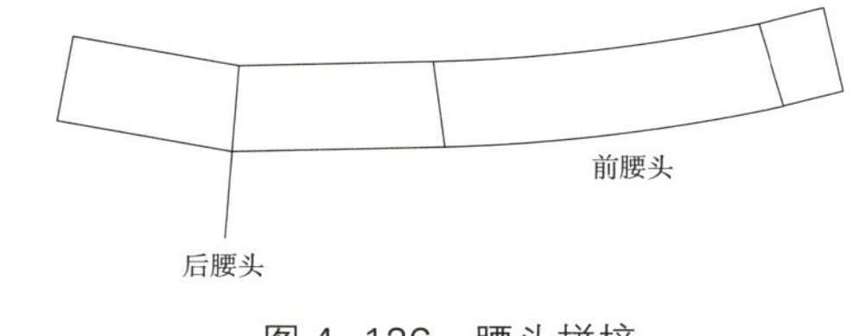

图4-126 腰头拼接

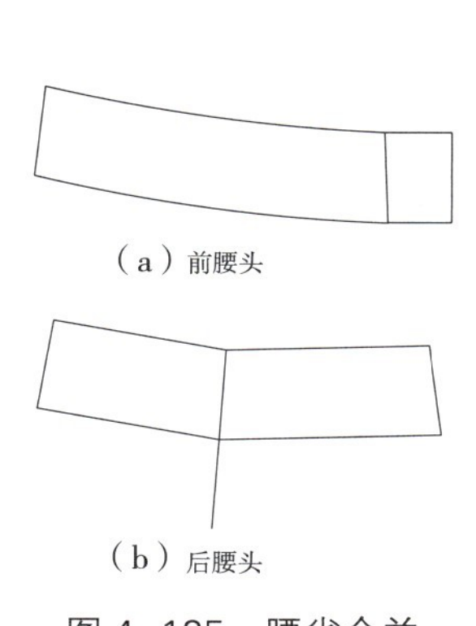

图4-125 腰省合并

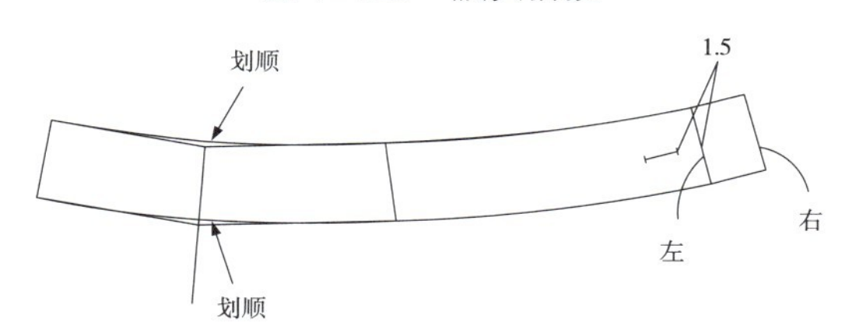

图4-127 腰头划顺、定扣位

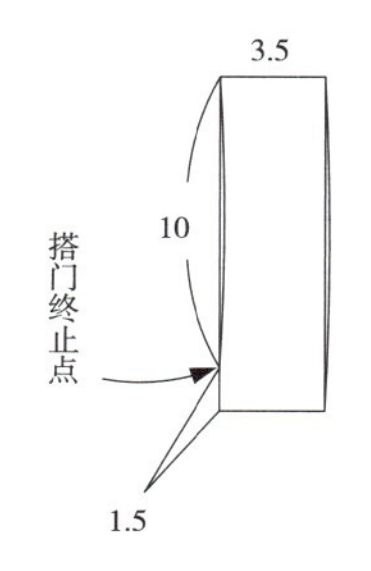

图4-128 里襟

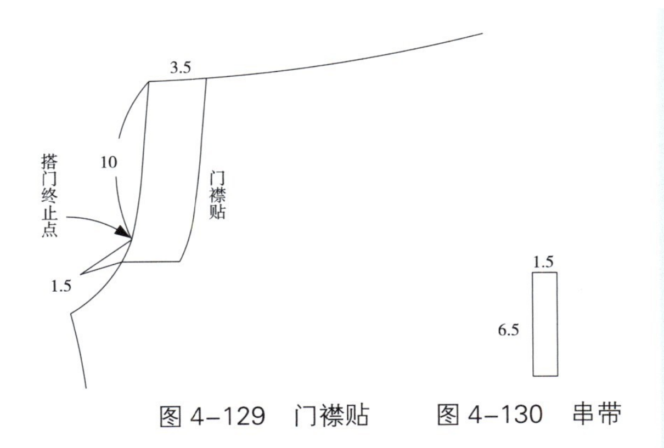

图 4–129　门襟贴　　图 4–130　串带

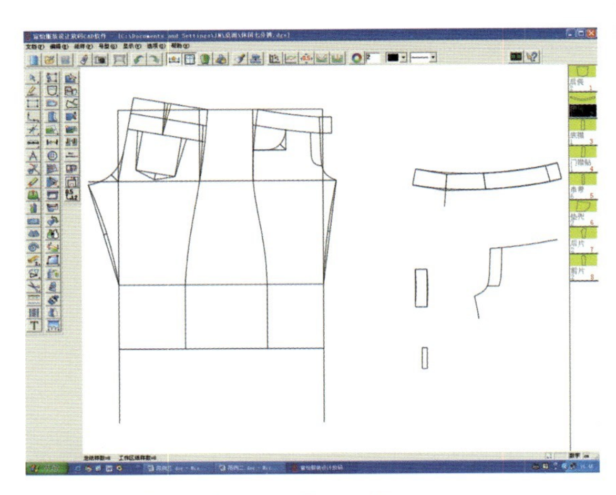

图 4–131　休闲七分裤结构设计

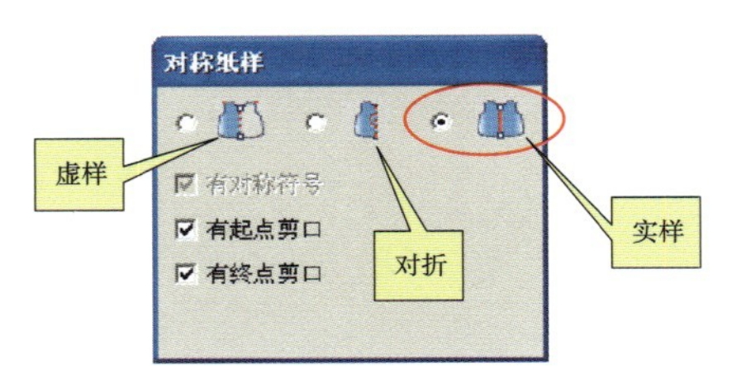

图 4–132　选择实样对称

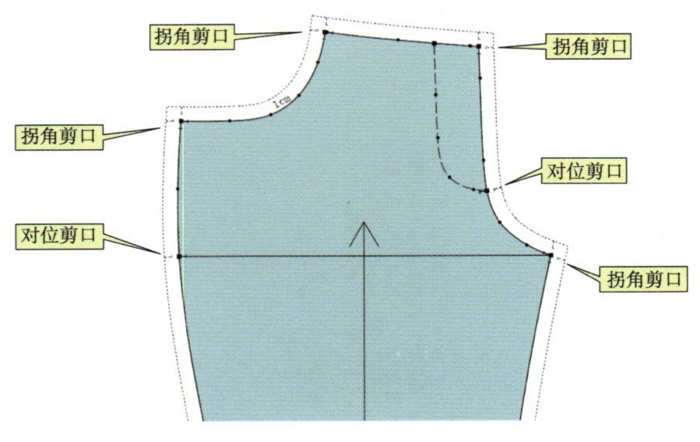

图 4–133　对位、拐角剪口

作宽度为1.5cm，高度为6.5cm的矩形，作出串带。如图4–130所示。

（8）加注工艺图示。

【加入/调整工艺图片】。工艺图示主要有双压线、裤脚窝边等状态。

完成休闲七分裤结构设计。如图4–131所示。

（9）拾取纸样。

【剪刀】。逐一将各衣片纸样（包括内部线）从结构线中拾取出来。并填写款式资料与纸样信息。

【旋转衣片】。将后袋袋口线调成水平方位；将腰头左边线调成垂直方位。

【布纹线】。将后袋及腰头布纹线调成垂直方位。

【纸样对称】。以腰头左边线为对称轴，对称出腰头的另一半（实样）。以里襟的左边线为对称轴，对称出其另一半。如图4–132所示。

【剪口】。在搭门终止点、臀围线、膝围线端点，腰头中心线、侧缝点以及搭门点打上对位剪口。然后按【Shift】键，切换为【拐角剪口】功能，在全部衣片的外轮廓拐角处打上拐角剪口。如图4–133所示。

【加缝份】。将裤脚口、大袋口缝份宽度设为“2.5”cm，并选择反折角。垫袋圆弧边缝份宽度设为“3”cm，自然角。

拾取的全部衣片纸样。如图4–134所示。

（10）纸样放码（点放码）。

建立号型表（放码表）。执行菜单栏内【号型】—【号型编辑】命令，如图4–135所示（该产品为非国标产品，放码规则不执行GB/T 1335的有关规定）。

在弹出的【设置号型规格表】中，按生产制单将各部位放码数值输入号型规格表，其中，M尺码为基码。号型规格表编辑完成，如图4–136所示。

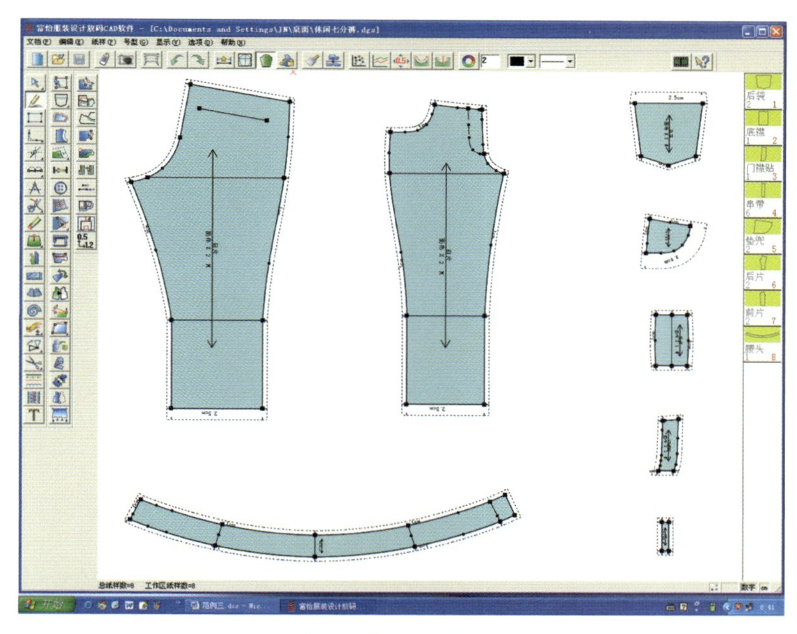

图 4-134 拾取纸样

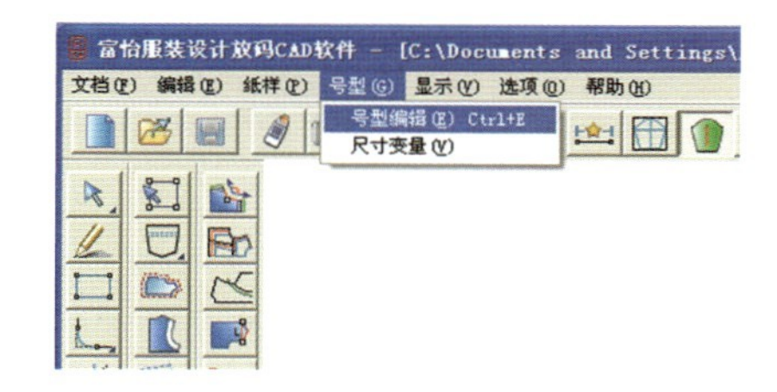

图 4-135 执行【号型】—【号型编辑】命令

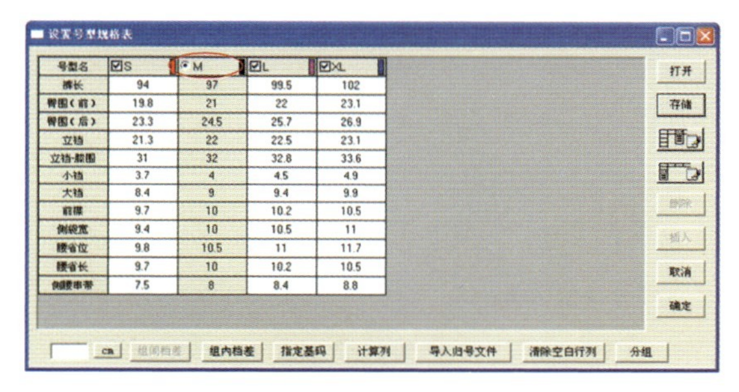

号型名	S	M	L	XL
裤长	94	97	99.5	102
臀围(前)	19.8	21	22	23.1
臀围(后)	23.3	24.5	25.7	26.9
立裆	21.3	22	22.5	23.1
立裆-膝围	31	32	32.8	33.6
小裆	3.7	4	4.5	4.9
大裆	8.4	9	9.4	9.9
前腰	9.7	10	10.2	10.5
侧袋宽	9.4	10	10.5	11
腰省位	9.8	10.5	11	11.7
腰省长	9.7	10	10.2	10.5
侧腰串带	7.5	8	8.4	8.8

图 4-136 建立号型表

先按【存储】按钮，在弹出的对话框中指定文件夹，再输入号型表文件名（扩展名默认为*.siz），保存号型规格表。如图4-137所示。若往后继续生产与此号型规格相同或相近的产品，可直接调用该规格表，或是在此表的基础上做部分修改，生成新的号型规格表。然后，按【确定】，退出。

从图4-136的规格表中可看出此款七分裤各部位尺寸各码跳档不同，为非等差放码。以裤长为例：M-S码，档差为3cm，L-M码，档差为2.5cm，XL-L码，档差为2.5cm。

先按功能键【F7】，将纸样缝份消隐，再点击快捷工具栏上的【点放码表】按钮，弹出【点放码表】对话框。点放码表中的输入格（dx、dy）全部显示为灰色。逐个衣片单击或框选放码点（方形点为可放码点，圆形点为非放码点。包括边线段端点、转折点、曲线点或圆弧点，如需在圆形点进行放码操作，可左键双击此点，在弹出的点属性对话框中勾选最下一栏，再单击【采用】）。如图4-138所示。此时，点放码表的输入格除基码外都变为白

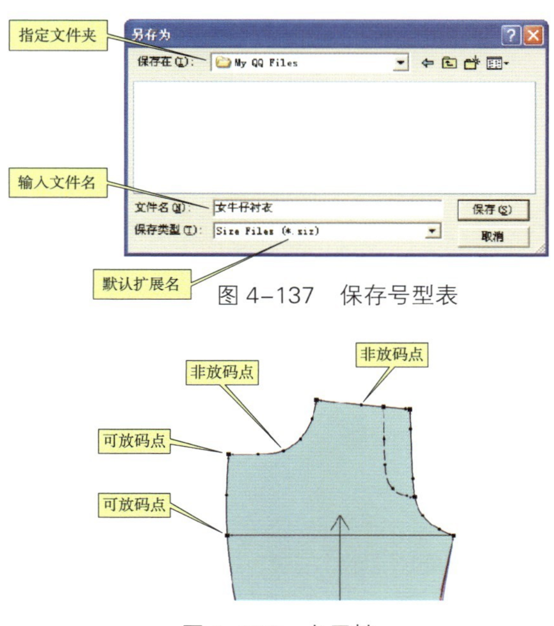

图 4-137 保存号型表

图 4-138 点属性

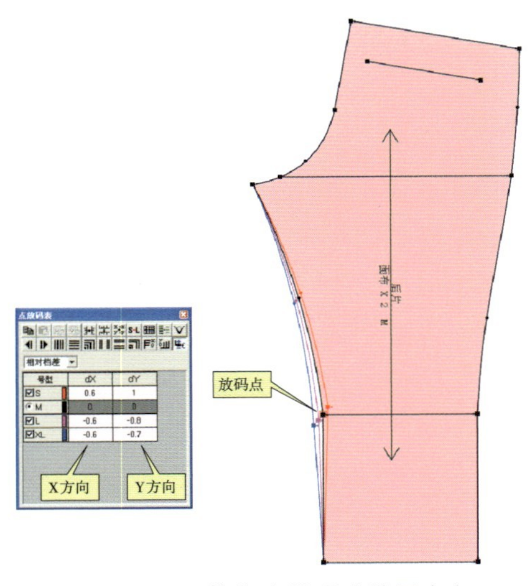

图 4–139　执行点放码（膝围点）

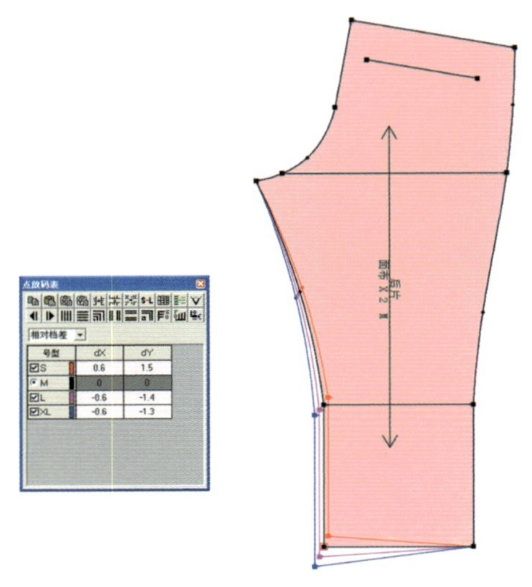

图 4–140　执行点放码（脚口点）

色，即可输入各点放码值。将号型规格表中的各码数值（档差）输入基码外的任一格内（本例为立裆–膝围数值），先在L尺码dx栏内输入“0.5”，点击按钮，X方向作等差放码；在dy栏内按不同档差数值输入：S–M码档差1cm、M–L码档差0.8cm、L–XL码档差0.7cm，点击按钮，作非等差放码。图4–139显示膝围点放码效果。

下一步，选择下一放码点（脚口），输入该点的放码值，方法与膝围点相同，作出推放。如图4–140所示。

大裆点与腰围点的放码值参见图4–141、图4–142。分别作出内裆弧与后裆弧线的推放。

其他放码点的放码值输入方法于此相同，反复执行这一过程可完成整件服装的放码工作，前、后片各点放码值参考图4–143。

若有的纸样具有相同的放码值，如前片及后片的膝围点或脚口点放码值完全相同，可同时框选，一次性输入并放码。也可以将某一点的放码值复制下来，粘贴到对应的另一放码点上，减少输入环节，提高工作效率。其他小片，如后袋、门襟、垫袋等的放码均可采用复制/粘贴的模式进行。

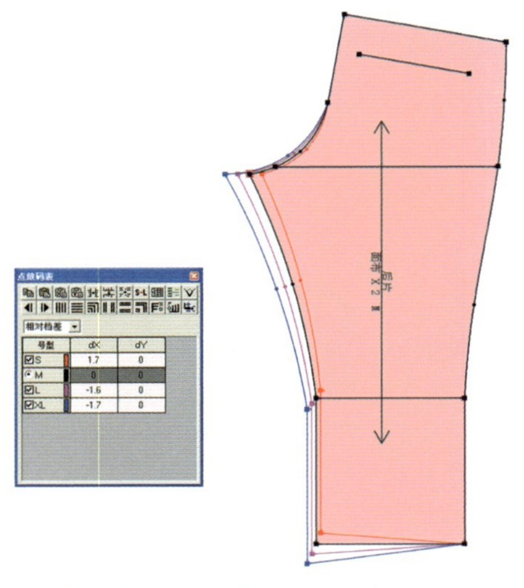

图 4–141　执行点放码（大裆点）

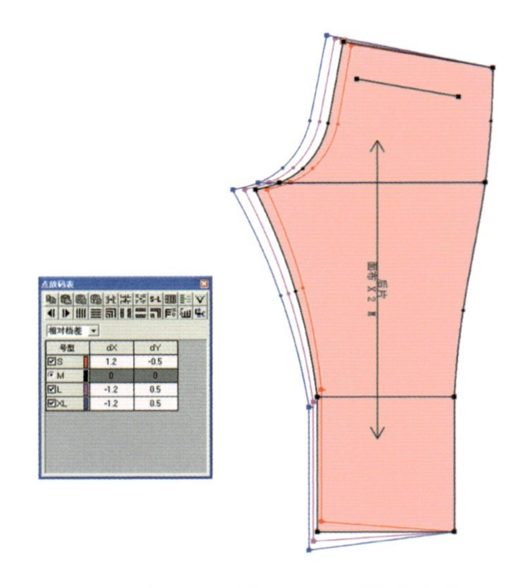

图 4–142　执行点放码（腰围点）

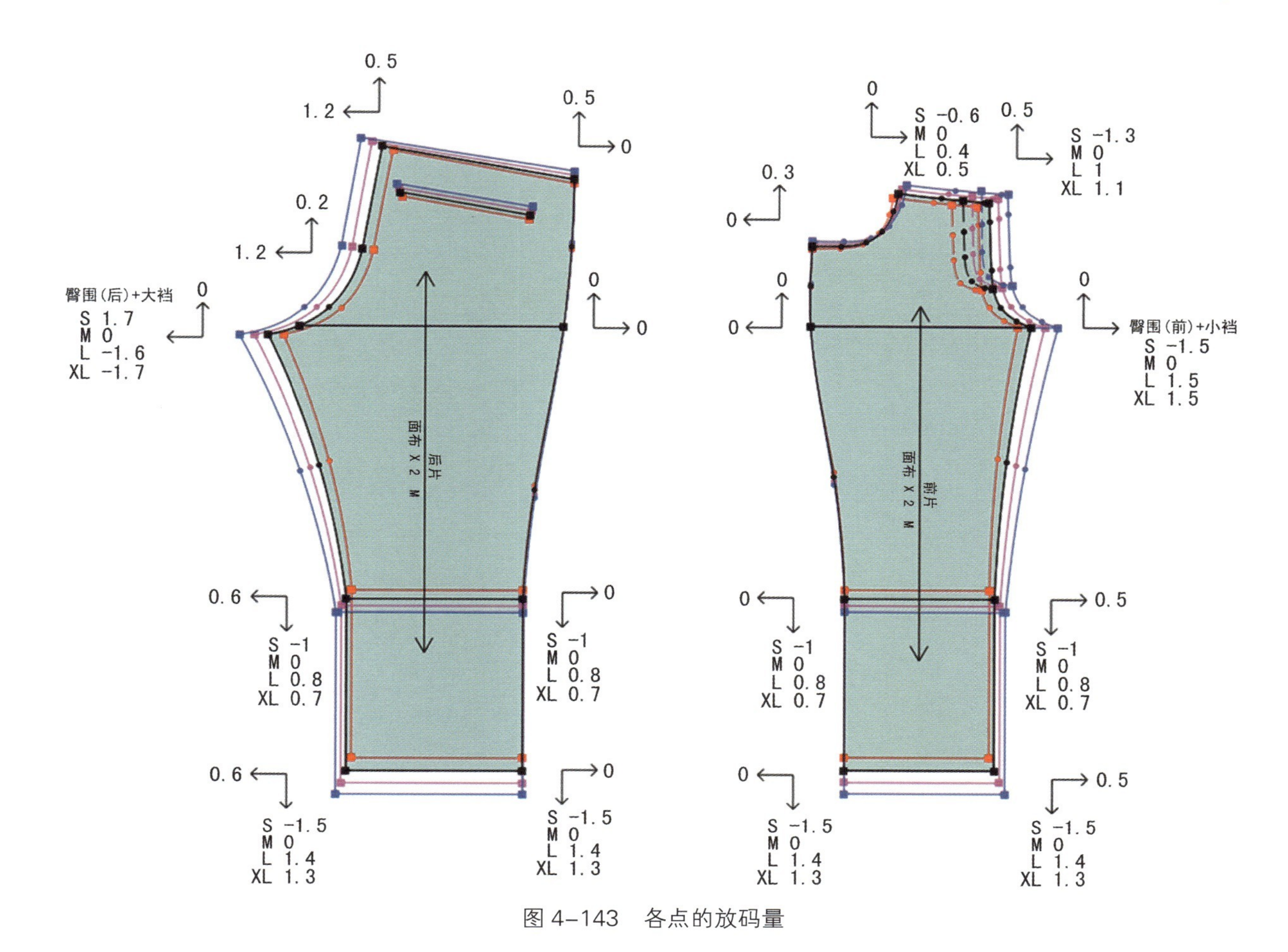

图 4-143　各点的放码量

腰头的放码只有腰围方向的变化，而宽度方向不变，此款七分裤的腰头为弧形设计，应沿其弧度放码，采用平行放码模式。

【平行放码】。单击腰头左端头线，按右键，输入档差“1”，确定，腰头左半部沿弧度方向放出1cm；腰头右半部的放码方法与此相同。如图4-144所示。

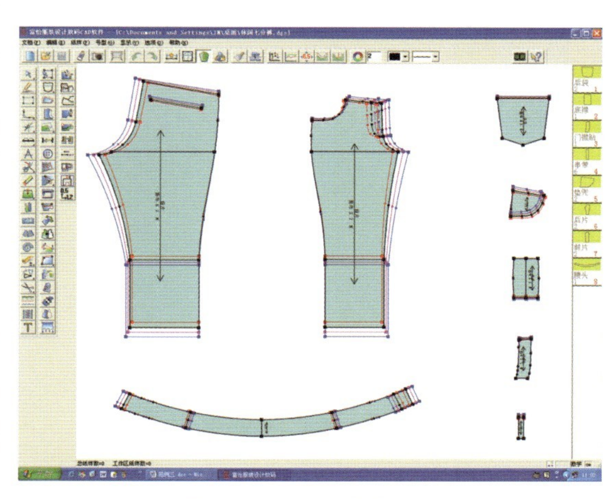

图 4-144　放码后纸样

范例四　牛仔女衬衫

（一）造型特点

牛仔女衬衫设计粗犷、干练，风格简约。小幅的收腰、立领造型，袖衩设2粒金属扣。下摆圆弧

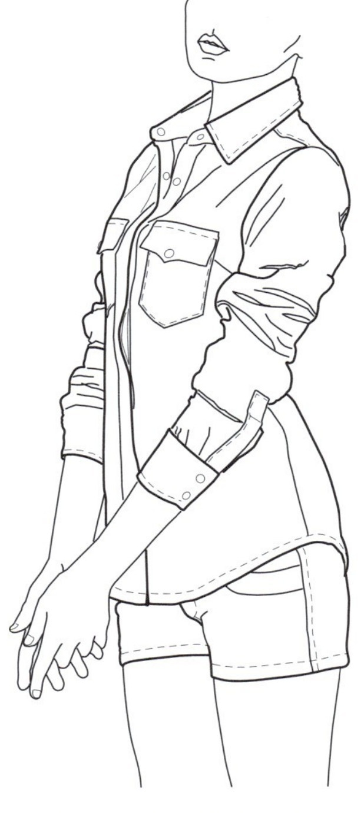

图 4-145　着装效果

剪裁。搭配微弹牛仔短裤，散发出年轻女性强烈的动感，性感与帅气汇聚，极具超模街拍范儿。服装选用经典的靛蓝坚固尼面料制作，经水洗或磨砂处理，效果别致。也可将金色及银色两种不同的聚合物组合在纱线中，以获得具有层次感光泽的迷人双色效应。

（二）着装效果（图 4-145）

（三）纸样结构（图 4-146）

（四）生产制单（表 4-4）

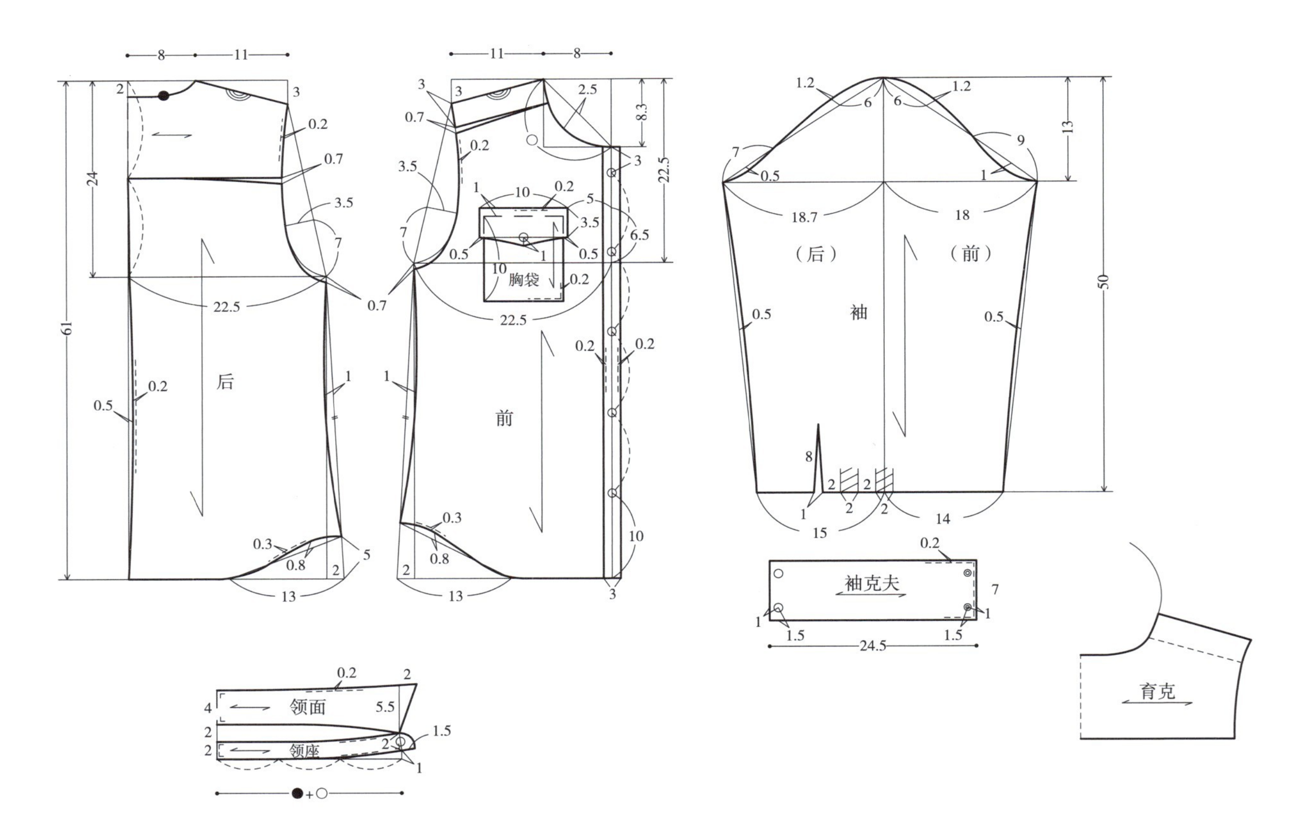

图 4-146　纸样结构

表4-4　XX服装有限公司生产制单

2015年　月　日

合同号：××××-××			品名：女牛仔衬衫			款号：×××			数量：1000	交期：	面料：弹力坚固尼
部位 \ 尺码	XS	S	M	L	XL	2XL	3XL	4XL	款式图		工艺说明
胸、背宽（cm）		22.5	24	25.5	27						
衣长（cm）		59	61	63	64						
前袖窿（cm）		22	22.5	23	23						
后袖窿（cm）		23.5	24	24.5	24.5						
肩宽（cm）		18.2	19	19.8	20.5						
前领宽（cm）		7.7	8	8.3	8.5						
前领深（cm）		8.3	8.5	8.7	8.7						
后领宽（cm）		7.7	8	8.3	8.5						
袖长（cm）		49	50	51	52						
袖山（cm）		12.5	13	13.5	13.5						
前袖口（cm）		13.5	14	14.5	14.5						
后袖口（cm）		14.5	15	15.5	15.5						
袖克夫长（cm）		23.5	24.5	25.5	25.5						
分颜色/尺码数量（件）											
浅棕		30	100	100	70						
靛蓝		50	120	150	80						
青色		30	100	100	70						特体说明
辅料											
衬（里）料：无纺衬			纽扣：1cm金属子母12粒			商标、洗涤标、吊牌：各一					

纸样：　　　　制单：　　　　复核：　　　　审批：

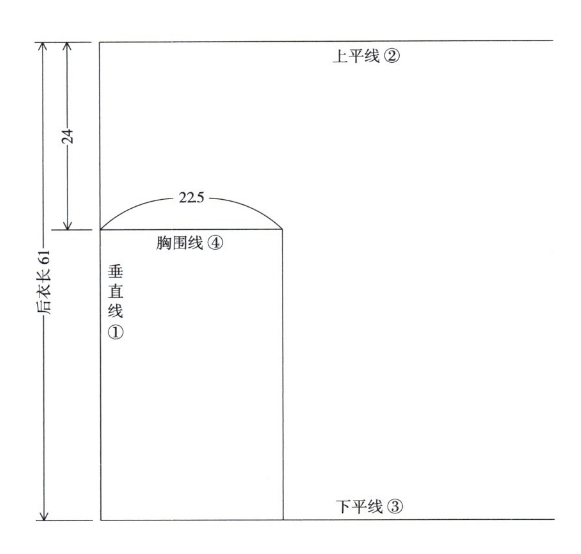

图 4-147　后片基准线

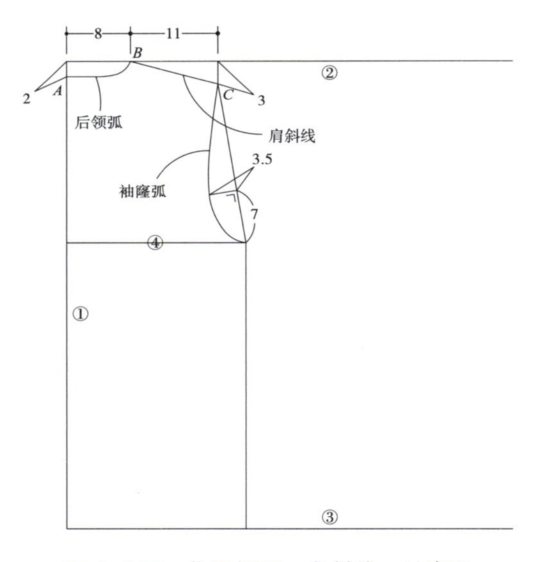

图 4-148　作后领弧、肩斜线、袖窿弧

（五）作图过程

（1）作后片基准线。

【智能笔】。作垂直线①（后衣长），长度61cm。于垂直线的上端向右作水平线②（上平线），长度自定。将该水平线平行至垂直线的下端点，下平线③。

光标悬停于垂直线①的上侧，在红色矩形框中输入“24”（袖窿深），回车。向右画长度为22.5cm的水平线④（胸围线）。从胸围线的右端点向下画垂直线，交于下平线，确定侧宽。如图4-147所示。

（2）作后领弧、肩斜线、袖窿弧。

光标悬停于垂直线①的上侧，在红色矩形框中输入“2”，回车，直开领点*A*，再悬停于上平线②的左侧，在红色矩形框中输入“8”，回车，横开领点*B*，按右键，作出1条斜线。用调整功能按制版要求将该斜线调整为后领弧。

光标悬停于上平线②的左端点，回车，输入水平移动“19”（横开领8cm+后肩宽11cm），输入垂直移动量“-3”（后落肩），确定落肩点*C*。然后在与*B*点相连，作出后肩斜线。

将后肩斜线的右端点与胸围线的右端点相连，作出袖窿辅助斜线。以该斜线为基准线，从其下端截取7cm，向左画长度为3.5cm的直角线，确定袖窿弧度深。

单击后肩斜线的右端点，过3.5cm直角线的左端点，结束于胸围线的右端点，作出袖窿弧。用调整功能调整好袖窿弧。如图4-148所示。

（3）作后背缝、侧缝线、底摆弧与后育克线。

从胸围线④的左端点至下平线③的左端点之间作1条弧线，并在两线间约中点位置内收0.5cm的收腰量，作出后背缝。

光标悬停于*A*点，回车，输入水平移动“2”，确定，向上连接至胸围线④的右端点，作出1条辅助线⑤。

以辅助线⑤为基准线，约其中点处向左作长度为1cm的直角线，为侧缝收腰量。

光标先悬停于该辅助线⑤的下侧，在红色矩形框中输入“5”，回车。再悬停于该辅助线⑤的下端点，回车，输入水平移动量“-13”，确定，作出辅助斜线⑥。

以辅助斜线⑥两端为定位点，作出圆摆弧。用调整功能调成圆摆弧形，弧度上凸部分距辅助斜线⑥的距离约为0.8cm。如图4-149所示。

【等份规】。将垂直线①的上端点至胸围线④的左端点之间作2等分。

【智能笔】。从2等分的中点向右画水平线交于袖窿弧（B点），作出育克线。

光标悬停于B点，回车，输入垂直移动量“-0.7”（后袖窿省），确定，与2等分的中点相连。然后用调整功能将该线调整为略向上凸的弧形，为后片与育克的缝合线。

由于后片与育克在袖窿处有0.7cm的省量，因此需要在腋下补回合并掉的省量。单击袖窿弧弧度最深处，光标悬停于侧缝线的上侧，在红色矩形框中输入“0.7”，回车，作出连接线。再用调整功能将该线调整为袖窿弧下半段的弧形。如图4-149所示。

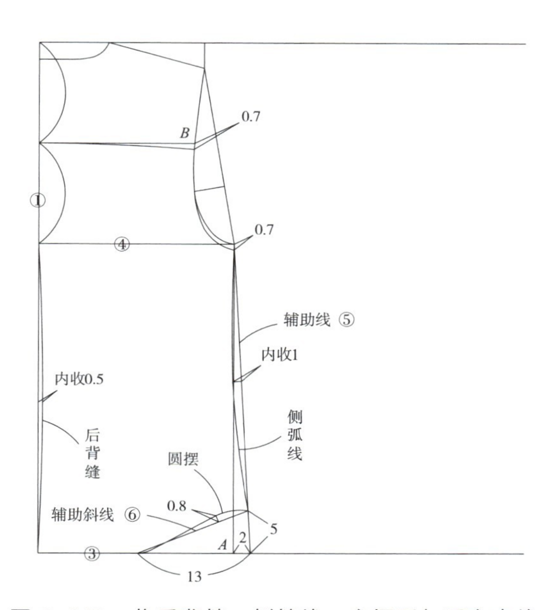

图4-149 作后背缝、侧缝线、底摆弧与后育克线

（4）作前片基准线。

技巧：由于前片的基本尺寸，如衣长、领宽、肩宽与后片一样，只是制图的左右方向相反，由此可以先将后片结构线复制出来，再翻转180°，然后在此基础上修改。

【移动】。框选后片全部线段，按右键，将后片结构线复制到页面空白处。

【对称】。以垂直线①为对称轴，按【Shift】键，将×2字样消隐，切换为翻转模式，再单击和

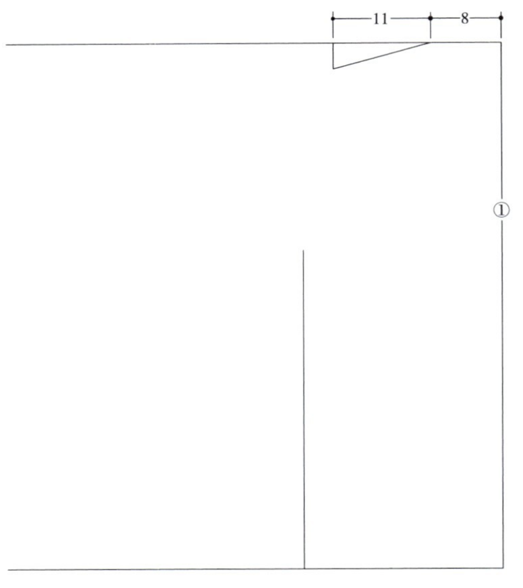

图 4-150　作前片基准线

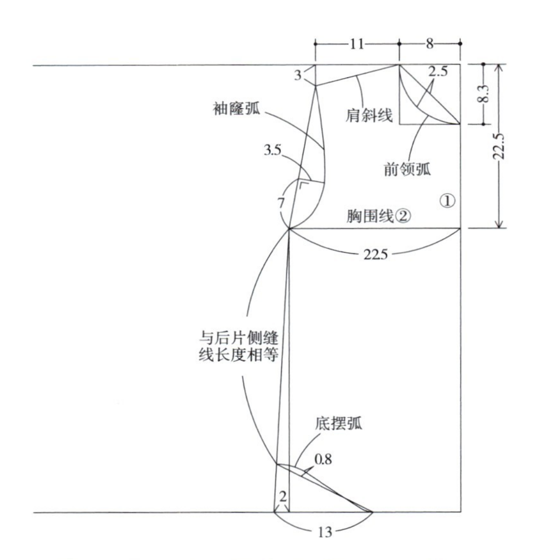

图 4-151　作前领弧、胸围线、袖窿弧、侧缝线及底摆弧

框选后片全部线段，按右键确定，后片翻转180°。

【智能笔】。擦出没有用的线段，作为前片基准线。如图4-150所示。

（5）作前领弧、胸围线、袖窿弧、侧缝线及底摆弧。

从前肩斜线的左端点向下画垂直线，长度8.3cm（领宽）。再从该垂直线的下端点向右画水平线，交于垂直线①，作出前领窝。再连接前领窝的左上角至右下角，作出对角线。

以对角线的两端点画弧线。再用调整功能将该弧线调整为前领弧，弧线凹幅最大处距对角线2.5cm。如图4-151所示。

鼠标悬停于垂直线①的上侧，在红色矩形框中输入“22.5”（前袖窿深），回车。向左画水平线，长度22.5cm，作出胸围线②。

从胸围线②的左端点向下画垂直线，交于下平线，确定侧宽。

连接前肩斜线的左端点与胸围线②的左端点，作出袖窿弧辅助斜线。

以袖窿弧辅助斜线为基准线，从该线的下端点向上截取7cm，向右画长度为3.5cm的直角线。

从前肩斜线的左端点起，过3.5cm直角线的右端点，结束于腋下点，作出袖窿弧。用调整功能，调顺袖窿弧。

鼠标悬停于侧宽线的下端点，回车，输入水平移动量“-2”，确定，连接至腋下点，作出前片侧缝线。

【比较长度】。按【Shift】键，切换为【测量两点距离】模式。量出后片侧缝线腋下点至圆摆弧之间的长度为32.06cm。将该长度应用于前片侧缝线。

【智能笔】。现将鼠标悬停于前片侧缝线的上侧，在红色矩形框中输入“32.06”，回车。再将鼠标悬停于前片侧缝线的下端点，回车，输入水平移动量“13”，确定。作出前片底摆辅助线。

以底摆辅助线的两端为参照点，作1条弧线。再用调整功能，调整为底摆弧，弧度最高点距底摆辅助线约0.8cm。如图4-151所示。

（6）作育克线、前襟线、胸袋及前收腰。

将肩斜线向下平行3cm，确定前育克宽度。再用双边靠齐功能将该线的两端靠齐至前领弧及袖窿弧。如图4-152所示。

从该平行线的左端点，沿袖窿弧向下截取0.7cm（前袖窿省），再连接至该平行线的右端点，作出连接线。用调整功能将连接线调整成略微向上凸的弧线。

单击袖窿弧弧度最深处，鼠标悬停于侧缝线的上侧，在红色矩形框中输入“0.7”，回车，作出连接线。再用调整功能将该线调整为袖窿弧下半段的弧形。

将垂直线①分别向左、右两侧平行1.5cm，作出前襟线，门襟贴条宽度3cm。

【矩形】。鼠标悬停于胸围线与垂直线①的交点（*A*点），回车，输入水平移动量“-5”，垂直移动量“6.5”，确定。向左下方拉动，作出宽度10cm，高度3.5cm的矩形，作为胸兜盖。

鼠标悬停于胸兜盖的右上角（*B*点），回车，输入水平移动量“-0.5”，垂直移动量“-1”，确定。向左下方拉动，作出宽度9cm，高度10cm的矩形，作出胸袋（贴兜）。

【智能笔】。从矩形下边线的中点向下画垂直线，长度1cm。然后，从垂直线的下端点分别向矩形下边线的两端点做连接线。再用调整功能将2条连接线调成弧形，作出胸袋盖下尖角。

在侧缝线大约中点位置向右作1cm的直角线，作为收腰量。

单击调整后袖窿弧的下端点，过1cm直角线的右端点，结束于底摆弧的左端点，作出侧弧线。

分别从前领弧的下端点与下平线的下端点向右画水平线交于门襟线。

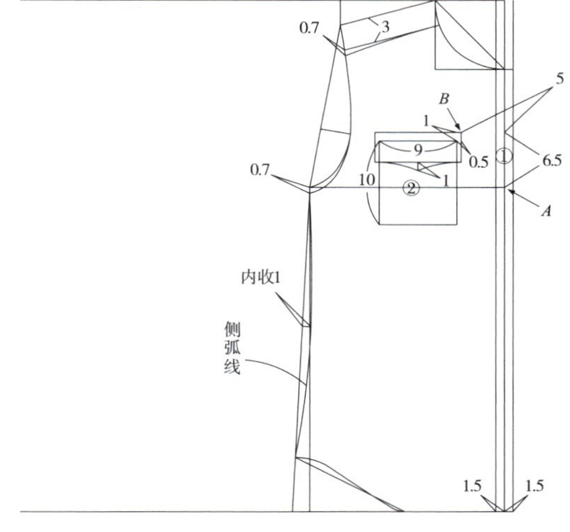

图4-152　作育克线、前襟线及胸袋及前收腰

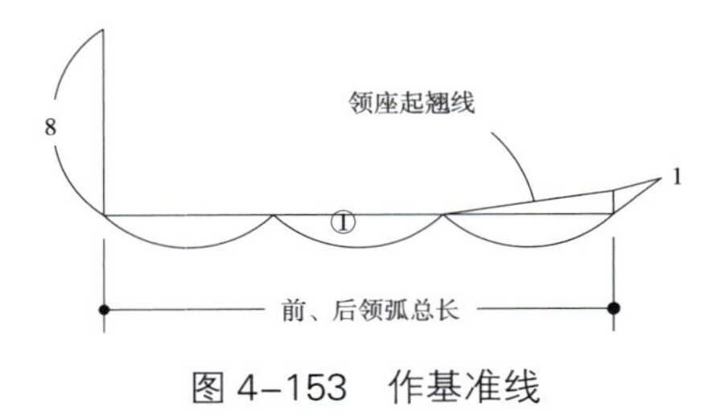

图 4-153　作基准线

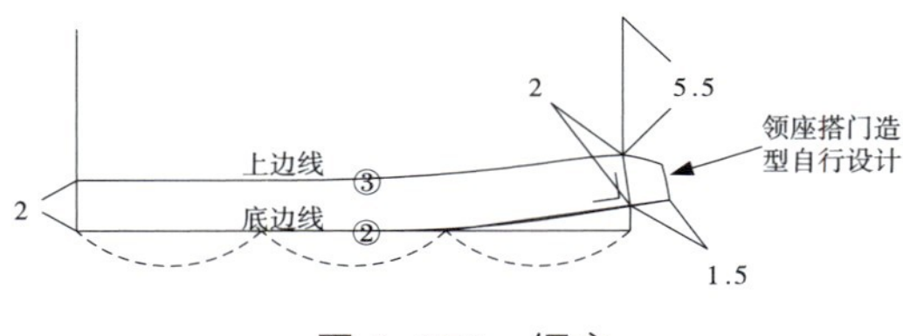

图 4-154　领座

（7）作领子。

【比较长度】。量出前、后领弧的总长度为21.57cm。

【智能笔】。在页面空白处作长度为21.57cm的水平线①；再从水平线①的左端点向上作垂直线，长度8cm；其右端点向上作垂直线，长度1cm，作为基准线。

【等份规】。将水平线①作3等分。

【智能笔】。连接1cm垂直线与3等分的右1/3点（*A*点），作出领座起翘线。如图4-153所示。

以领座起翘线为基准线，在其右端点向上作长度为2cm（领座宽）的直角线。

再从该直角线的上端点向上作垂直线，长度5.5cm（此数值为领面宽，可根据流行趋势自行设计领面宽窄）。

将领座起翘线的右端点向右延长1.5cm，然后将延长端与2cm直角线的上端点连接1条弧线，作出领座搭门（搭门造型可自行设计）。

连接水平线①的左端点与延长后领座起翘线的右端点，作出连接线②。

鼠标悬停于8cm垂直线的下侧，在红色矩形框中输入“2”，回车。连接至2cm领座宽线的上端点，作出连接线③。

然后用调整功能，将上述连接线②、连接线③按板型要求调整为领座底边线与上边线。如图4-154所示。

光标悬停于8cm垂直线的上侧，在红色矩形框中输入“4”，回车。连接至2cm领座宽线的上端点，作出连接线④。再将8cm垂直线的上端点与5.5cm垂直线的上端点相连，连接线⑤。

用调整功能，按板型要求分别将连接线④、连接线⑤调整为弧线，作为领面内弧与外领口线。

然后，将外领口线的右端向右延长2cm（此数值的大小可自行设计，数值加大，领尖越尖，若设计为方领，则减小该数值）。

再连接外领口线⑤的右端点与5.5cm垂直线的下端点，作出领嘴线。如图4-155所示。

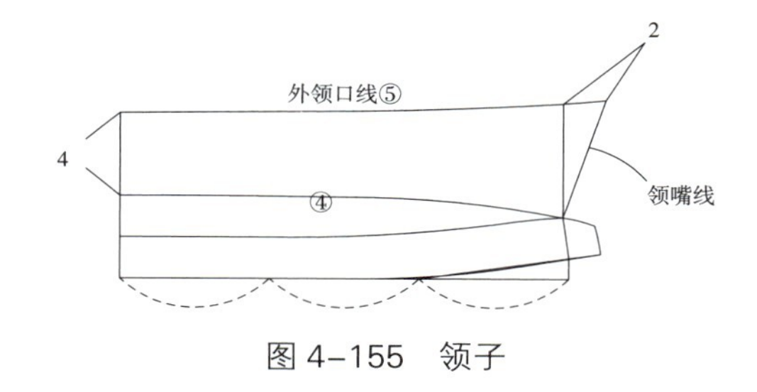

图4-155 领子

（8）作袖子。

作基准线。在页面空白处作长度为50cm的垂直线，作出袖长线①；从袖长线①的上端点（*A*点）向下截取13cm（袖山高），向右画水平线，长度18cm，为前袖宽（*B*点）；向左画水平线，长度18.7cm，为后袖宽（*C*点）。从*B*、*C*两点分别与*A*点相连，作出前、后袖山斜线。

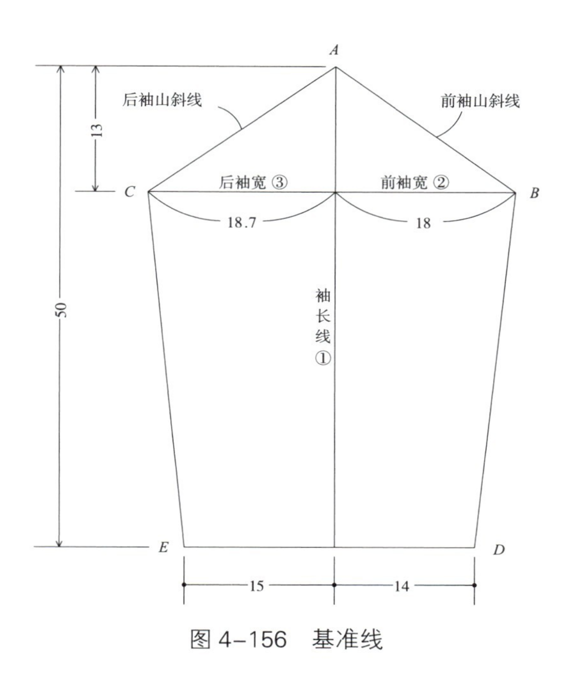

图4-156 基准线

从袖长线①的下端点向右画长度为14cm的水平线，为前袖口宽（*D*点）；向左画长度为15cm的水平线，为后袖口宽（*E*点）。再分别将*B*点与*D*点相连，*C*点与*E*点相连。如图4-156所示。

作袖山弧。在前袖山斜线距*A*点6cm处作长度为1.2cm的直角线。同样，在后袖山斜线上也做一条直角线。

单击*C*点，鼠标悬停于后袖山斜线的下侧，在红色矩形框中输入“7”，回车，过后袖山斜线1.2cm直角线的上端点，过*A*点，过前袖山斜线1.2cm直角线的上端点，光标悬停于前袖山斜线的下侧，在红色矩形框中输入“9”，回车，单击*B*点，按右键结束。作出袖山弧。

用调整功能，目测调整后袖山弧腋下部分，弧线凹处距后袖山斜线约0.5cm。前袖山弧腋下部分，弧线凹处距前袖山斜线约1cm。如图4-157所示。

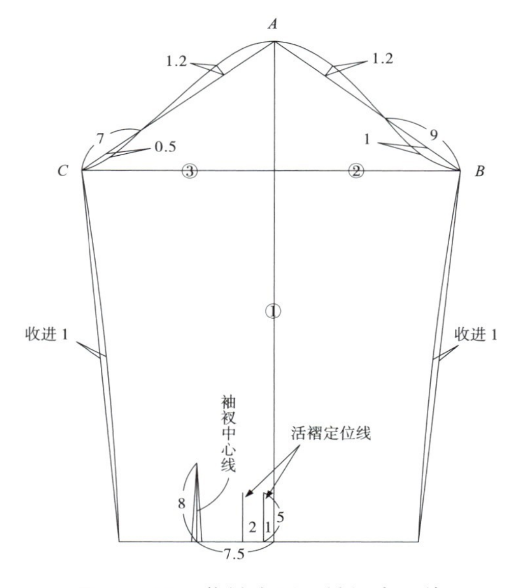

图4-157 作袖山弧、袖衩中心线

在*BD*与*CE*连线大约中点位置，分别向内收进1cm，作出袖侧缝弧线。

作袖衩中心线、活褶定位线。光标悬停于袖长线①的下端点，回车，输入水平移动量“-7.5”，确定，向上画垂直线，长度8cm，作出袖衩中心线。光标悬停于袖口线上，距袖衩中心线下端点偏右位

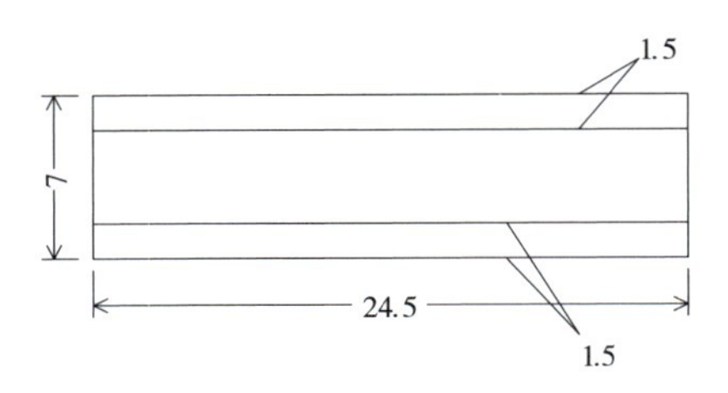

图 4-158 袖克夫

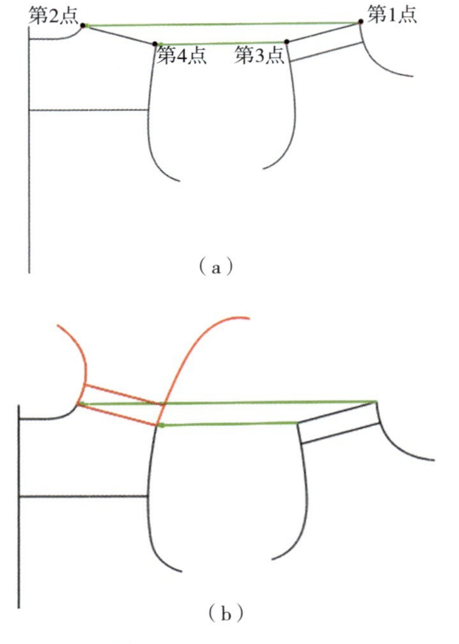

图 4-159 育克拼接

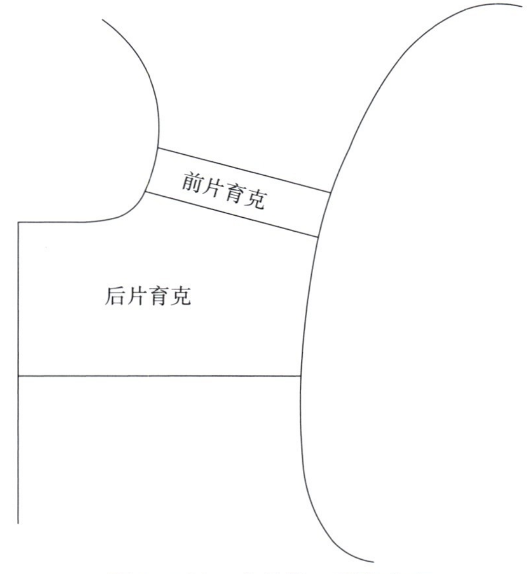

图 4-160 合并前、后肩育克

置，在红色矩形框中输入“-0.5”，回车，向上连接至中心线的上端点，作出袖衩右边线。方法相同，作出袖衩左边线。如图4-157所示。

光标仍然悬停于袖长线①的下端点，回车，输入水平移动量“-1”，向上画垂直线，长度4～5cm，作出一条活褶定位线。然后，将该定位线向左平行2cm，复制出另一条定位线。

作袖克夫。作宽度为24.5cm，高度为7cm的矩形。

将矩形上、下边线各向内平行1.5cm。确定金属袖扣位置。如图4-158所示。

合并前、后肩育克。【移动】。分别将前、后片育克部分复制到页面空白处。

【智能笔】。调整、删除部分没有用的线段。

【对接】。先单击前片育克的颈肩点（第1点）、后片育克的颈肩点（第2点），再单击前片育克的袖窿点（第3点）、后片育克的袖窿点（第4点），按右键。然后框选前片育克的全部线段，实现前、后片育克的对接。如图4-159（a）、图4-159（b）所示。

【智能笔】。将前、后领弧及前、后袖窿衔接部分调整顺滑。如图4-160所示。

图4-161为完成后的女牛仔衬衫结构线设计。

（9）拾取纸样衣片、调整布纹线、扣位、活褶及打剪口。

【剪刀】。将所有衣片纸样逐一拾取出来，并填写款式资料与纸样信息。

【纸样对称】。将领面、领座、育克沿左端线（对称轴），对称出另一半。

定扣位。衣片拾取之后，用富怡V9.0系统，画扣位、定位孔、标记点等可用钻孔工具设置，较结构线上绘制快捷、简单。

【布纹线】。右键单击布纹线或左键单击水平线两个端点，将领子、领座、育克和袖克夫的布纹线调整为水平方位。

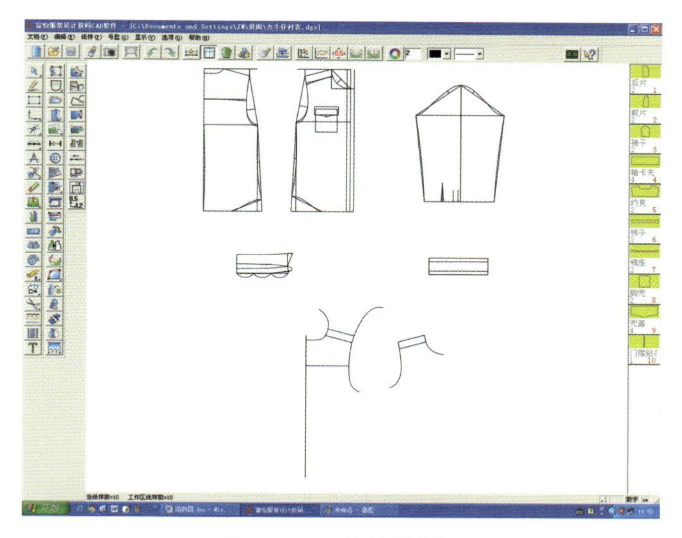

图 4-161　结构线设计

【钻孔】。单击前片扣位线（前中线）的上侧。在弹出的【线上钻孔】对话框中输入钻孔个数“5”，距首点（红色亮闪点）“3”，距尾点“10”。如图4-162（a）所示。然后按下【钻孔属性】按钮，在弹出的属性对话框中选择第3项（Drill M43），画十字圆形，钻孔半径设为“0.5”，相当于1cm直径的扣子。如图4-162（b）所示。确定。作出前襟扣位。

单击胸袋盖的下尖角，在弹出的【钻孔】对话框中输入垂直移动量“1”，个数选择“1”，再设置钻孔属性，参见图4-163。确定。作出袋盖扣位。

袖克夫扣位的设定方法和钻孔属性与前襟扣位设定相同，个数“2”，距首尾点均为“1”。如图4-164所示。

【褶】。左键单击靠近袖长线一侧的活褶定位线，按右键，在弹出的【褶】对话框中上褶宽及下褶宽栏内均输入“2”，褶类型选择“工字褶”，再选中活褶定位线在右侧的一项（本款袖子活褶定位线与对话框中的褶定位线的方位应调转180°）。确定。如图4-165（a）所示。

另一个活褶作法相同，只是选择活褶定位线方位时，选择在左侧的一项。如图4-165（b）所示。

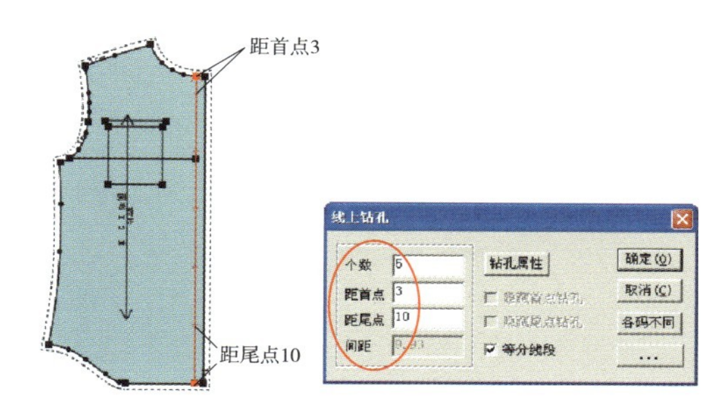

（a）设置钻孔个数、首、尾点

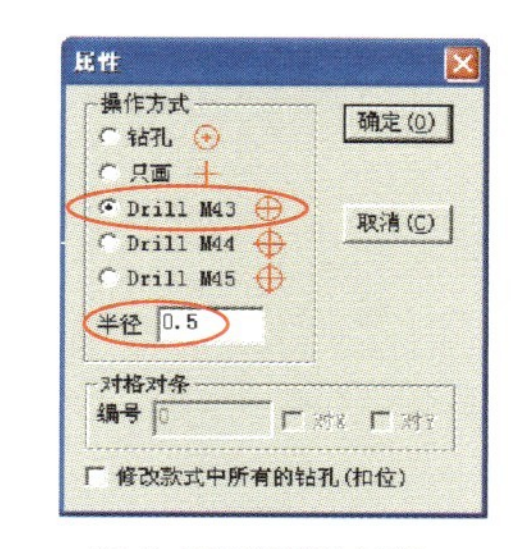

（b）设置钻孔属性

图 4-162　“钻孔”工具

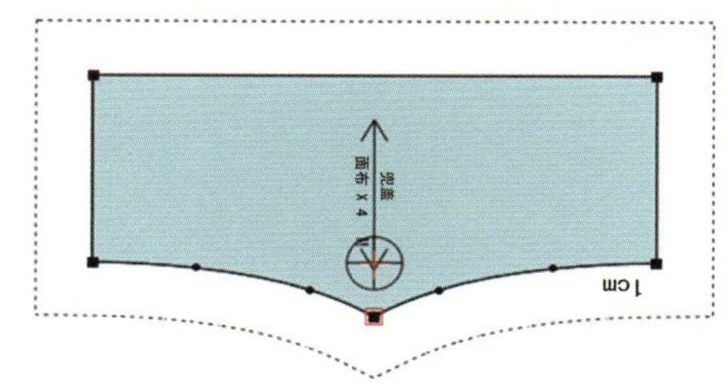

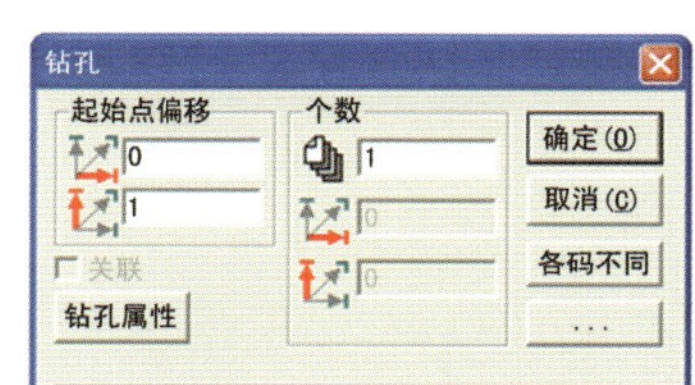

图 4-163　袋盖扣位

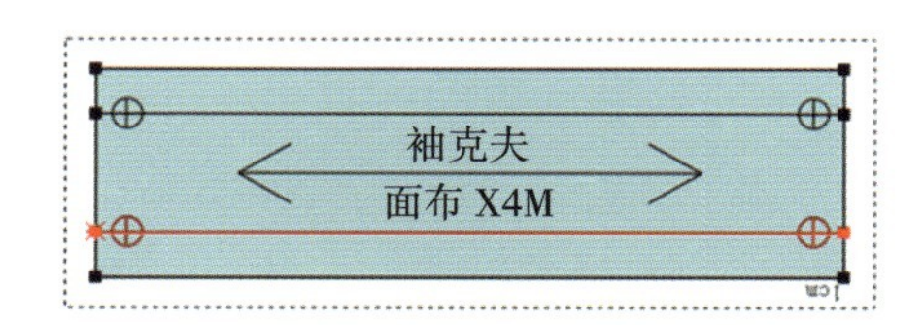

图 4-164　袖克夫扣位

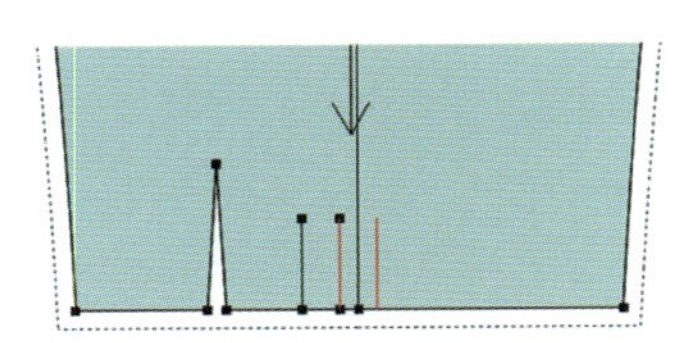

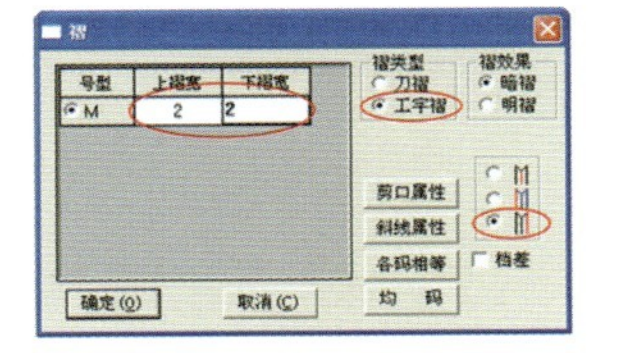

（a）选工字褶

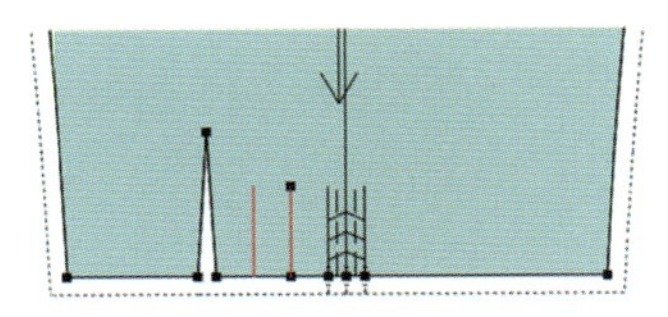

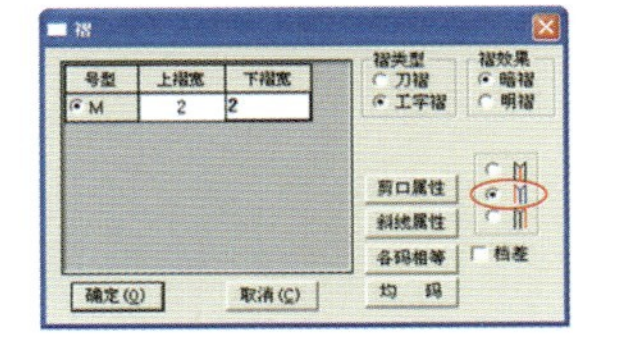

（b）中心线定位

图 4-165　作活褶

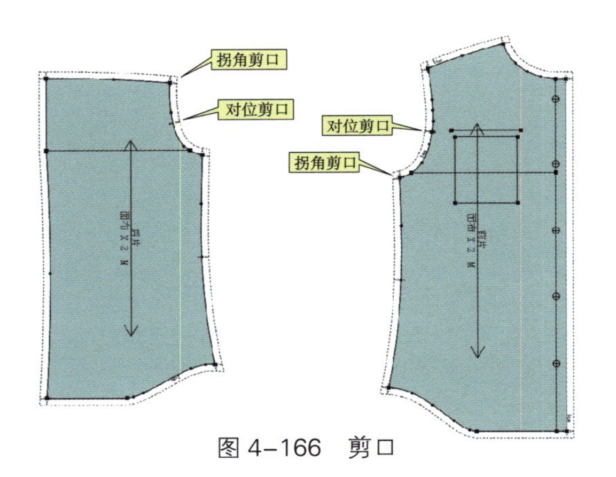

图 4-166　剪口

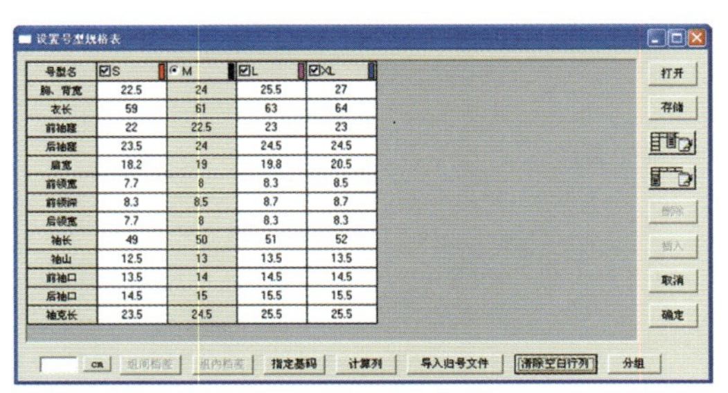

设置号型规格表

号型名	S	M	L	XL
胸、背宽	22.5	24	25.5	27
衣长	59	61	63	64
前袖窿	22	22.5	23	23
后袖窿	23.5	24	24.5	24.5
肩宽	18.2	19	19.8	20.5
前领宽	7.7	8	8.3	8.5
前领深	8.3	8.5	8.7	8.7
后领宽	7.7	8	8.3	8.3
袖长	49	50	51	52
袖山	12.5	13	13.5	13.5
前袖口	13.5	14	14.5	14.5
后袖口	14.5	15	15.5	15.5
袖克长	23.5	24.5	25.5	25.5

图 4-167　号型规格表

【加缝份】。将胸袋上边线缝份宽度增加至1.5cm。

【剪口】。分别在前袖窿、前袖山距腋下点9cm处打上对位剪口；后袖窿、后袖山距腋下点7cm处打上对位剪口。再在前、后片收腰点及袖肘内收点均打上对位剪口。

按【Shift】键，切换为【拐角剪口】功能。框选拐角或衣片，打上拐角剪口。如图4-166所示。

（10）纸样放码（点放码）。

建立号型表（放码表）。以尺码规格表各部位尺寸为准，执行菜单栏内【号型】—【号型编辑】命令，建立号型表，M尺码为基码。如图4-167所示。

前、后片放码。【点放码】。先按【F7】，将缝份消隐。再单击或框选放码点，按号型规格表中的各部位尺寸填入数值，推放出该点的其他尺码。全部纸样衣片推放完成如图4-168所示。

范例五、插肩袖大衣

（一）造型特点

插肩袖服装常见于男女外套、夹克、防寒服、

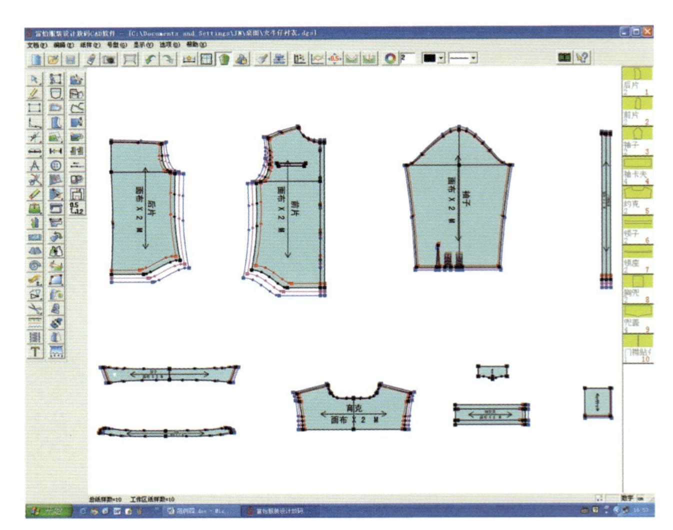

图 4-168　全部样片

大、风衣等服装之中，在女士时装中更为多见。其款式变化万千，丰富多彩。所谓插肩袖，是一种袖子与衣身肩部相连的袖型结构形式，其结构有衣片袖、两片袖、三片袖等多种。

此款为经典的插肩袖大衣，偏瘦型，H造型，简捷、明快，适合于年轻人防寒抗风、外出社交等场合的穿着。特点：暗纽门襟，斜插袋，袖口有袖襻，后开衩，领子是由领座与翻领的组合，适合用中厚和厚面料制作，也可以制作成风衣、中褛。

本范例介绍男大衣的板型结构设计，女大衣由读者自行练习。

（二）着装效果（图4-169）

（三）纸样结构（图4-170）

（a）男款　　（b）女款

图4-169　着装效果

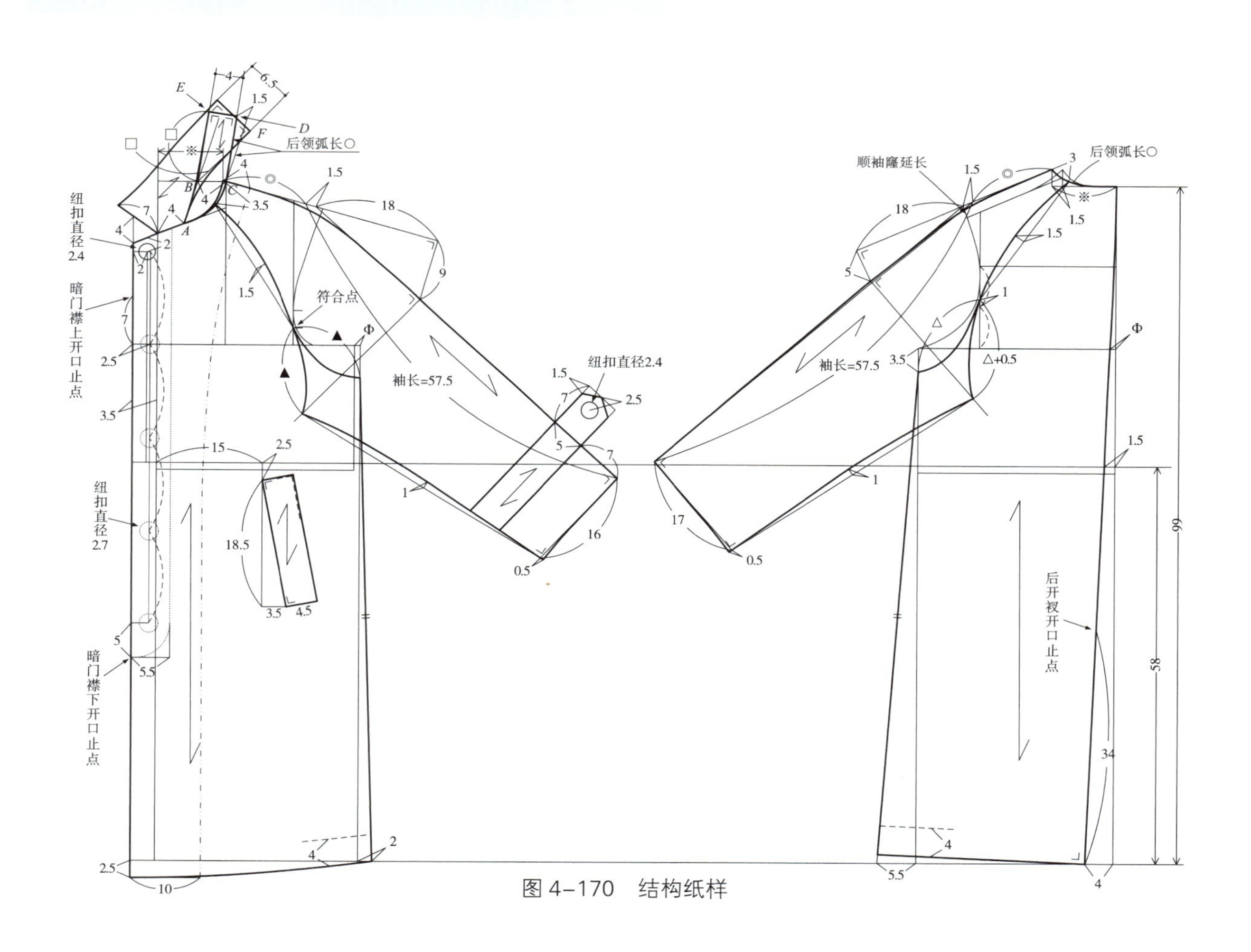

图4-170　结构纸样

（四）生产制单（表4-5）

表4-5 XX服装有限公司生产制单

2015年 月 日

合同号：××××-××	品名：男大衣	款号：×××	数量：500	交期：	面料：羊绒大衣呢

部位 \ 尺码	160/80A	165/84A	170/88A	175/92A	180/96A	185/100A	190/104A	
衣长（cm）	93	95	97	99	101	103	105	
胸围（cm）	100	104	108	112	116	120	124	
肩宽（cm）	41	42.2	43.4	44.6	45.8	47	48.2	
袖长（cm）	53	54.5	56	57.5	59	60.5	62	
袖口（cm）	14.5	15.5	15.5	16.5	16.5	17.5	17.5	
领围（cm）	41.8	43	44.2	45.4	46.6	47.8	49	
分颜色/尺码数量（条）								
藏蓝	10	10	20	20	20	10	10	
铁灰	10	10	20	20	20	10	10	
黑	10	10	20	20	20	10	10	

款式图

工艺说明

特体说明

辅料		
衬（里）料：无纺衬、纺衬，胸衬、领衬、嵌条，袋布	商标、洗涤标、吊牌：各一	
纽扣：2.4cm牛角扣3粒，2.7cm牛角扣4粒，1cm牛角扣2粒		

纸样： 制单： 复核： 审批：

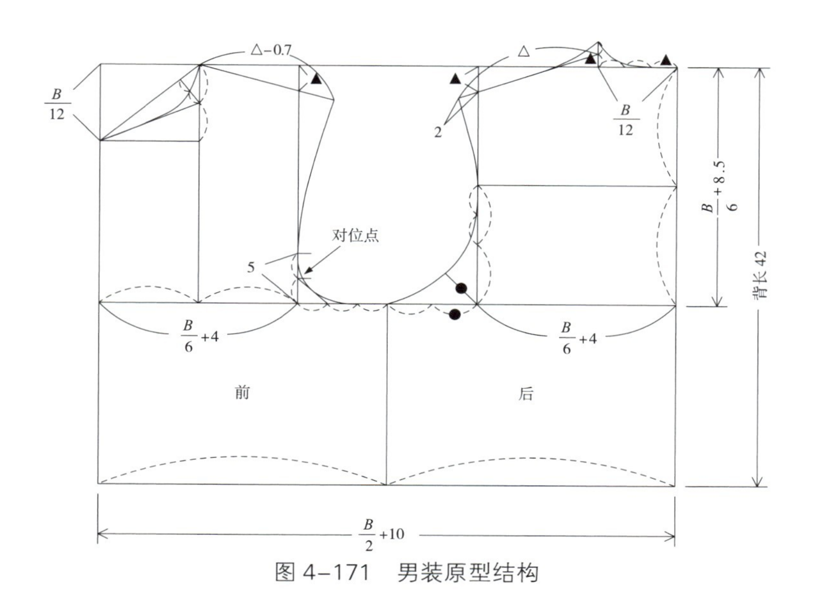

图 4-171　男装原型结构

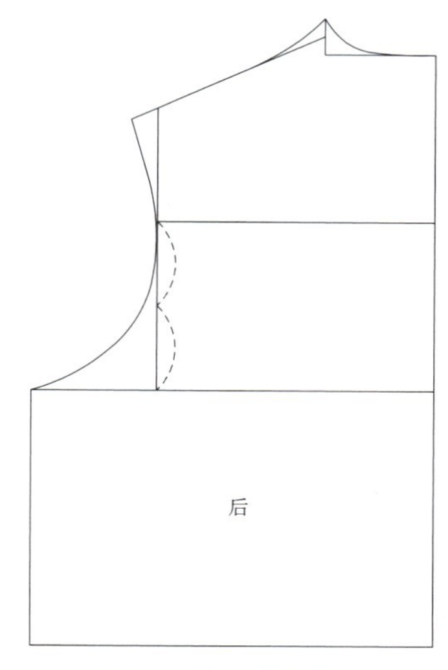

图 4-172　原型后片

（五）作图过程

本款风衣应用文化式男装原型为基础（男装原型制图方法请参阅相关教材），原型尺寸：胸围（净）92cm，放松量20cm，背长42cm。如图4-171所示。

（1）作后片领弧、肩斜线与插肩袖分割线。

【智能笔】。分离出原型后片，再删除没有用的线段。如图4-172所示。

将后横开领向左扩开1.5cm，再作出新的后领弧。再将后肩斜线平行至新后领弧的上端点，展宽后肩，作出新的肩斜线。

用连接角功能，将后袖窿弧的上端与新肩斜线的左端连接成角。从连接角处沿肩斜线向右截取1.5cm，确定新后肩点（*A*点）。如图4-173所示。

【比较长度】。量出*A*点至颈肩点之间的距离为12.1cm，并标记为◎，再量出新横开领尺寸9.2cm，标记为※，以及新后领弧长尺寸为10.05cm。这些数值将在前片制板中用到。

【智能笔】。从胸宽线1/2等分的中点向上截取1cm，连接至新后领弧距左端3cm处，作出插肩袖分割辅助斜线。

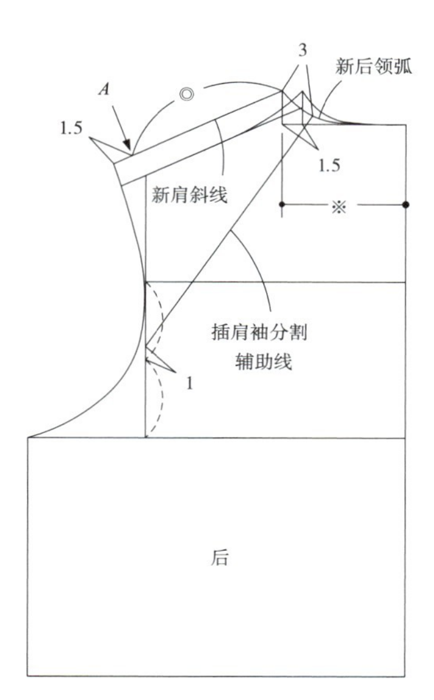

图 4-173　作后片领弧、肩斜线与插肩袖分割线

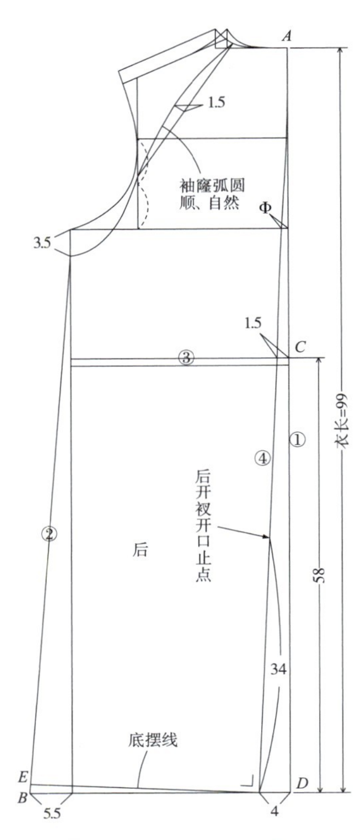

图 4-174　作衣身后片

（2）作衣长线、侧缝线、腰节线、后中缝、底摆线及袖窿弧。

从后领中点（*A*点）向下作垂直线，长度99cm，作出衣长线①。再用"水平垂直线"功能，连接衣长线①的下端点与原型后片腰节线的左端点，作出水平底摆线。再将水平底摆线向左延长5.5cm，至*B*点。

光标悬停于原型侧缝线的上侧，在红色矩形框中输入"3.5"，回车，连接至*A*点，作出侧缝线②。再将水平底摆线向上平行58cm，作出新腰节线③。

将*C*点向左偏移1.5cm，与*D*点向左偏移4cm处相连，作出后中缝④的下半段。再将后领中点（*A*点）与后中缝下半段相连，作出后中缝④的上半段。然后用调整功能，将后中缝上半段调整为弧形。

从后中缝下半段的下端点向左作直角线，交于侧缝线（*E*点），作出底摆线。另将后中缝下半段距离下端点34cm处剪断，作为大衣的后开衩。

在插肩袖分割辅助斜线的1/2处，向左上方作长度为1.5cm的直角线。再从分割辅助斜线的上端点起，过1.5cm直角线的上端点，再过分割辅助斜线的下端点，结束于侧缝线的上端点，作出袖窿弧。

用调整功能，调顺该弧线，如图4-174所示，袖窿弧圆顺、自然。

【比较长度】。量出胸围线右端①线与④线相交的两点距离约0.6～0.7cm，标记为 ϕ。再量出后片侧缝线的长度为71.8cm，此数值将用于前片侧缝结构设计。

（3）作后袖片。

将新肩斜线的左端点（*A*点）向左延长18cm（*B*点）。再从*B*点作18cm延长线的直角线，长度5cm至*C*点。连接*A*-*C*两点，作出袖长线。然后将袖长线向左下方延长一段距离，总长度大于袖长尺寸（57.5cm）即可。

【圆规】。从A点向右截取1.5cm（D点），画至袖长线，输入长度“57.5”，确定袖长（E点）。

【智能笔】。将C点至颈肩点之间作一条连接线，然后用调整功能将该线调整为弧线，肩部圆顺。调整时，下半段与$A-C$线相切，上半段与肩斜线相切。

以袖长线（$A-E$）为基准线，从E点向右下方作直角线，长度17cm，作出袖口线。然后，将袖口线平行至C点，作出袖山深线，再将该线向右下方延长，长度自定。如图4-175所示。

【比较长度】。量取袖窿弧$F-G$段的弧长为14.34cm（**此段距离数值不是定数，随袖窿弧的弧度不同发生变化，应以实际量取的尺寸为准**），标记为△，将作为袖山弧段下半段的调整参考值。

【智能笔】。先将F点与袖山深线的右下侧之间画一条连接线（$F-H$段），可以是直线，也可以是弧线。然后，用调整功能将该连接线调整为袖山弧段下半段，该段弧长为14.84cm（△+0.5cm值）左右，确定后袖片腋下点。（**调整该弧长时，需反复调整与测量。同时，还要求上端与袖山弧衔接圆顺，下端始终与袖山深线相交**）。

将袖口线的下端点（J点）与腋下点（H点）相连，作出内袖弧辅助线。从内袖弧辅助线的中点向左上方画一条直角线，长度1cm左右。然后连接J点、1cm垂直线的上端点，至H点，作出内袖弧。并用调整功能调顺该弧线。

用长度调整功能，从内袖弧的左端点，顺弧势向左延长0.5cm。再将延长端与E点相连，然后用调整功能将该连接线调整为袖口弧线。

（4）作前片搭门线、腰节线、侧缝线与底摆弧。

【智能笔】。分离出原型前片，再删除没有

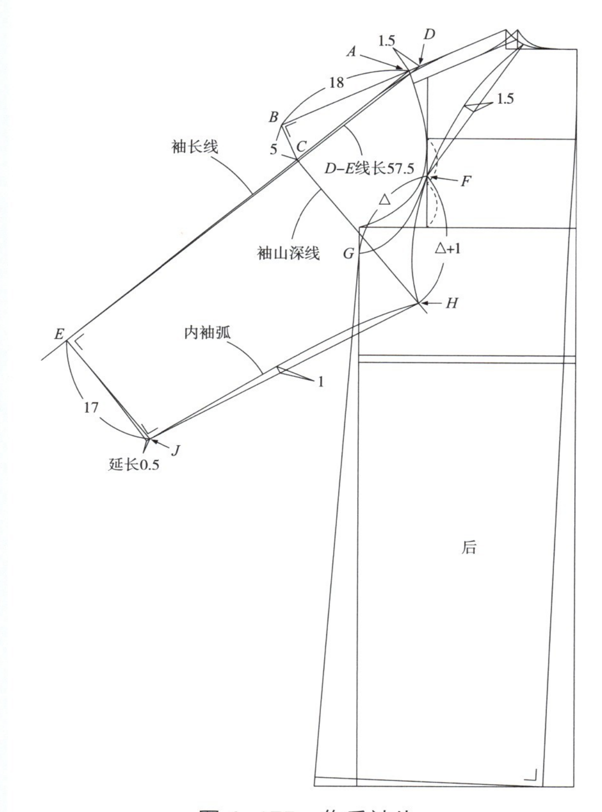

图4-175　作后袖片

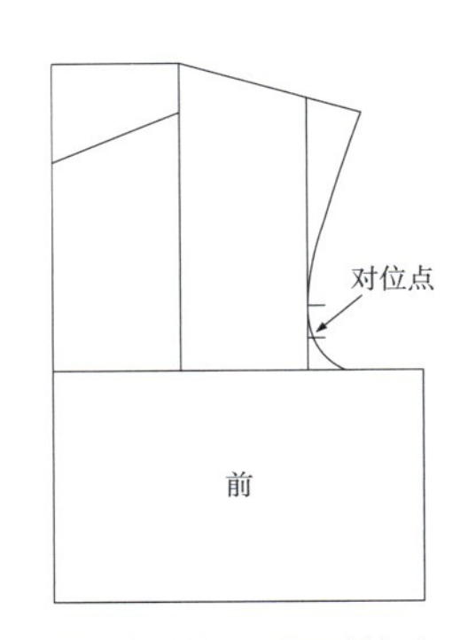

图 4-176　原型前片

图 4-177　调整前片位置

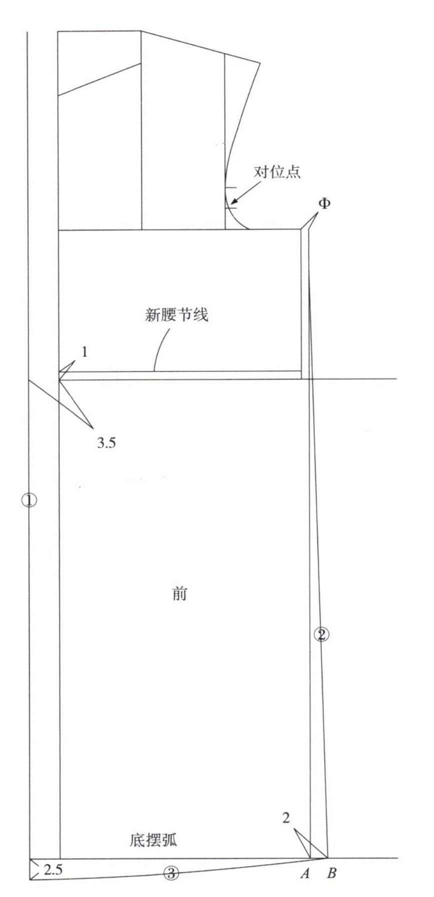

图 4-178　做前片搭门线、腰节线、侧缝线与底摆弧

用的线段。如图4-176所示。

显示已完成的后片结构线，将后片原型的腰节线向左水平延长，长度自定，目测距离足够放置前袖片即可。然后，再用【移动】工具，将原型前片的腰节线右端点与水平线相接，对齐。如图4-177所示。

【智能笔】。见图4-178。用“水平垂直线”功能，将后片水平底摆线的左端点与前片胸围线的左端点相连接。再将前中线向左平行3.5cm，确定前襟搭门宽度，作出门襟止口线①。

先将原型前片腰节线向上平行1cm，作出新的腰节线。再将原型前片侧缝线向右平行0.6～0.7cm，补回后片后中缝劈掉的量 ϕ。将该线向下垂直延长至底摆水平线，交于*A*点。

从*A*点向右截取2cm，确定*B*点。单击*B*点，按着鼠标拖动至垂直线，松开，输入“71.8”（后片侧缝线长度），确定，作出前片侧缝线②。

将门襟止口线①下端点垂直向下延长2.5cm，然后连接延长端与*B*点。用调整功能将该连接线调整为前片底摆弧③。

（5）作前领弧、插肩袖分割线及袖窿弧。

从前中线上端点向右截取9.2cm（※值，后横开领），定出*A*点。删除原型的肩斜线，重新将*A*点与肩点连接，作新的肩斜线。

【等份规】。按【Shift】键，切换为【线上反向等距】功能。单击*A*点，沿前肩斜线滑动，击左键，输入“12.1”（◎值，后肩斜线尺寸），定出*B*点。继续*B*点向右沿肩斜线滑动，输入1.5cm，确定前片肩点（*C*点）。

【智能笔】。单边靠齐功能，先将串口线向左延长至门襟止口线①，再画出新的前领弧。

从新前领弧的左端截取3.5cm（*D*点），连接至对位点，作出插肩袖分割线④。在该线约1/2处，向右上方作长度为1.5cm的直角线。

单击分割线④的上端点，过1cm直角线的上端点，再过对位点，结束于侧缝线②的上端点（E点），作出袖窿弧。再用调整功能，调整好袖窿弧。如图4–179所示。

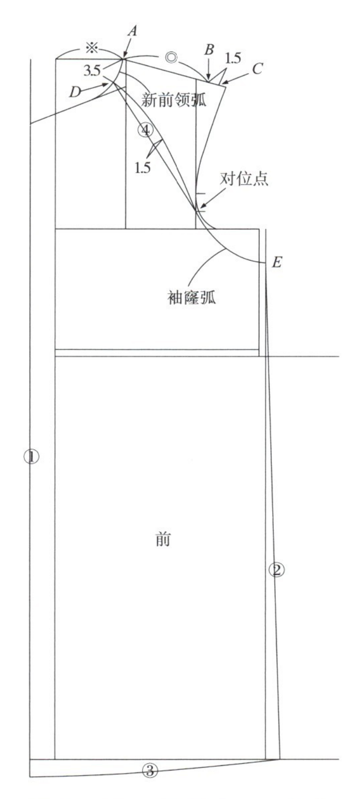

图4–179　前领弧、袖窿弧

（6）作前袖片。

从C点向右顺肩斜线方向作长度为18cm的斜线至D点。再以$C–D$线段为基准，于D点向下作直角线，长度9cm，至E点。然后，连接C点与E点，顺$C–E$线向右下方延长至F点，总长度大于袖长尺寸（57.5cm）即可，作出袖长线。

【圆规】。单击B点，再单击袖长线，输入“57.5”，确定袖长（G点）。

【智能笔】。以$C–F$线段为基准，于G点向左下方作直角线，长度16cm，作出袖口线。作前片颈肩点与E点的连线，用调整功能将肩部调整圆顺。调整时，下半段与$C–E$线相切，上半段与肩斜线相切。如图4–180所示。

再将袖口线平行至E点，并向下延长该线，长度自定，作出袖山深线。

【比较长度】。量取袖窿弧$H–J$段的弧长为11.65cm，标记为▲。

【智能笔】。从H点向袖山深线作一条连接线，再用调整功能将该线的长度调整为11.65cm左右（K点），确定前袖片腋下点。

连接K点与袖口线的下端点，作出内袖弧辅助线。然后再作内袖弧与袖口弧线，方法同后袖片。

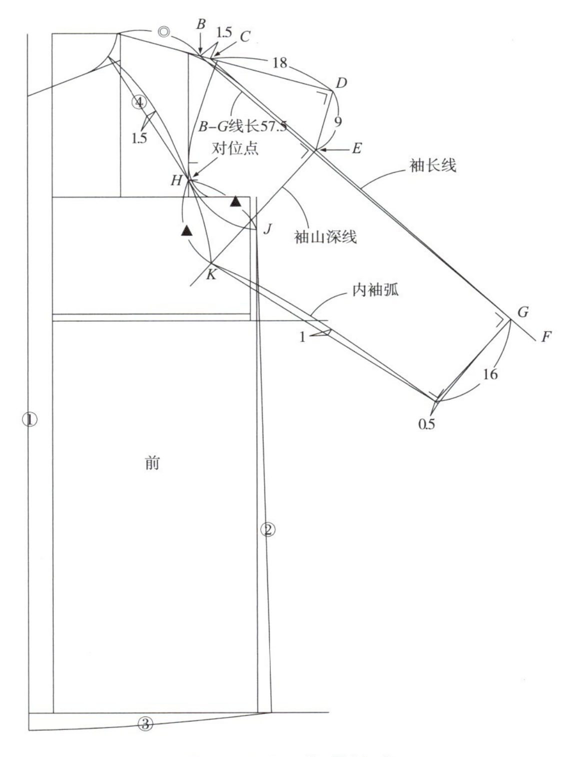

图4–180　作前袖片

（7）作领子。

在前片开领结构线上制作领子，放大显示前领口部分。

从串口线与前中线的交点沿串口线向右截取4cm（A点），连接至横开领宽点（C点）向左截取

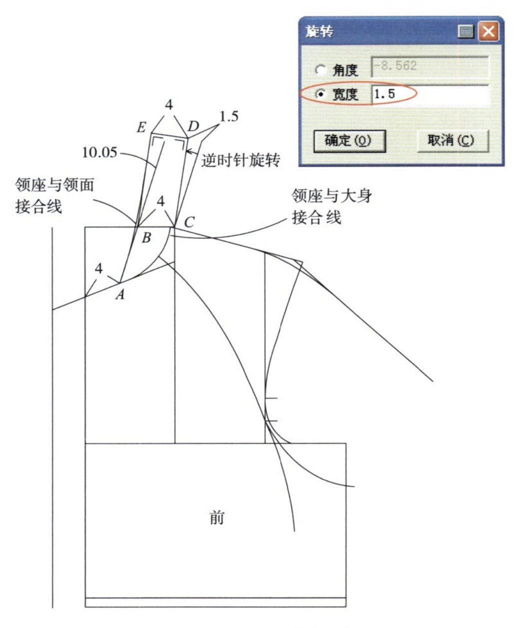

图 4–181 作领座

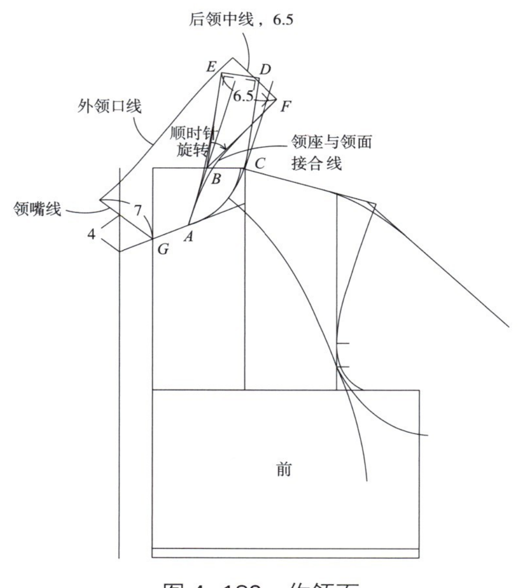

图 4–182 作领面

4cm（*B*点）处，作出连接线。顺此连接线向上延长10.05cm（后领弧长，前面制作后片领弧时测量过的尺寸）。如图4–184所示。

于*C*点作与此线平行，长度相同的平行线。

【旋转】。以*C*点为圆心，将10.05cm延长线的平行线逆时针旋转1.5cm（宽度）至*D*点。

【智能笔】。从*D*点向左画*C*–*D*线的直角线，长度4cm，至*E*点。连接*B*、*E*两点；连接*A*、*E*两点；再连接*A*、*D*两点。然后用调整功能，将*A*–*E*连线与*A*–*D*连线调整为弧形，调整时，目测*E*点为直角，分别作出领座与领面的接合线与领座与大身的接合线。

【旋转】。以*B*点为圆心，将*B*–*E*线段顺时针旋转6.5cm（宽度）至*F*点，作出*B*–*F*线。

【智能笔】。从*F*点向左上方作直角线，长度6.5cm，作出后领中线。

从串口线的左端点沿搭门线向上截取4cm再与*G*点相连，然后将其向上延长至7cm，作出领嘴线。

将领嘴线的上端点与后领中线的上端点相连，作出外领口线；连接*A*、*F*两点，作出领座与领面的接合线。用调整功能分别调整好上述两条线形。如图4–182所示。

（8）作定扣位、暗门襟、斜插袋、挂面线及袖襻。

① 定扣位。

先将搭门线向右平行2cm，作线①，再作一条2.5cm的平行线，线②，并将线②向下延长至腰节线下约1/2处即可。从领嘴线下端点（前中线上）向下垂直截取2cm，作平行于串口线的线段，作出线③。线①与线③的交点（*A*点）为第一粒扣位（明扣）。

从*A*点向右画一条短水平线，交于线②（*B*点）。再从胸围线左端点向左画一条短水平线，交于搭门线。胸围线与线②的交点（*C*点）为第二粒扣位（暗扣）。

【比较长度】。量取*B*点与*C*点之间的距离为13.6cm左右。

【移动】。从*C*点起，将此距离连续向下垂直复制3份，定出其他暗扣的扣位。

【CR圆弧】。按【Shift】键，切换为【整圆】模式。于*A*点作半径为1.2cm的圆形（直径2.4cm扣子）。*C*点以下扣位均作半径为1.35cm圆形（直径2.7cm扣子）。如图4–183所示。

② 暗门襟。

【智能笔】。从最下一粒扣位线向下平行5cm，并向左延长至搭门线，确定暗门襟下开口止点。再用长度调整功能将该线段长度调整为5.5cm。

单击该线段的右端点，向上画垂直线，至串口线，确定暗门襟宽度。如图4–184所示。

从胸围线左端点垂直向上截取7cm，定点，作为暗门襟上开口止点。

【*CR*圆弧】。作圆弧，分别与5.5cm水平线及暗门襟宽度线相切。

③ 斜插袋。

【智能笔】。从前中线与新腰节线的交点向右截取15cm（定出斜插袋横向尺寸，*A*点），向下画垂直线，长度2.5cm（定出斜插袋高度尺寸，*B*点）。继续向下画垂直线，长度18cm（斜插袋垂直袋口宽，*C*点）。

于*C*点向右画水平线，长度3.5cm（袋口线斜度，*D*点）。连接*B*、*D*两点，作出斜袋口线。

再将*B*–*D*连线向右平行4.5cm（兜口开线宽度），然后在封闭成矩形。

④ 挂面线。

单击底摆弧线的左端点，向右画水平线，长度10cm。再从前身颈肩点沿肩线向右截取4cm，向下连接至底摆10cm水平线的右端点，用调整功能，将

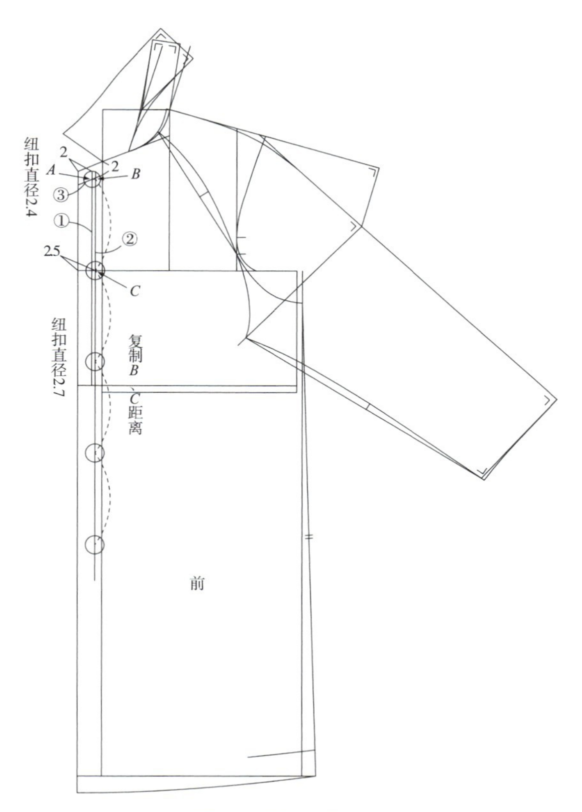

图4–183 定扣位

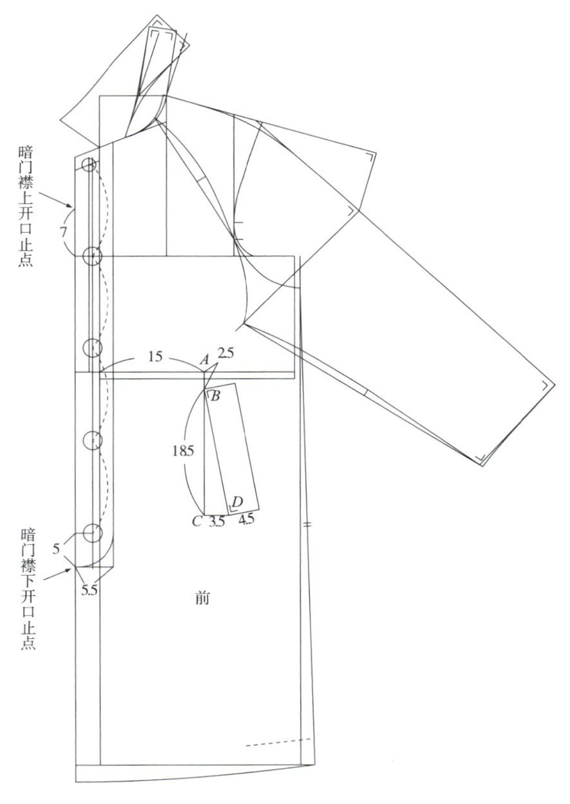

图4–184 暗门襟、斜插袋

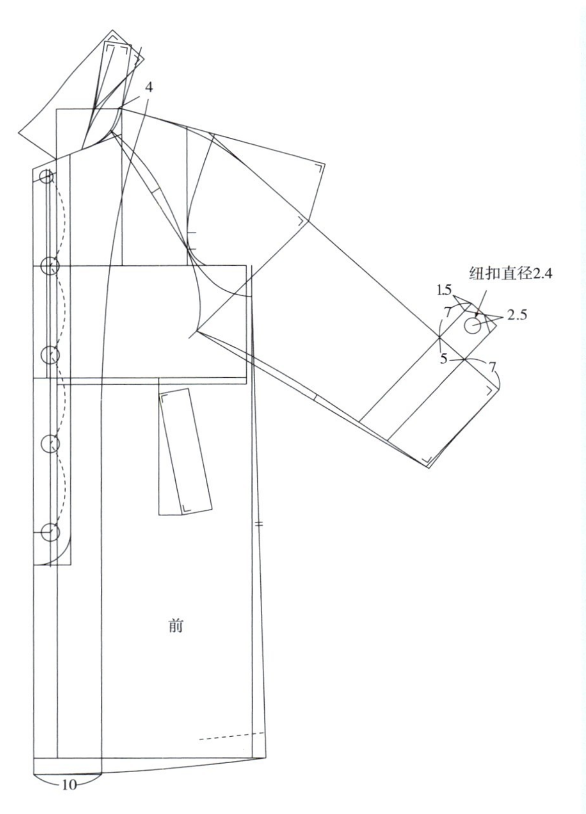

图 4-185　挂面、袖襻

该线调成挂面线，弧度自然顺滑。如图4-185所示。

⑤ 袖襻。

将袖口线（直线段）沿袖长线向左平行7cm，定出袖襻至袖口尺寸。将该线继续向左平行5cm，定出袖襻宽度。用单边靠齐功能将这两条线段的下端同时靠齐至内袖弧。

用长度调整功能，分别将这两条线段的上端向上延长7cm，再将两端点相连。然后做1.5cm的尖头。

距尖头2.5cm处，作半径为1.2cm的圆形（袖口）。

完成插肩袖男大衣结构线设计。

⑥ 拾取纸样衣片、设定布纹线、缝边调整、剪口等。

【剪刀】。逐一拾取衣片，包括前、后衣片、前、后袖片、挂面、暗门襟、斜插袋、领座、领面以及袖襻等。并填写好款式资料与纸样资料（填写纸样资料【布料名称】一栏内容时，若此款服装纸样既有面料，又有里料或衬料，应填入不同名称，系统会自动在纸样列表框中显示不同的颜色标识，见图4-186。图中既有黑色底纹的衣片，也有橙色底纹的衣片。分别表示不同的用料属性，在排料系统中会自动识别。排面料时仅显示标识为面料属性的衣片，排里料时则显示标识为里料属性的衣片，防止用料错误造成损失）。

【布纹线】。严格按照纸样图各衣片所标注的布纹方向，将拾取出的衣片布纹方向不正确的调整好。

【加缝份】。将前、后衣片侧缝、后中缝缝份宽度调整为1.5cm，后片开衩缝份宽度设为5cm，底摆缝份宽度调整为4cm，袖口缝份宽度调整为3cm。其他均保留1cm缝份。并设置好各缝份倒角。

【旋转衣片】。将衣片按布纹线调整至垂直

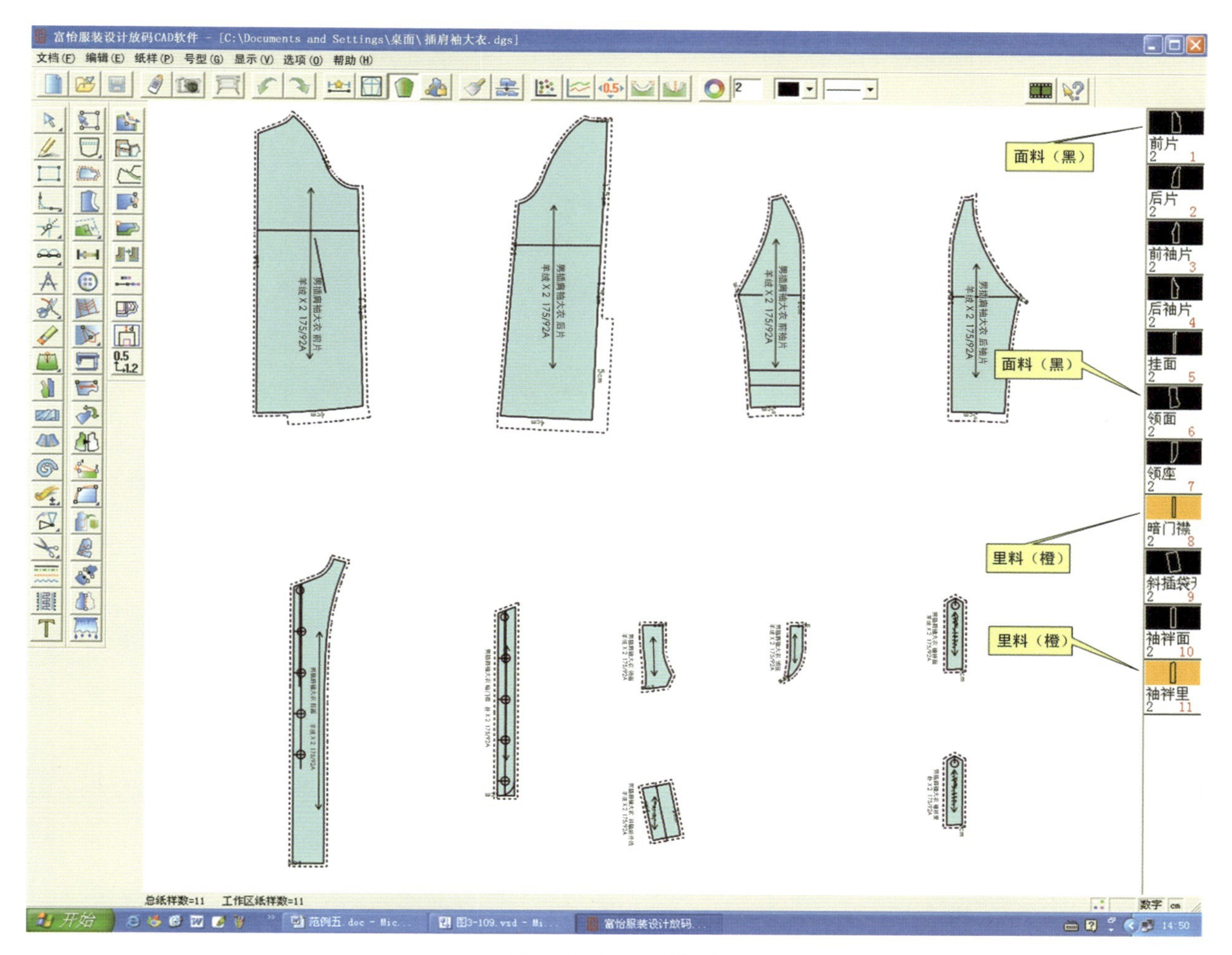

图 4-186 全部样片

方位。

【剪口】。打上袖窿、袖山对位剪口，袖襻位置标记剪口，以及全部衣片的拐角剪口。

⑦ 放码（线放码）。

前面实例中，基本介绍的是采用点放码方式进行放码，本实例介绍另一种放码方式——线放码进行放码操作。以利读者对线放码的操作方法与过程有初步的了解。

点放码与线放码的思路不同，点放码主要是以衣片在关键点的x、y方向或斜向的增、减值（档差）大小变化来实现尺码的增、减。而线放码的思路则假想将衣片沿x、y方向或斜向切开，然后拉开一定距离（档差），重新连接周边线，实现尺码的增、减。

上述两种放码方式各有其优、缺点，服装企业应根据自身特点灵活运用。点放码的优点是精度高，以点为单位进行放缩，要求衣片的周边线放码点以及辅助线的每个放码点均要给出对应的放码值。各点的放码值均能实现独立控制，适用于对放码尺寸精准度要求较高的产品。不足之处是放码参数多、操作繁琐，工作量大，需要准确判断大、小码的放缩方向，相对来说效率略低。

线放码则以切开片为单位放缩，一般来说，衣片在某一方向只需切开3～5刀（最少的只需1刀），即能够达到放缩目的，其优点是放码参数相对较少，比较直观，大、小码的放缩由系统自动判断，档差相同的衣片部位可同时输入放码线简单快捷。缺点是各放码点不能独立控制，放缩精度一般，仅适用于对放码尺寸精准度要求不高的产品。另外，初学者容易搞错x、y放码线的运用方向及各段的档差分配，出现放码错误。

⑧ 建立号型表。

根据生产单中的尺码规格创建号型表，175/92A为基码，除袖口尺码外，其他均为等差放码。如图4-187所示。

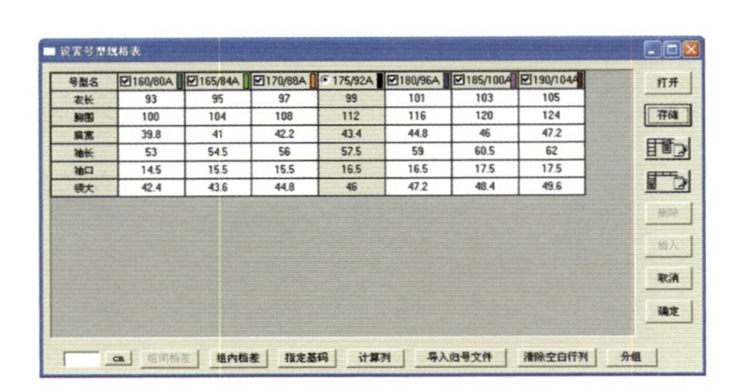

号型名	160/80A	165/84A	170/88A	175/92A	180/96A	185/100A	190/104A
衣长	93	95	97	99	101	103	105
胸围	100	104	108	112	116	120	124
肩宽	39.8	41	42.2	43.4	44.8	46	47.2
袖长	53	54.5	56	57.5	59	60.5	62
袖口	14.5	15.5	15.5	16.5	16.5	17.5	17.5
领大	42.4	43.6	44.8	46	47.2	48.4	49.6

图4-187　男插肩袖大衣号型表

按下快捷工具栏上的【线放码表】工具，如图4-188所示。弹出线放码表输入框，如图4-189所示。可以先点击号型规格后面的小色块，改变其他号型的线条显示颜色，也可不改变。然后在纸样上设定放码线。

图4-188　打开线放码表

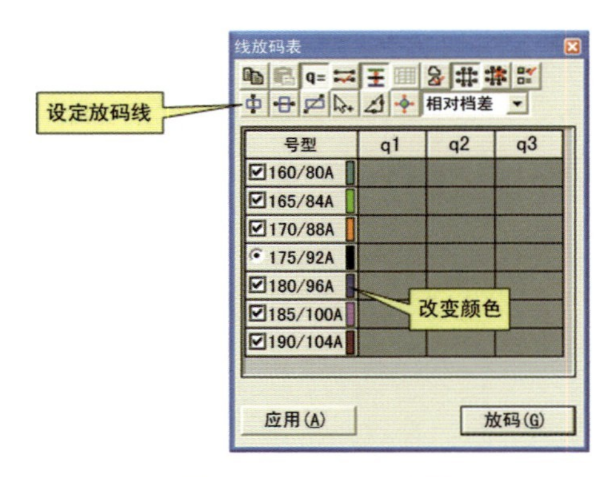

图4-189　线放码表

输入垂直放码线——在纸样上输入垂直放码线，竖向切开，纸样横向放缩。

输入水平放码线——在纸样上输入水平放码线，横向切开，纸样竖向放缩。

输入任意放码线——在纸样上输入任意放码线，斜向切开，纸样垂直于放码线放缩。

⑨ 放缩步骤，以领子及领座为例。

按【F7】，消隐缝边线，围度尺寸档差1.2cm，宽度尺寸不变。

【输入基准点】。设定后领中线的左端点为基准点。

【输入水平放码线】。在领面画上2条水平放码线，领面将做竖向放缩。

注：输入放码线后，应及时检查放码线使用是否正确？可观察放码线两端的菱形标识的方向，正确的是菱形的短边对角对着放码线，如图4-190所示。如果是菱形的长边对角对着放码线，则表明选择放码线错了，放出的衣片呈螺旋形，需用橡皮擦掉放码线重画。

【选择放码线】。单击放码线两端的任一菱形标识，线放码表输入的格子变为白色，表示可以输入放码量。选择比基码大的任一尺码中的1个格内输入0.3cm（每条放码线的放码量分配给0.3cm，2条共0.6cm，待领面对称出另一半时总的放码档差为1.2cm），点击右下角“放码”按钮，系统自动放出其他各码。如图4-190所示。直至所有的放码线均分配了放码值，衣片放缩完成。

反复执行上述操作，正确输入放码线和放码值，直至全部衣片完成放码。

技巧：

① 放码线可任意方向输入，可以从左至右，或从右至左，从上至下，或从下至上。

② 有多条放码线的放码值相同的情况下，可框选多个菱形标识，再输入放码值，实现多条放码线同时放码。

③ 有多个衣片的某些部位的放码值相同的情况下，如前、后衣片的衣长档差相同，袖长档差相同等，放码线可同时画在2个衣片上；如图4-191所示。

④ 放码线可为直线，也可作小幅度的斜向偏移，基本不影响放码效果。

⑤ 放码线如果在衣片内遇上省道、裥、兜位或定位线，可以拐弯避开。

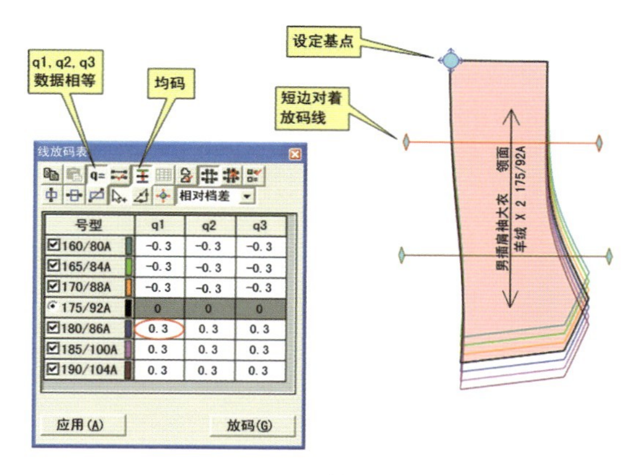

号型	q1	q2	q3
160/80A	-0.3	-0.3	-0.3
165/84A	-0.3	-0.3	-0.3
170/88A	-0.3	-0.3	-0.3
175/92A	0	0	0
180/86A	0.3	0.3	0.3
185/100A	0.3	0.3	0.3
190/104A	0.3	0.3	0.3

图4-190　输入放码值

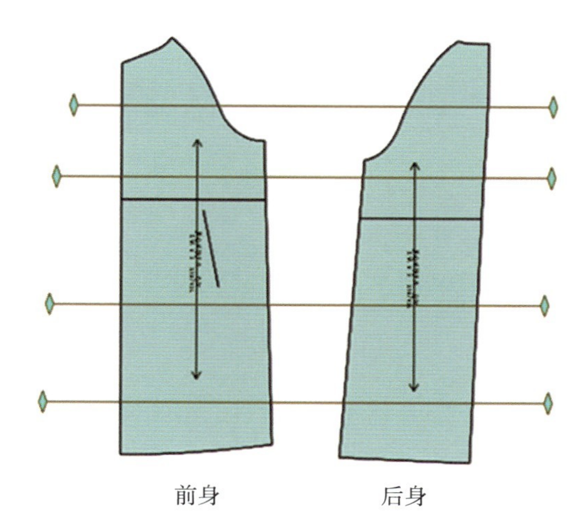

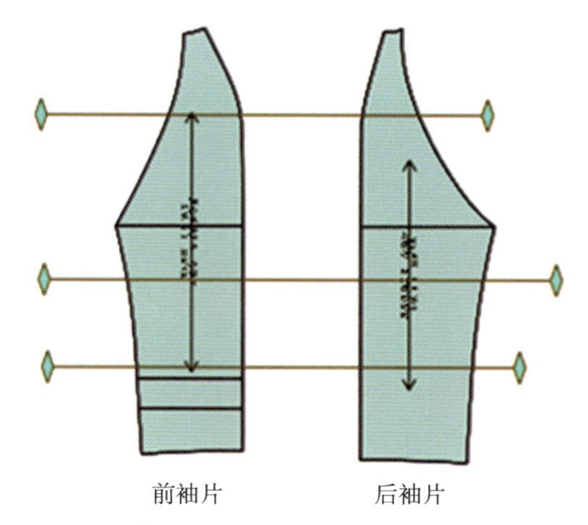

图4-191　同时输入放码线

【纸样对称】。将领面与领座以后中缝为对称轴，对称出另一侧。如图4-192所示。

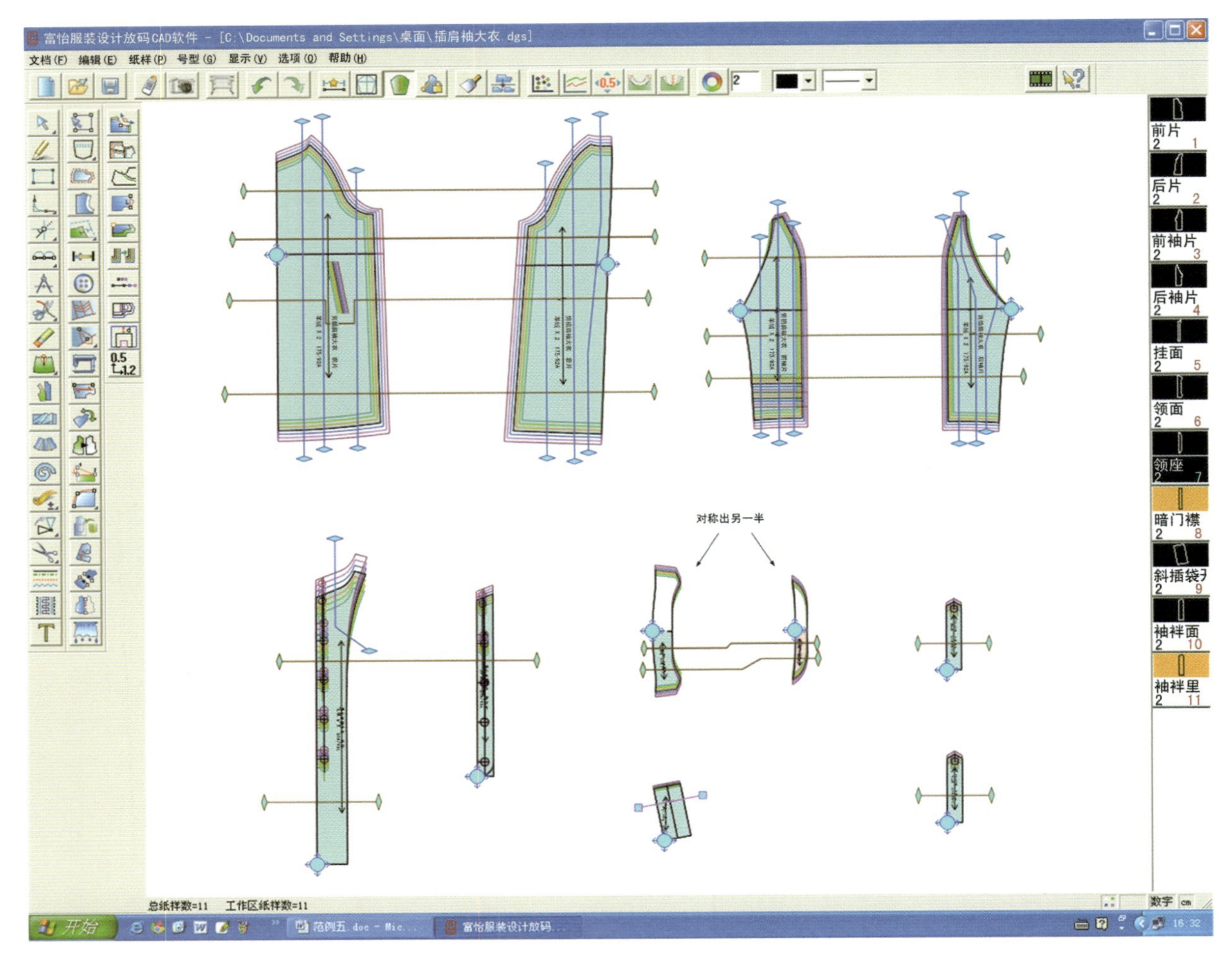

图4-192 全部衣片线放码

完成男插肩袖大衣纸样制作。

上述实例，运用RP-DGS不同的打板方法进行样片设计。希望读者通过跟随练习，充分领会与掌握RP-DGS强大的设计功能，打下坚实基础，并以此为基石，活学活用，使服装CAD发挥其应有的作用。

思考题

1. 作通褶和作半褶在纸样的处理上有何不同？

2. 在进行转省操作中，新省道和原省道的分布超过180度时，转省工具不能实现省道的转移，在这种情况下，还可以使用何种工具？

3. 对比点放码与线放码的特点，适合于哪类服装款式？

4. 在点放码或线放码过程中，在大于基码号或小于基码号中输入放码值时，推放结果有何不同，如何调整？

5. 放码线在衣片内的偏移对放码效果的影响程度。

练习

几款服装结构线图，供读者自行练习。

1. 高腰不规则下摆八片裙（图4-193）

单位：cm

腰围（W）	臀围（H）	裙长（L）
68	92	78

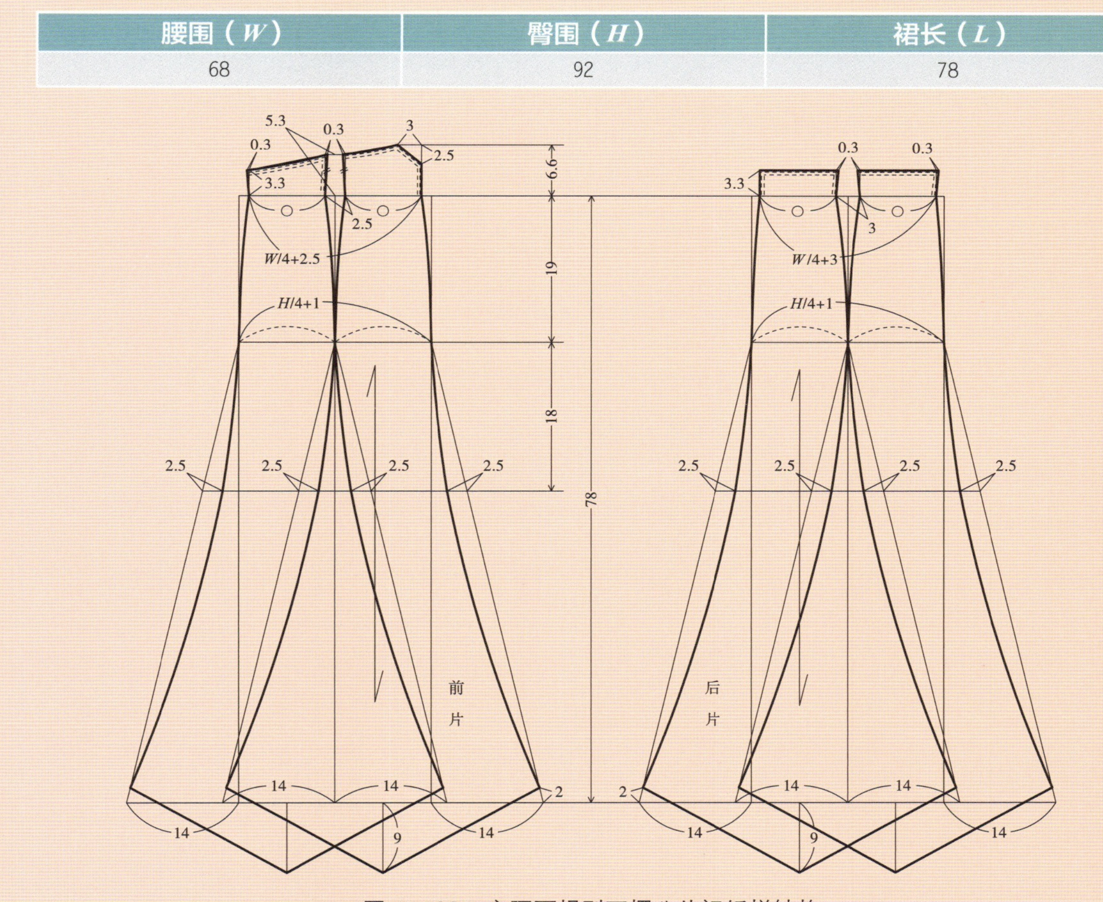

图 4-193　高腰不规则下摆八片裙纸样结构

2. 飞袖翻领女衬衫（图4-194）

单位：cm

号型	胸围（B）	衣长	腰围（W）	臀围（H）	肩宽（S）	袖长
160/84A	92	58	76	96	39	10

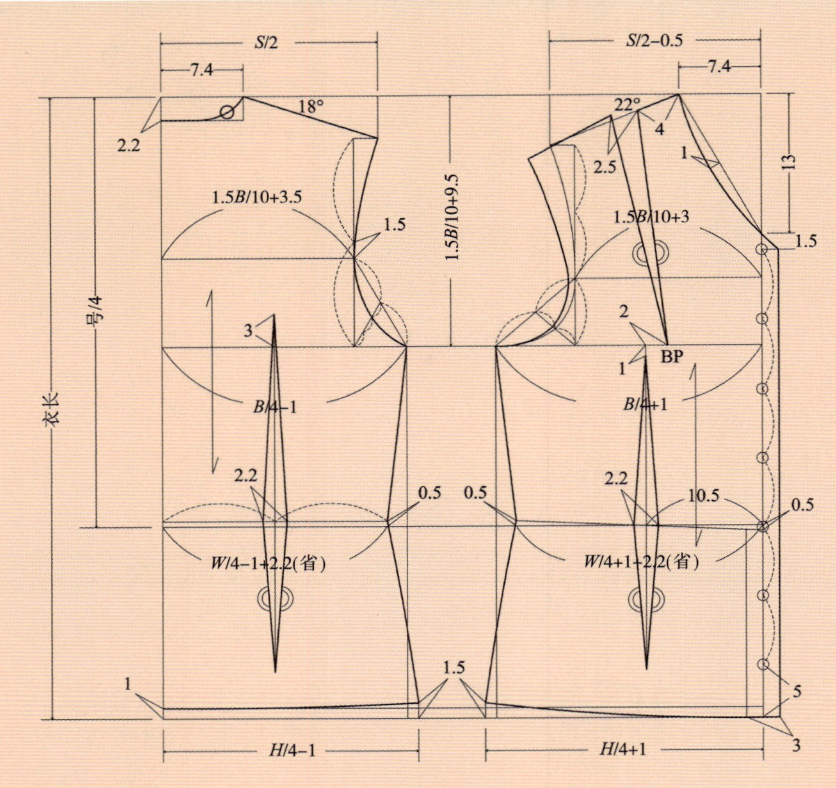

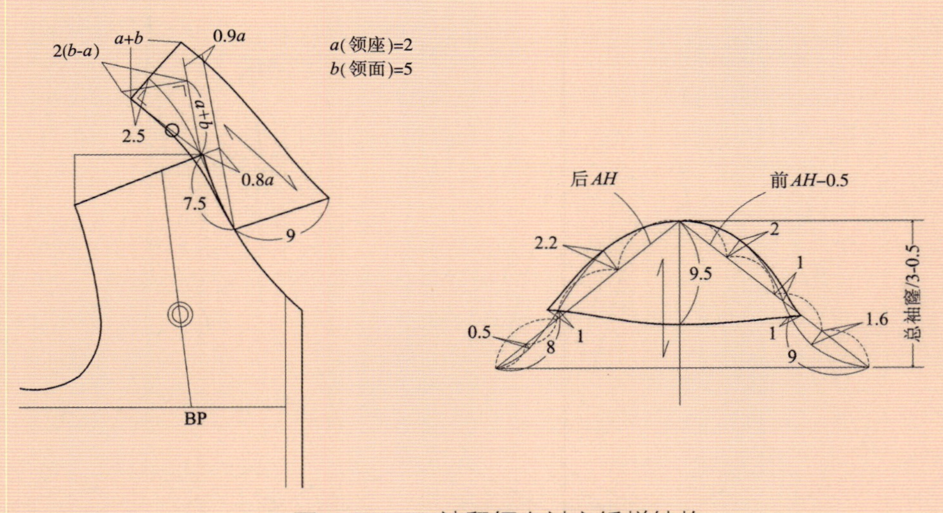

图4-194　飞袖翻领女衬衣纸样结构

3. 侧开领连袖连身裙（图4-195）

单位：cm

衣长	肩宽（S）	臀围（H）
118	40	100

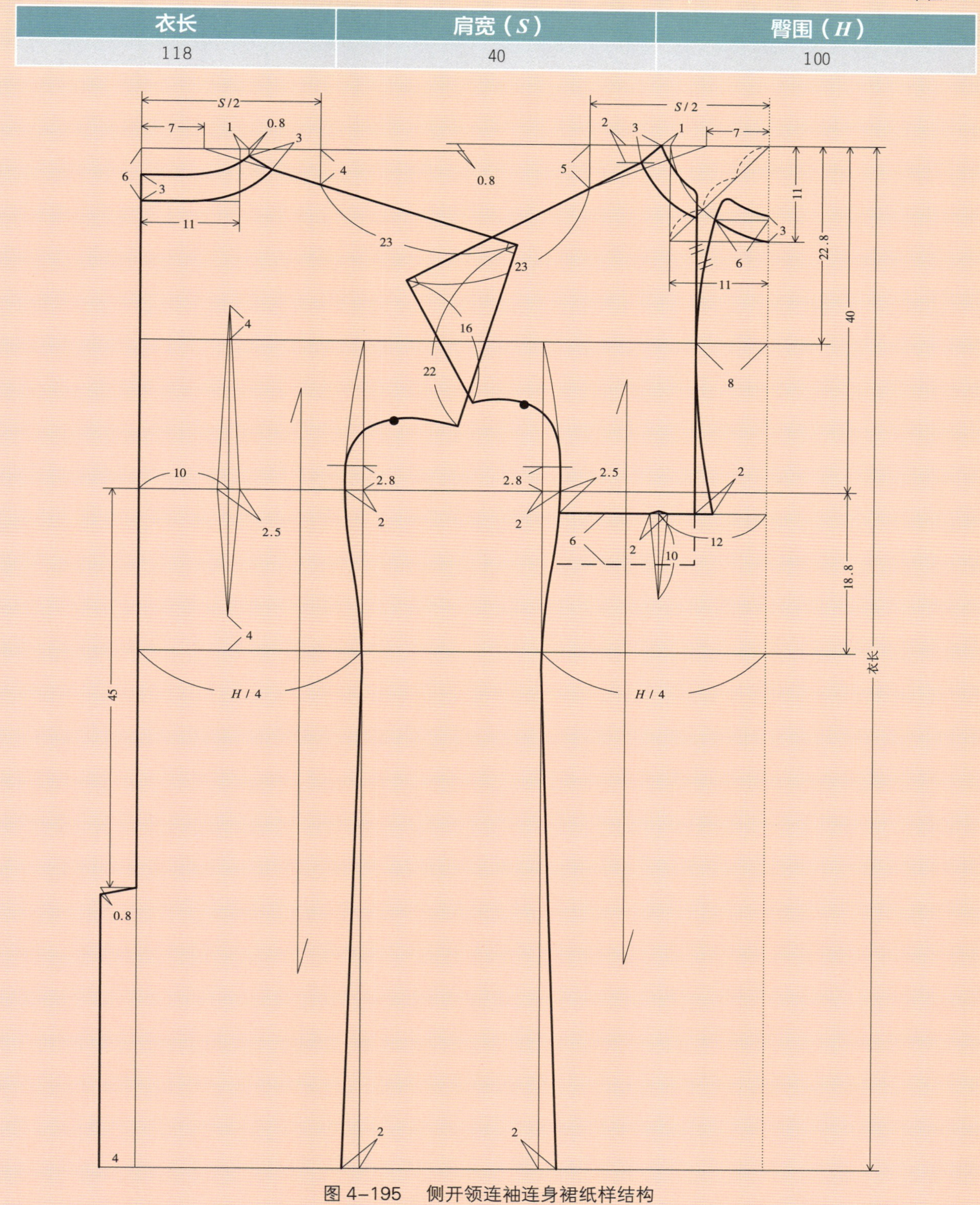

图 4-195 侧开领连袖连身裙纸样结构

4. 女插肩袖风/大衣（图4-196）

单位：cm

号型	胸围（B）	衣长	背长	袖长（SL）
160/86A	112	96	38	62

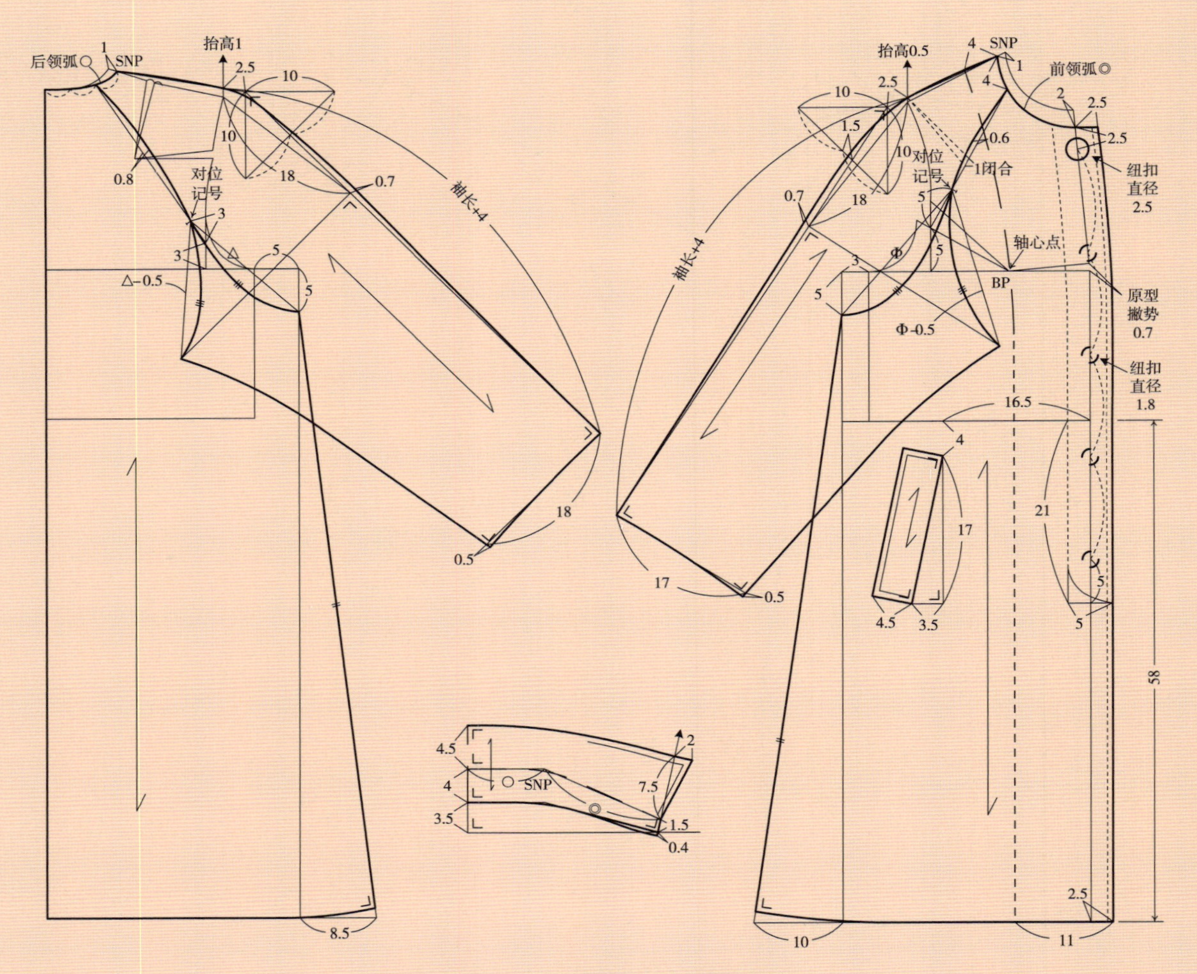

图4-196 女插肩袖风/大衣纸样结构

5. 男式夹克（图4-197）

单位：cm

号型	后衣长	胸围（B）	肩宽（S）	领围（N）	袖长（SL）	袖克夫长
175/88A	65	116	50	50	60	27

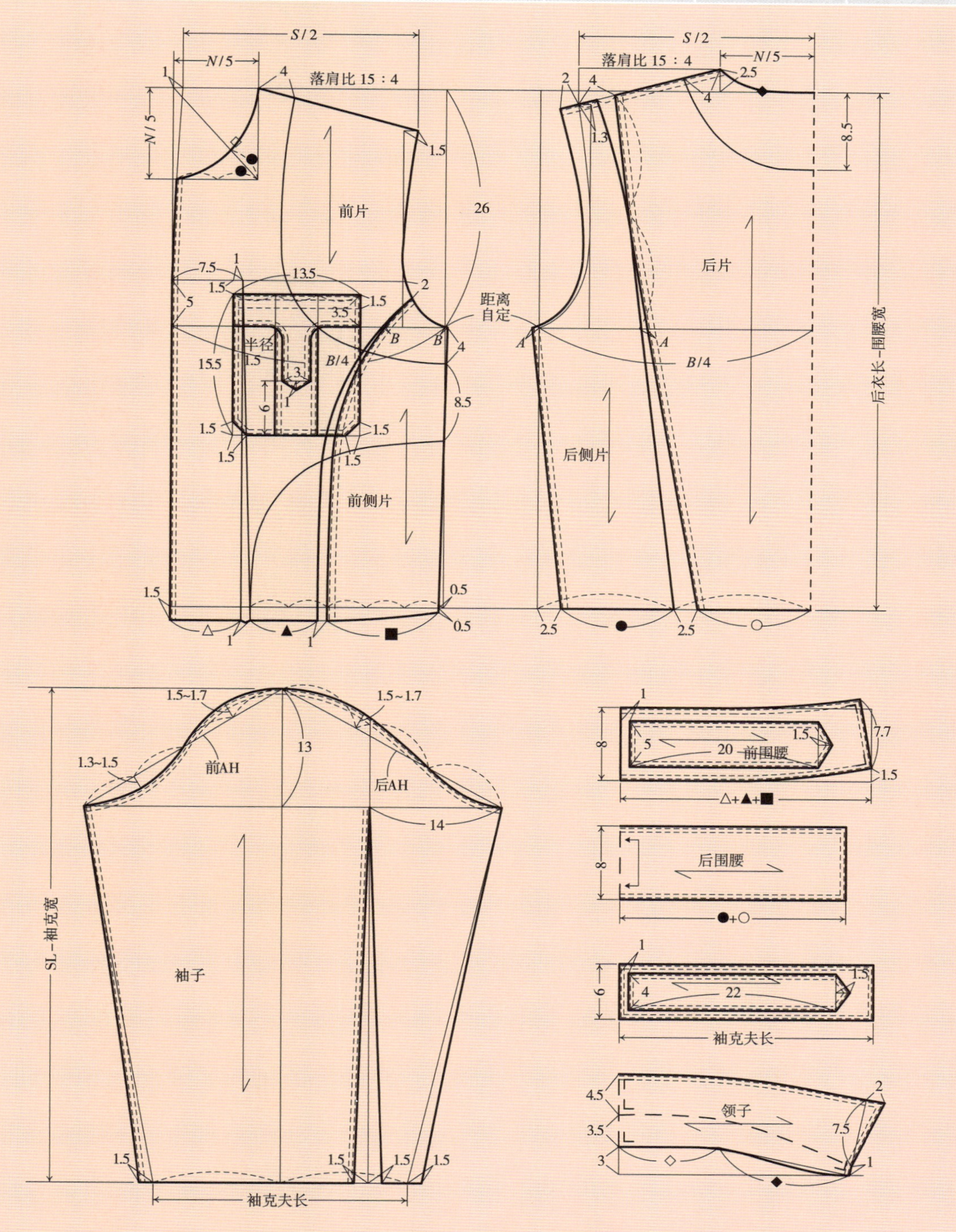

图4-197　男式夹克纸样结构

第五章

服装 CAD 系统间的数据交换

学习重点

1. 了解国内外主流服装CAD系统的文件输出格式以及国际标准常用的转换格式。
2. 熟悉不同系统通用DXF格式的导出与导入方式。

学习难点

1. 服装CAD系统的标准DXF格式文件为AAMA/ASTM。
2. 力克系统如何导出/导入通用DXF格式文件。

随着服装加工业全球化的发展趋势，服装CAD系统，包括企业资源计划（ERP）系统的应用越来越广泛，信息交换的频率越来越高。服装的设计资料、款式资料、工艺资料、生产单以及管理信息等主要数据常以图形/图像、文本等不同的格式应用于保存，各CAD系统间的款式档案、纸样、排料文件等的数据交换尤显重要，也是服装CAD开发商需要解决的问题。

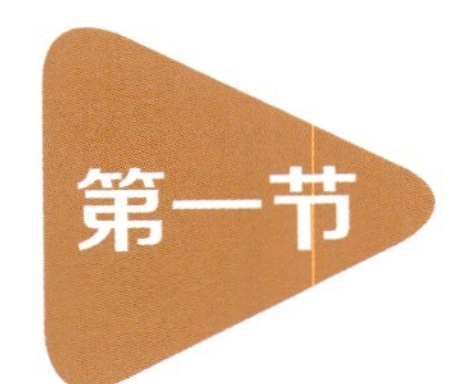

第一节 服装CAD系统文件的数据格式与交换

一、目前常见的国内外主流服装CAD文件数据格式

CAD数据交换包括许多将数据从一种CAD系统转换到另外一种CAD文件格式的软件技术及方法。其中主要的问题就是几何元素如网格、曲面以及实体造型之间的转换，以及属性、元数据、装配结构以及特征数据的转换。

大多数的服装CAD系统的文件数据格式设计为内部执行模式，一般来说，不对其他服装CAD系统开放。现以市场上主流的服装CAD系统为例。

（1）美国格柏CAD系统：GERBER Accumark打板/放码，文件格式：Accumark款式档案，Accumark样片资料，Accumark排板图。

（2）法国力克CAD系统：LETRA Modaris打板/放码，文件格式：款式档案*.mdl，衣片格式*.iba，尺码格式*.vet。

（3）国产富怡CAD系统：Richforever V9.0系统，纸样资料*.dgs，排料资料*.mkr。

（4）国产日升CAD系统：NACPro系统，样片资料*.pac，排料资料*.amk。

（5）国产布易CAD系统：ET系统，样片资料*.pdf。

上述可见，各款服装CAD系统的文件资料均为自定义格式，各CAD系统之间无法直接交换数据资料。需寻求一种各方可行的解决方案。

二、国际上常用的CAD/CAM数据交换解决方案

上面提到几款国内外主流的服装CAD系统，占到国内服装企业CAD系统应用的75%以上。不同系统间的款式档案、纸样、排料文件等的数据交换，最简单的方法就是相互开放数据格式，能够直接读取对方的文件数据，从而实现系统间的数据转移，将极大方便用户使用。由于种种原因，目前商业化的服装CAD系统之间的数据格式相互不开放，使得服装CAD系统之间无法直接进行数据交换。目前，只有美国格柏和法国力克系统较新的版本能够实现相互之间数据的读取。相对于其他不能直接读取数据的系

统，一般采取一种常用的转换格式作为转换的中间格式。一个CAD系统输出这种格式，另外一个CAD则读取这种格式，实现数据的转换。

目前已成为国际标准常用的转换格式有：

（1）**初始化图形交换规范（IGES，Initial Graphics Exchange Specification）**：定义基于计算机辅助设计与计算机辅助制造系统电脑系统之间的通用ANSI信息交换标准。

（2）**产品模型数据交互规范（STEP－ISO 10303，Standard for the Exchange of Product Model Data）**：是国际标准化组织制定的描述整个产品生命周期内产品信息的标准。提供了一种不依赖具体系统的中性机制，旨在实现产品数据的交换和共享。

（3）DXF：Autodesk公司开发的用于AutoCAD与其他软件之间进行CAD数据交换的CAD数据文件格式，是一种基于矢量的ASCII文本格式，开源的CAD数据文件格式。

（4）AAMA/ASTM：服装CAD系统最为常用的转换格式为AAMA/ASTM，是基于DXF的通用图形交换格式。一般的服装CAD系统都集成了这两种格式的导入与导出模块，通过磁盘存储媒介或网络环境等，实现CAD系统之间的数据交换。

第二节 服装CAD系统导入/导出AAMA/ASTM格式

一、富怡系统导入/导出AAMA/ASTM格式

一、富怡系统 V9.0

富怡 V9.0 打板系统内部数据格式为 *.dgs，属于自定义格式，非通用格式。因此，用富怡系统制作的衣片纸样图文件必须经过转换才能与其他 CAD 系统进行交换。富怡 V9.0 集成了 AAMA/ASTM 的转换功能，通过该转换功能，可以将富怡的自定义格式导出为通用的 AAMA/ASTM 格式文件，供其他 CAD 系统读取，也能导入其他 CAD 生成的 AAMA/ASTM 格式文件或通用 DXF 格式文件。利用此功能还可提供给 3D 模拟系统（如美国格柏的 V-sticher、法国力克的 3D FIT，或韩国 CLO Virtual Fashion 公司的 Marvelous Designer 等系统）进行 2D 与 3D 的转换，生成逼真的 3D 立体着装效果或动态展示效果。

（一）导入AAMA/ASTM格式文件

导入 AAMA/ASTM 格式文件的操作方法，从菜单栏选择【文件】—【打开 AAMA/ASTM 格式文件】，如图 5-1 所示。从弹出的对话框中选择需要导出 AAMA/ASTM 格式纸样的文件夹，确认文件名，打开。如图 5-2、图 5-3 所示。

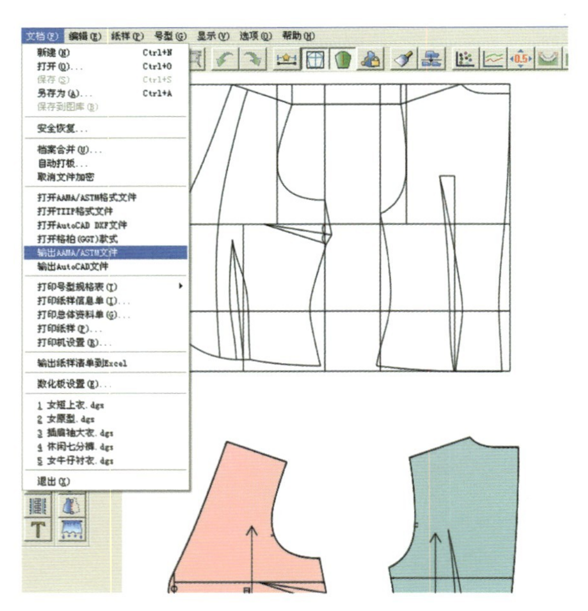

图 5-1　打开 AAMA/ASTM 格式文件

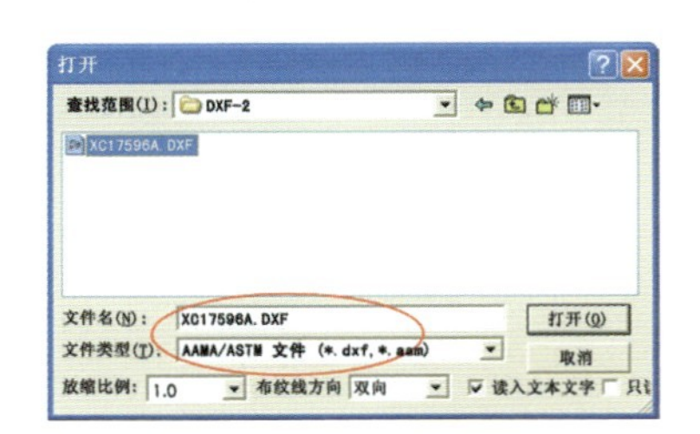

图 5-2　选择 AAMA/ASTM 文件

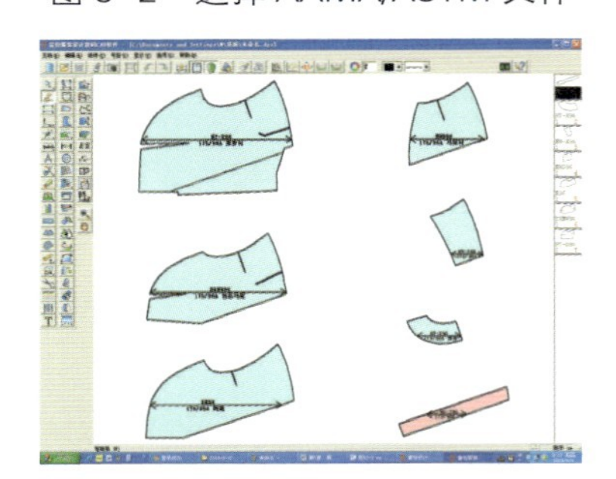

图 5-3　打开 AAMA/ASTM 纸样

（二）导出AAMA/ASTM格式文件

富怡V9.0打板系统格式文件的导出过程类似于打开方式。先选择纸样，再从菜单栏选择【文件】—【输出AAMA/ASTM文件】，如图5-4所示。从弹出的对话框中选择需要导出AAMA/ASTM格式纸样的文件夹，确认文件名，确定。

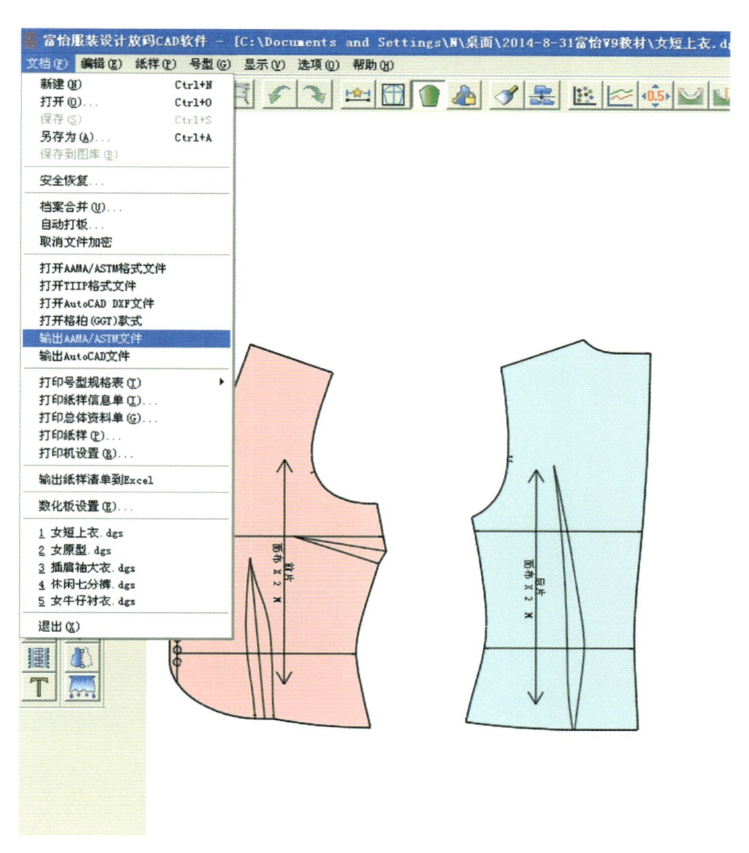

图5-4 导出AAMA/ASTM格式文件

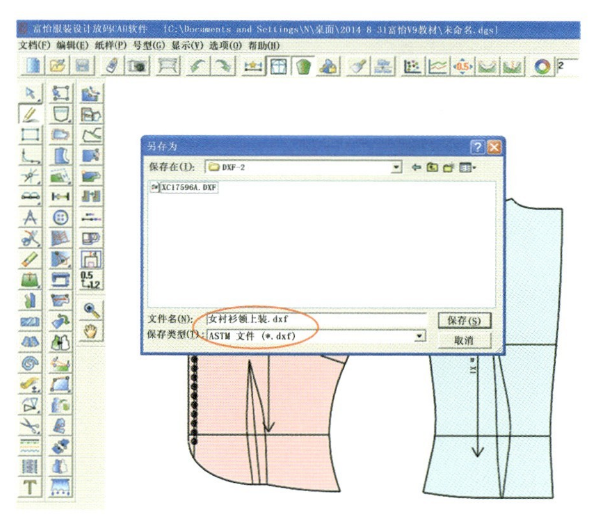

图5-5 选择存放的文件夹

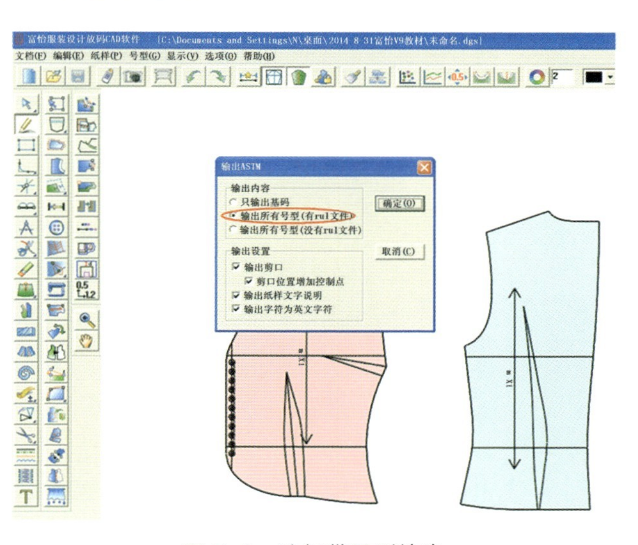

图5-6 选择带号型输出

二、格柏系统导入/导出AAMA/ASTM格式

美国格柏面世于20世纪70年代，为世界上首个开发的服装CAD系统，经过40多年的实际应用与版本升级，成为目前世界上功能最全、应用最广的服装CAD系统之一。涵盖零售、制鞋和服装市场，提供产品生命周期管理（PLM），产品数据管理（PDM），计算机辅助设计（CAD）自动化解决方案，自动化裁割及铺布系统（物料铺放），航空航天、预制件和建筑市场，层料裁剪、激光放样和激光检测解决方案。

格柏Accumark除了能够直接打开AAMA/ASTM格式文件外，还能直接打开法国力克系统的款式档案文件、标准的DXF文件和IGES格式文件，同时也能够生成AAMA/ASTM格式文件，极大地方便了用户。

（一）导入AAMA/ASTM格式文件

打开格柏Accumark（需V8.1以上版本）样片设计PDS系统，从菜单上点击【打开】图标，弹出【打开】对话框。如图5-7所示。再点击对话框中的“文件类型”，下拉出格柏系统所支持的文件格式列表，从中选择AAMA/ASTM（*.dxf）。如图5-8所示。

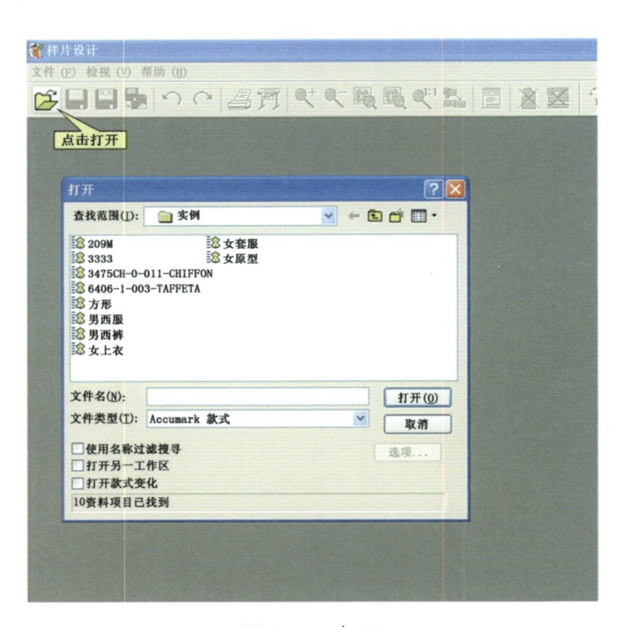

图5-7　打开

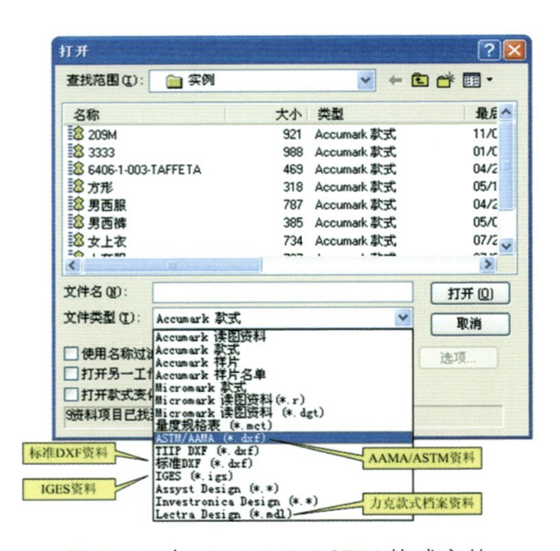

图5-8　打开AAMA/ASTM格式文件

在存放AAMA/ASTM（DXF）格式文件夹中选中需要打开的款式文件，按“打开”。打开过程中，系统会核对样片，并显示出“导入报告”，此时检查报告是否有报错？若准确无误，可关闭“导入报告”。导入的样片会显示在栏内，再移入工作区内。如图5-9、图5-10所示。

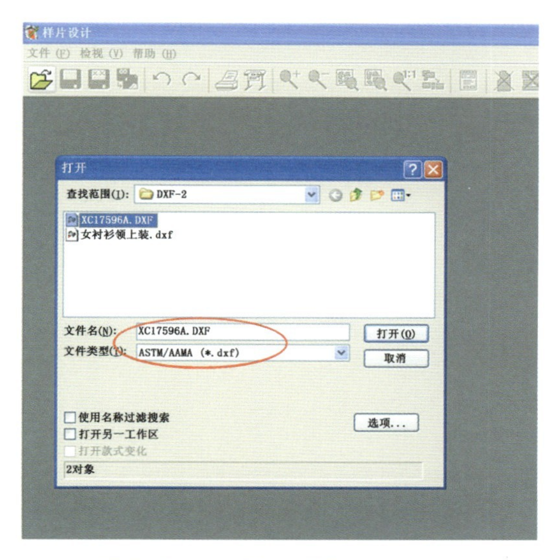

图 5-9　选中需要打开的款式文件

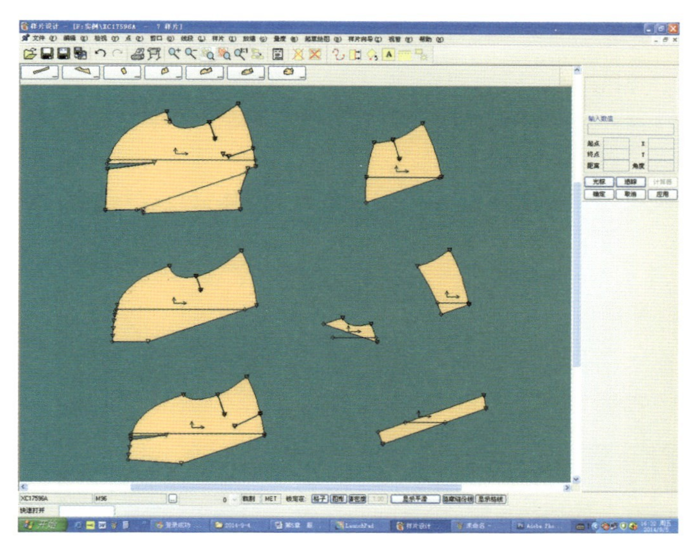

图 5-10　导入的样片

（二）导出 AAMA/ASTM 格式文件

打开格柏 Accumark 样片设计 PDS 系统，开启需要导出的款式档案（本例为 3475 CH-0-011-CHIFFON），从菜单中下拉【文件】—【导出（X）】，如图 5-11 所示。PDS 右上角提示“选择需要输出的样片”，如图 5-12 所示。左键点击任一需要导出的样片，弹出【导出】对话框，先选择导出样片存放的文件夹，输入样片文件名（一般来说，PDS 直接确定样片文件名，除非需要重命名）。再点击【保存类型】，从下拉栏中选择 AAMA（*.dxf）或 ASTM（*.dxf），然后点击保存。如图 5-13 所示。

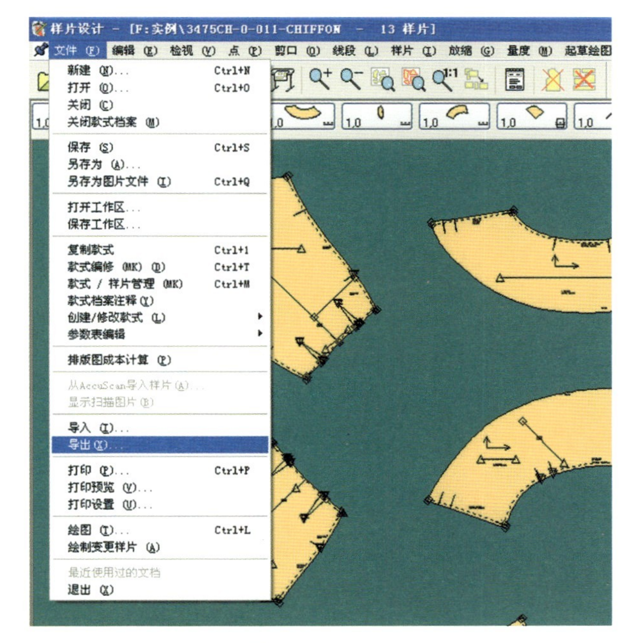

图 5-11　导出

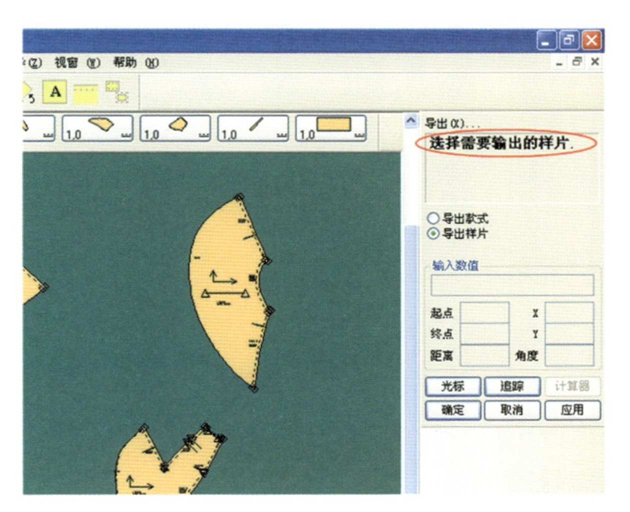

图 5-12　PDS 提示

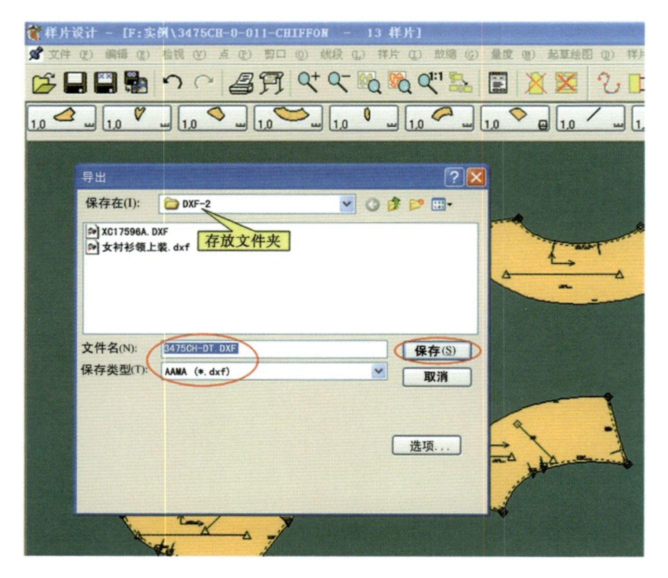

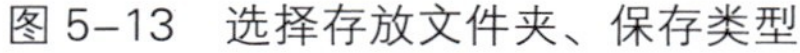
图 5–13　选择存放文件夹、保存类型

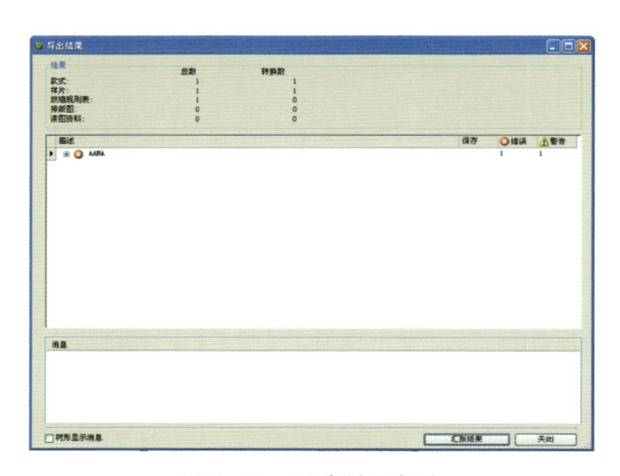

图 5–14　导出结果报告

系统弹出【导出结果】对话框，如图 5–14 所示。对话框显示出导出的样片的信息，如仅有个别报错信息，通常对导出的样片不会造成多大的影响，可以不用理会，关闭对话框，再选择下一个需要导出的样片。若出现多个报错信息（3 个以上，如放缩规则、线属性、剪口等），将会对导出的样片产生较大的影响，则需要按系统提示查找报错原因，消除报错原因后才可正常导出。

待该款式档案的全部样片逐一导出后，可打开存放样片的文件夹，再次确认导出的样片数量是否齐全，文件类型是否符合到处要求。如图 5–15 所示。

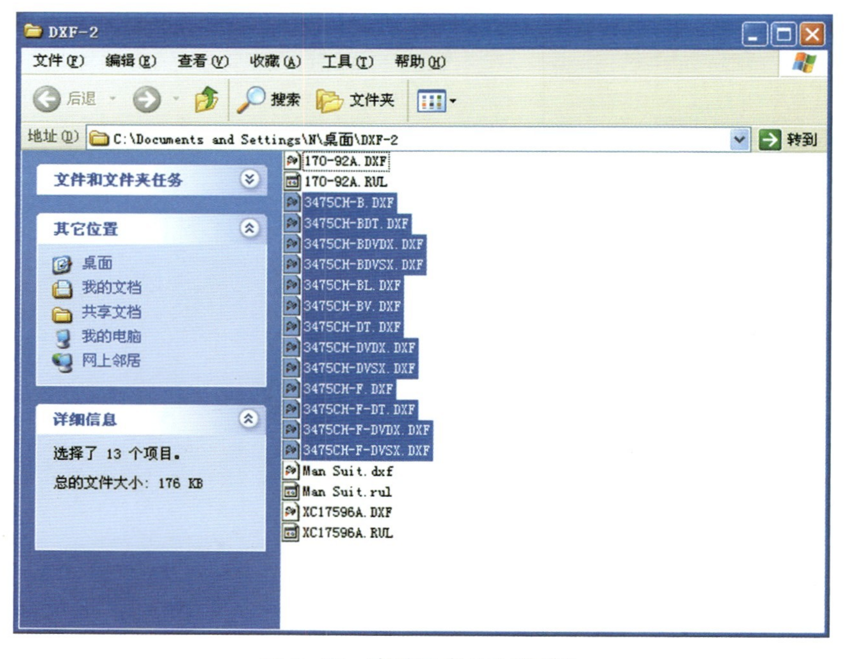

图 5–15　查看导出的全部样片

三、力克系统导入/导出AAMA/ASTM格式

法国力克系统是国际上另一主流CAD开发商，是CAD/CAM整合技术解决方案的全球领导者，提供的产品不仅可实现从产品设计、开发及制造的自动化操作，还可简化并加快整个过程。力克为时尚业（服装、饰件、鞋类）、汽车（汽车座椅、内饰和气囊）、家具及其他行业（如航天、船舶、风力发电及个人防护装备等）开发最先进的专业化软件和裁剪系统，并提供相关支持。

力克打板系统内部数据格式分款式资料与衣片资料，款式资料为*.mdl，衣片资料为*.iba（样片）与*.vet（放缩），属于自定义格式，非通用格式。力克系统的衣片纸样图文件必须经过转换才能与其他CAD系统进行交换。力克Modaris打板系统集成了AAMA/ASTM的转换功能，通过该转换功能，可以将力克的自定义格式导出为通用的AAMA/ASTM格式文件，供其他CAD系统读取。也可通过此转换功能读取其他服装CAD生成的AAMA/ASTM格式文件。

（一）导入AAMA/ASTM格式文件

开启力克Modaris系统（需V5R1以上版本），从菜单栏中选择【档案】—【输入】，如图5-16所示。弹出【Interoprability】对话框，如图5-17所示。对话框中列出的文件夹均为力克系统Modaris可导入的外部格式文件，如AAMA、ASTM、Gerber等。

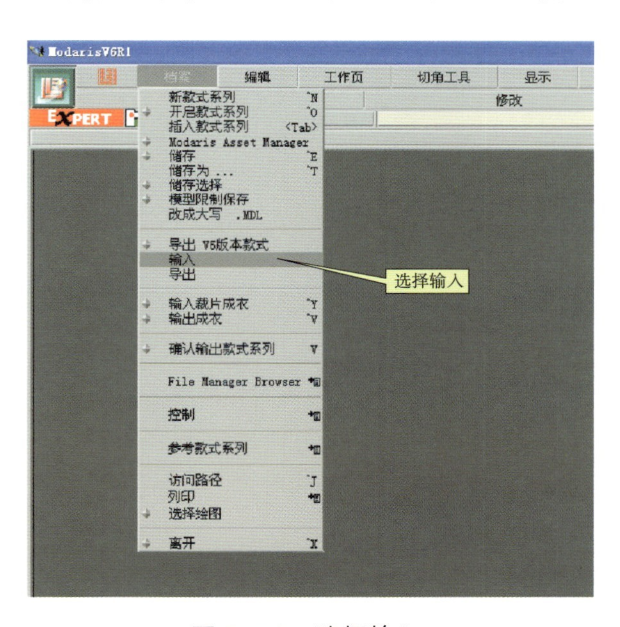

图 5-16 选择输入

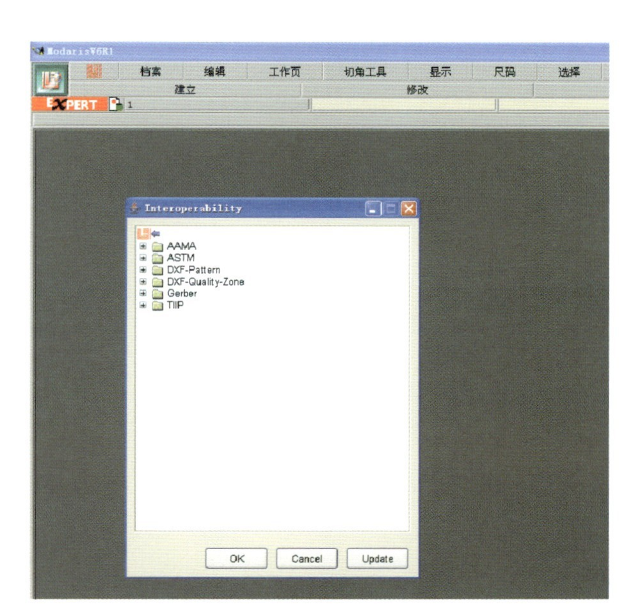

图 5-17 【Interoprability】对话框

在对话框中的AAMA或ASTM文件夹上按右键，选中New alias（新别名），弹出【New alias】对话框。在Alias name栏内新起一个导入的文件别名：如123，然后，在后面访问路径栏内查找源文件的存放文件夹，点【OK】，如图5-18所示。

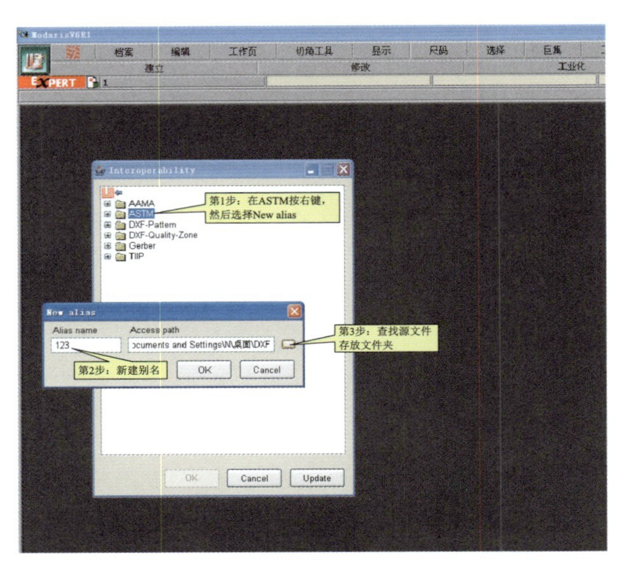

图 5-18　查找源文件存放位置

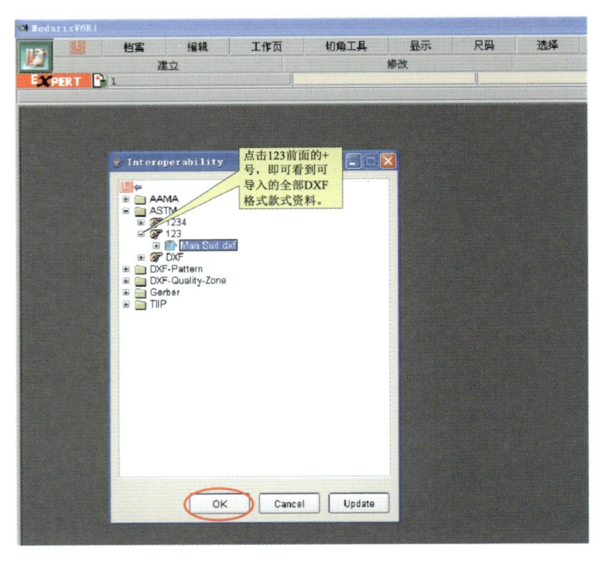

图 5-19　选择导入文件

然后，点击对话框中【123小手】前面的+号，即可看到可导入的全部DXF格式款式资料，选中需要导入的文件，点【OK】，如图5-19所示，导入完成。图5-20所示为导入的男西服款式资料。

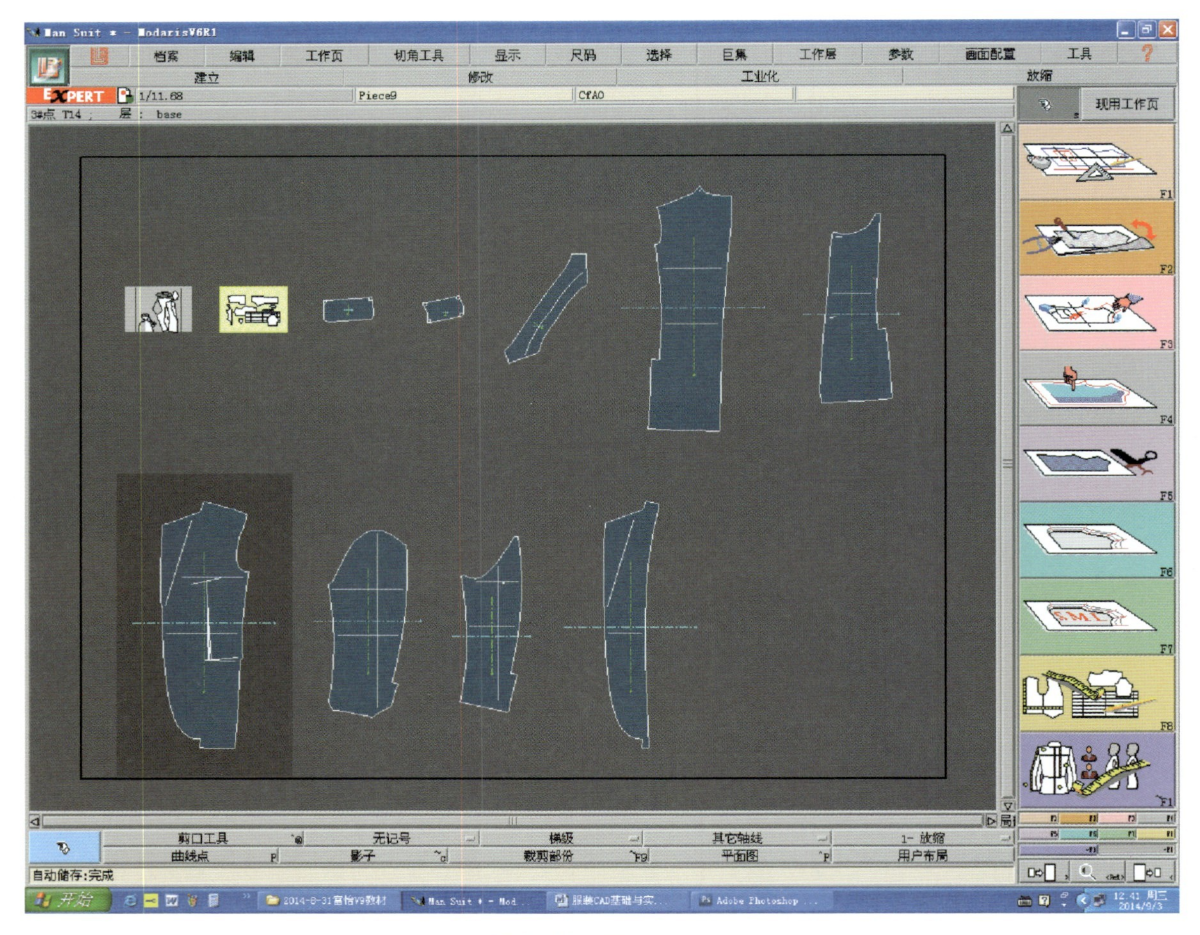

图 5-20　导入的衣片

（二）导出AAMA/ASTM格式文件

力克系统导出AAMA/ASTM格式文件的操作方式与导入相似，打开力克Modaris系统（需V5R1以上版本），先开启需要导出的款式系列XC175-96A.mdl。从菜单栏中选择【档案】—【导出】，如图5-21所示。弹出【Interoprability】对话框，如图5-22所示。

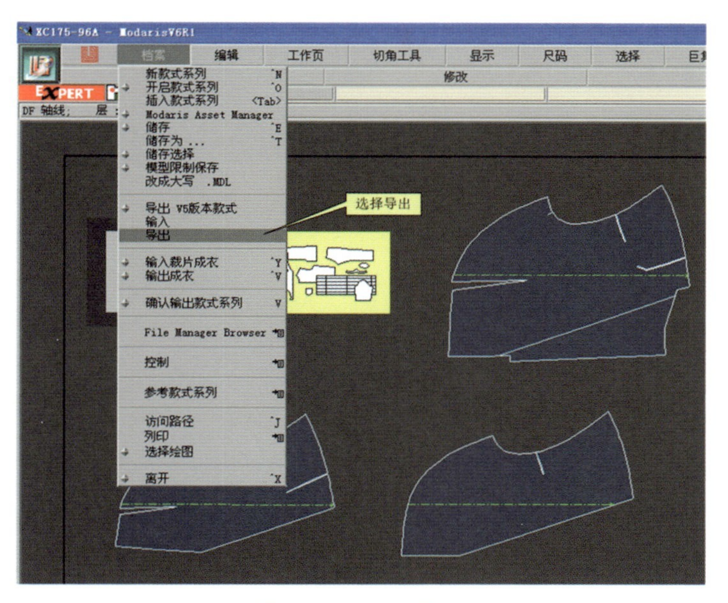

图 5-21 选择导出

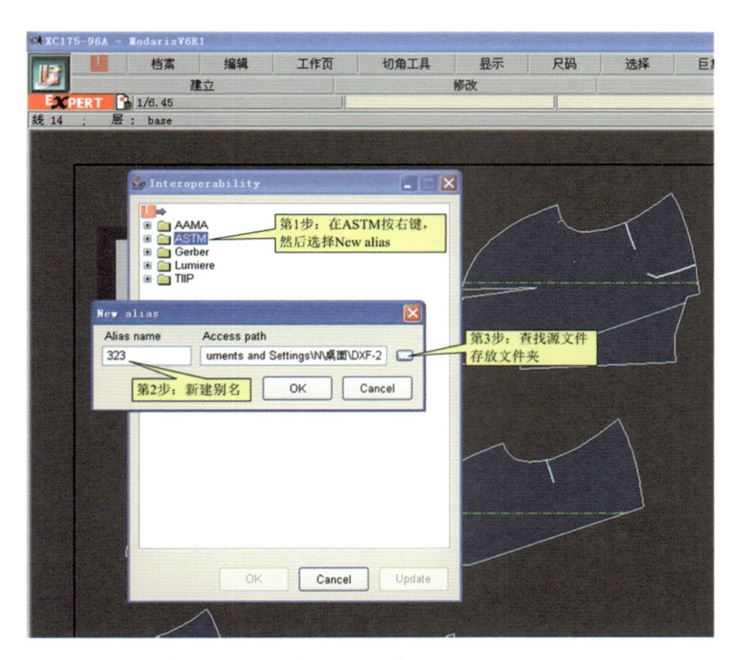

图 5-22 确定文件导出位置（文件夹）

在对话框中的AAMA或ASTM文件夹上按右键，选中New alias（新别名），弹出【New alias】对话框。在Alias name栏内新起一个导入的文件别名：如323，然后，在后面访问路径栏内查找源文件的存放文件夹，点【OK】，如图5-22所示。

然后，点击对话框中【323小手】前面的+号，即可看到即将导出的全部DXF格式款式及样片资料，点【OK】，如图5-23所示，XC175-96A.mdl款式系列成功导出，如图5-24所示。

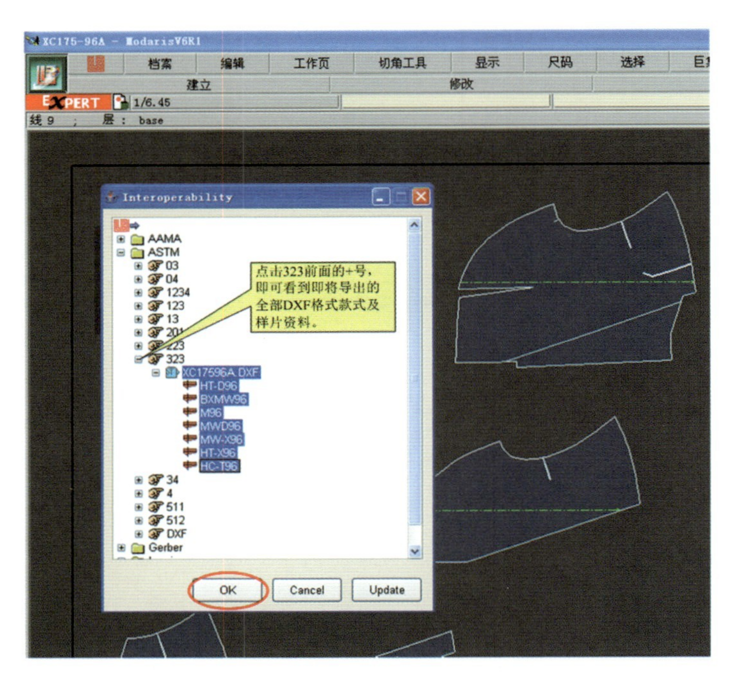

图 5-23　查看导出资料

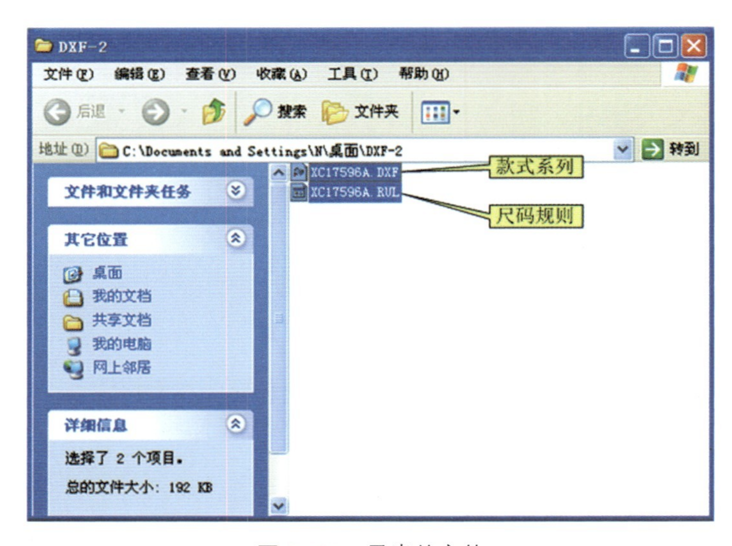

图 5-24　导出的文件

思考题

1. 不同厂商的服装CAD系统文件格式能否设定统一格式，相互之间直接读取？

2. 如何实现服装CAD系统文件的共享，有何设想？

第六章

二维纸样转换为三维服装

学习重点

1. 了解CLO 3D软件的特点与功能。

2. 了解系统主界面及菜单的构成。

3. 了解CLO软件各工具的功能，掌握各工具的操作方法。

4. 通过实际案例，掌握CLO 3D系统进行三维服装模拟的设计思路与操作流程，掌握各工具在三维服装模拟中的针对性使用方法，熟练应用CLO 3D软件进行三维服装模拟。

学习难点

1. 裁缝工具栏中各工具的使用方法。

2. 安排工具栏中各工具的使用方法。

3. 熟练掌握编辑头像——导入文件——安排板片——缝纫衣片——虚拟试衣——修改设计——添加面料——保存文件的操作流程。

CLO 3D是一款三维服装CAD软件。系统集成了板片绘制功能和虚拟试衣功能。二维样板可以在CLO 3D系统中直接绘制，也可以导入DXF文件。用户可以通过CLO 3D系统进行服装的三维模拟及动态展示，并且用户在修改二维纸样的同时可以实时看到3D视图中款式修改后的效果。

第一节 CLO 3D工作界面介绍

一、工作界面介绍

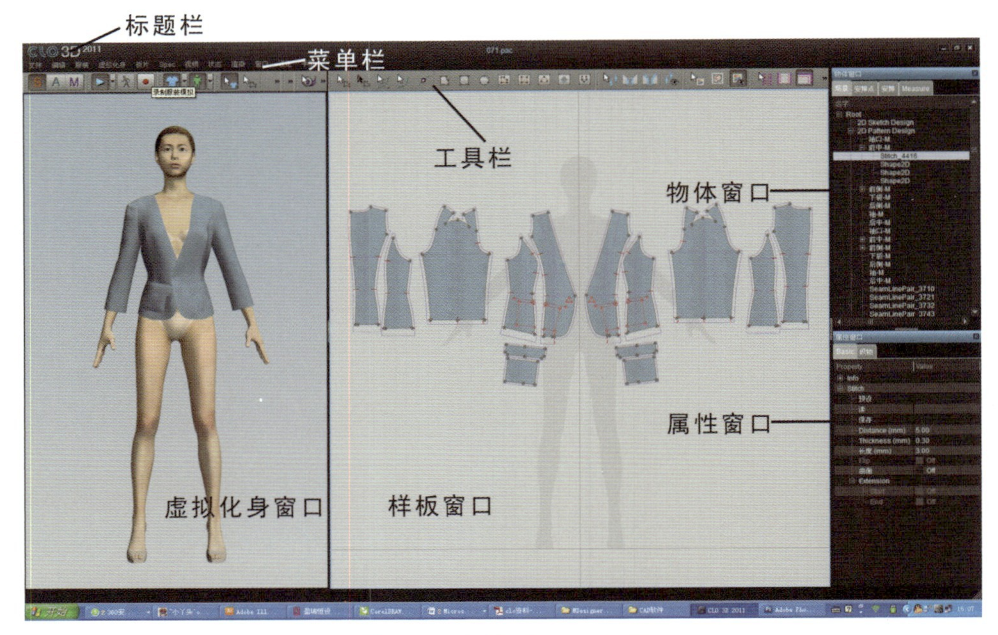

图 6-1　CLO 3D 工作界面

（1）标题栏：位于操作界面最上方的蓝色区域。

（2）菜单栏：包含了此软件的所有工具。分为文件、编辑、服装、虚拟化身、板片、spec、视频、状态、渲染、窗口、设定和手册12个菜单。对于常用命令，下拉菜单的右边给出了该命令的快捷方式。

（3）工具栏：常用工具以图标的方式放在工具栏中，方便操作者选择。

（4）虚拟化身窗口：此窗口可以给虚拟化身穿服装，也可以移动虚拟化身制造动画。

（5）样板窗口：用于二维样板的制作，设定裁缝线，编辑布料图像。

（6）物体窗口：包括场景、安排点、安排、Measure 4个窗口。可以展示系统中的所有物体，显示物体的属性值。

（7）属性窗口：包括基本属性和织物属性两个窗口。可以编辑样板、材质，调整面料的纹理、颜色及物理性能，设定样板的图层和厚度等。

二、菜单

（一）主菜单

CLO 3D系统的主菜单包括十二大类命令，应用菜单中的命令可以完成CLO 3D系统的所有任务。如图6–2所示。

文件　编辑　服装　虚拟化身　板片　Spec　视频　状态　渲染　窗口　设定　手册

图 6–2　CLO 3D 主菜单

（二）右键菜单

在虚拟化身窗口和样板窗口点击右键，可以弹出相应的右键菜单。右键菜单中的命令在主菜单中是不包括的，它的作用在于快速显示，方便操作。

1．虚拟化身窗口的右键菜单

在虚拟化身窗口的空白处点击鼠标右键弹出菜单，如图6–3所示。可以设定背景图像变更、光源、风。

在虚拟化身上面（注意光标不要点在服装上）点击鼠标的右键弹出菜单，如图6–4所示。可以设定虚拟化身的渲染风格、显示安排点、设定虚拟化身属性等功能。

在服装上面点击鼠标的右键弹出菜单，如图6–5所示。可以编辑样板的方向，重新安排样板等功能。

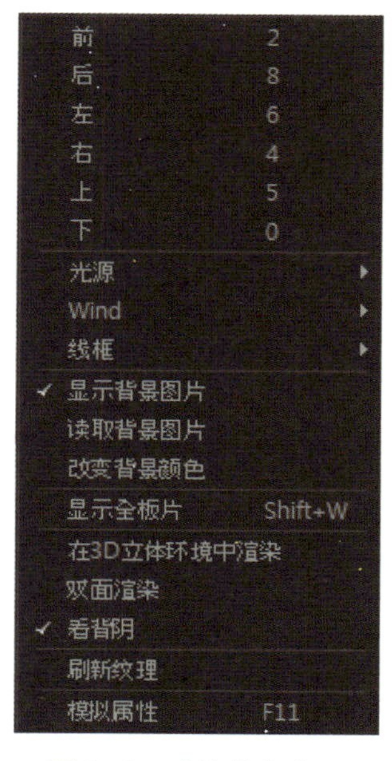

图 6–3　虚拟化身窗口右键菜单

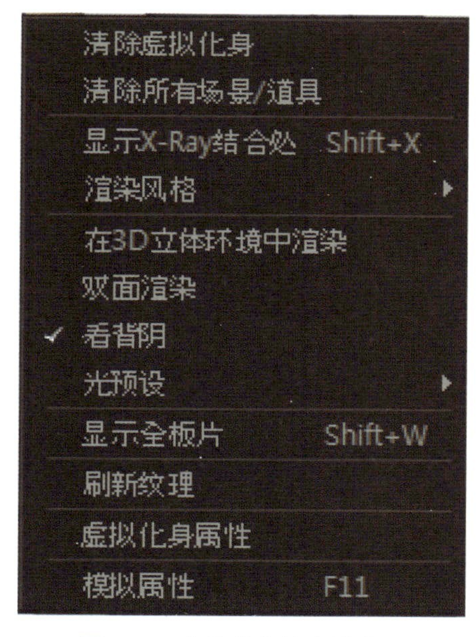

图 6–4　虚拟化身的右键菜单

图 6–5　服装的右键菜单

2．样板窗口的右键菜单

样板窗口的空白处点击鼠标右键弹出菜单，如图6–6所示。可以使用粘贴、网格设定、显示样板的各种信息设定等功能。

服装样板上面点击鼠标右键弹出菜单，如图6-7所示。可以复制或旋转样板，删除样板里面插入的纹理图像。

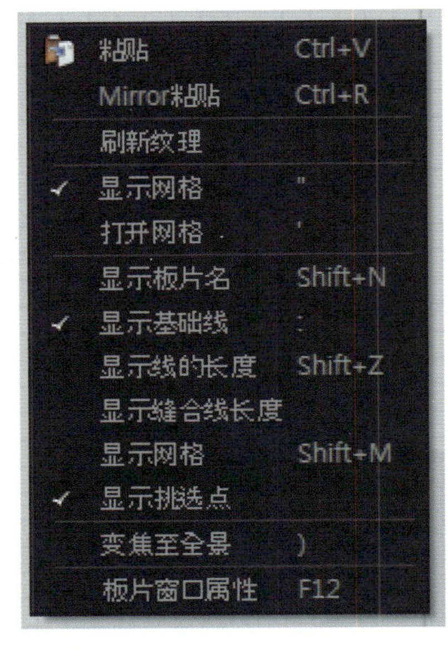

图6-6 样板窗口的右键菜单

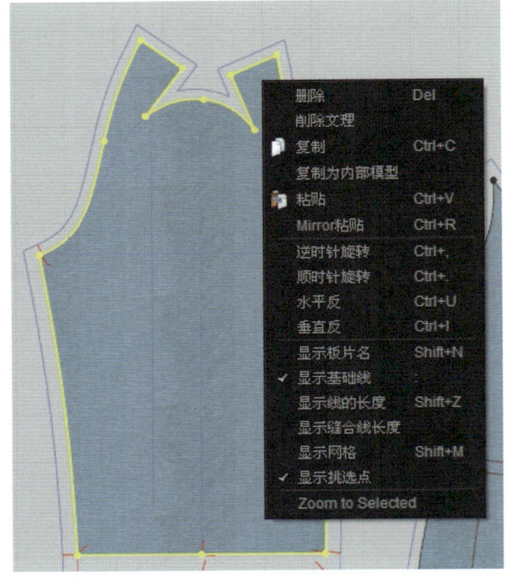

图6-7 服装样板的右键菜单

在点、线、裁缝线上面点击鼠标右键弹出菜单，如图6-8~图6-10所示。

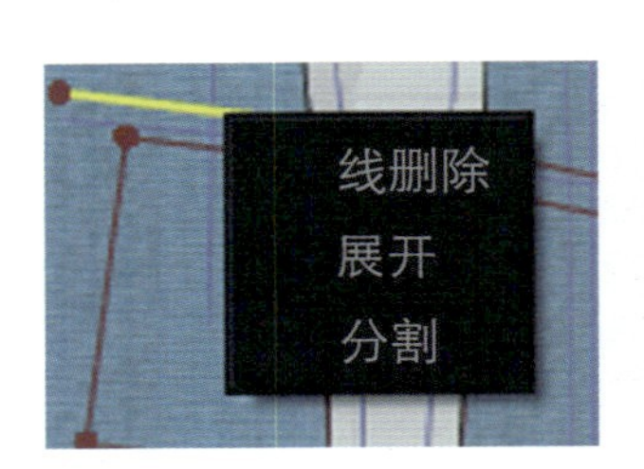

图6-8 线上的右键菜单

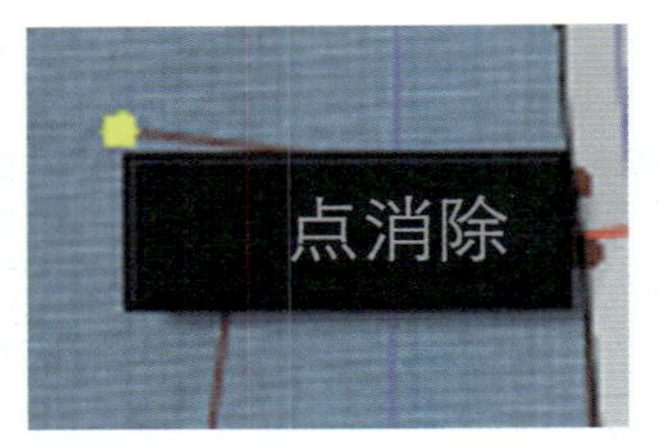

图6-9 点上的右键菜单

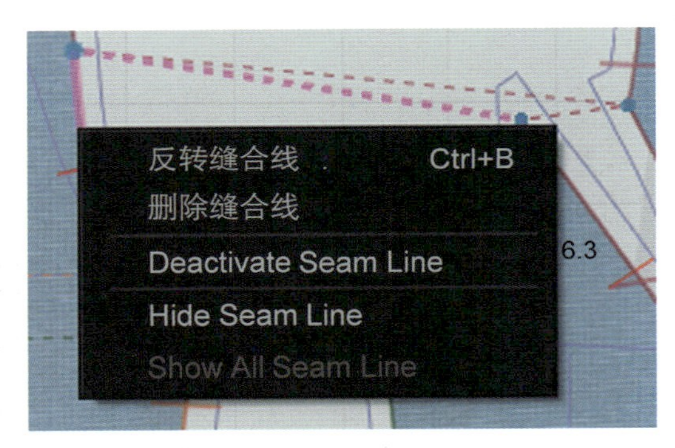

图6-10 缝合线上的右键菜单

三、查看控制

（一）移动画面

按住鼠标滚轮不松手拖动鼠标，可以移动画面位置。

（二）扩大/缩小画面

滚动鼠标滚轮扩大或缩小画面，或者同时点击鼠标左键和右键拖动鼠标。

（三）旋转虚拟化身

在虚拟化身窗口点击鼠标右键拖动可以把画面旋转，便于操作者从各个角度观察虚拟化身。此操作只能在虚拟化身窗口操作。

第二节 基本工具操作方法

一、样板设计工具（图6-11）

图6-11 样板设计工具

（一）编辑样板

1. 编辑板片（Z）

（1）功能： 选择修正样板或内部图形的点，线。

（2）操作：

① 选择整个样板：选择该工具，把光标移动到样板上，样板上的线变成蓝色，光标变成十字形，这时单击鼠标，线的颜色变成黄色，表示选中整个样板。如果要一次选中多个样板，可以框选，或者按住【Shift】键连续单选样板。如图6-12所示。

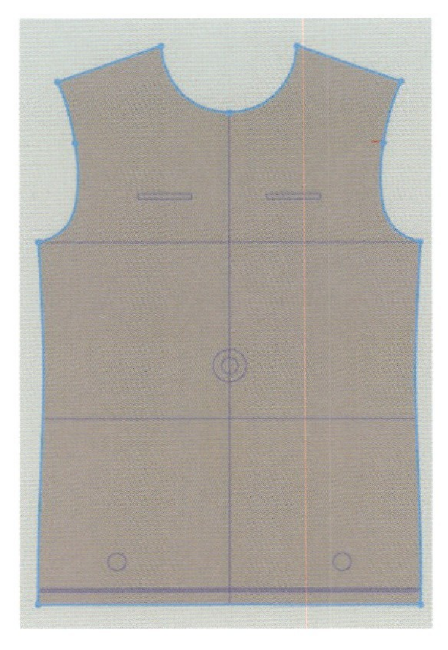
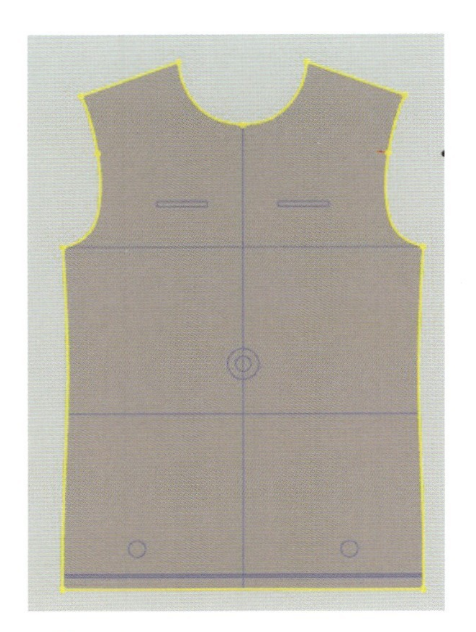

图6-12 选择样板

② 移动样板：选中样板后，按住鼠标拖动可移动整个样板。

③ 选择和移动样板中的某条线和点：光标移动到某条线或点上时变成▫，单击可以选中某条线或点，按住鼠标拖动，可以移动选中的线或点。如图6–13所示。

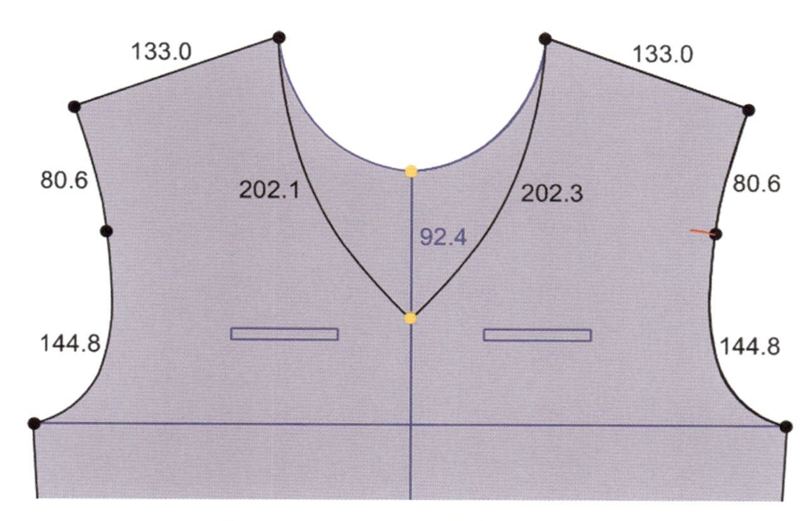

图 6–13　选择和移动样板中的线和点

2. ▫传输样板（A）

（1）**功能：**以样板或内部图形为单位移动或调整样板大小。

（2）**操作：**

① 移动样板：用该工具在样板上单击，按住鼠标拖动可移动整个样板。当多个样板排列在一起，利用【编辑板片】工具选择某个板片比较困难时，可以使用【传输样板】工具进行选择。如图6–14所示。

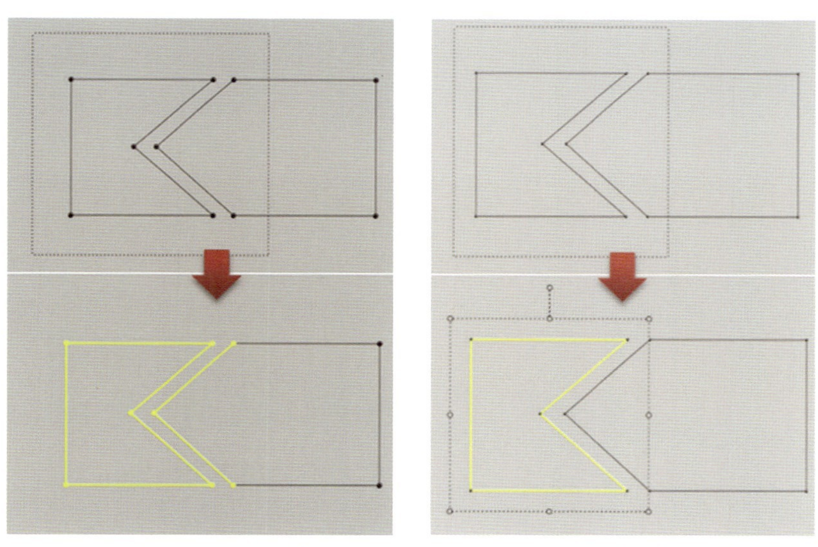

（a）编辑板片工具指定领域　　（b）传输板片工具指定领域

图 6–14　用编辑板片和传输板片工具选择样板

② 调整样板大小：鼠标拖动4个角的控制点可以等比例放大或者缩小样板；拖动4个边中点的控制点可以改变样板的长或者宽，拖动选择框外的把手可以旋转样板。如图6–15所示。

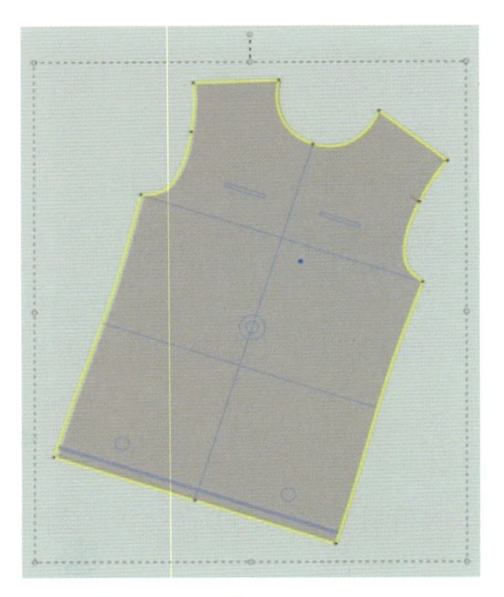

图 6-15 调整及旋转样板

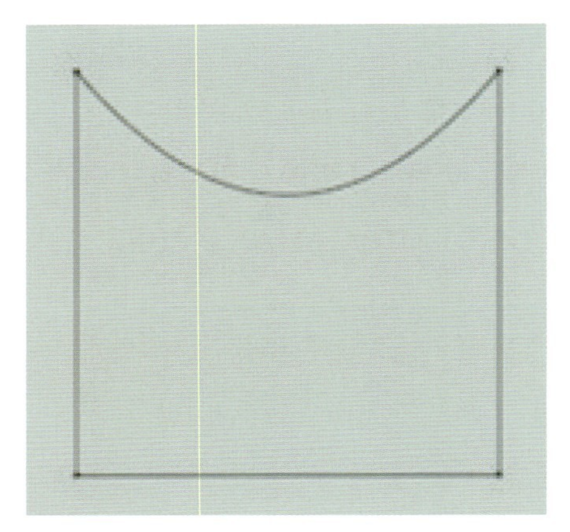

图 6-16 编辑曲线

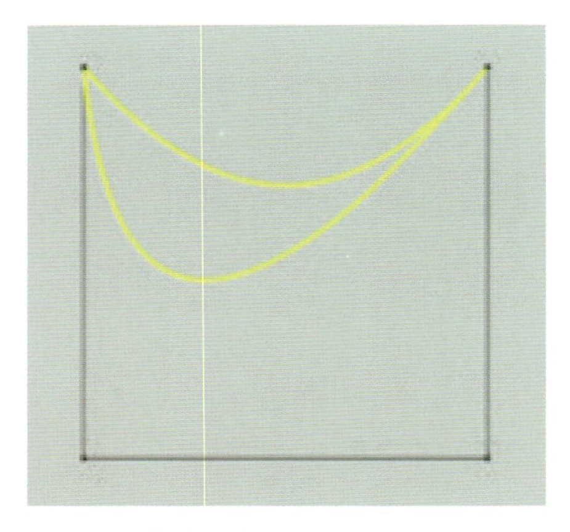

图 6-17 编辑曲线点

3. 编辑曲线（C）

（1）功能：直线换曲线或编辑曲线的曲率。

（2）操作：用该工具在要修正的直线上单击并拖动，直线可以转换成曲线。如图6-16所示。

4. 编辑曲线点（V）

（1）功能：移动曲线的曲线点或追加曲线点。

（2）操作：

① 用该工具在要修正的曲线上单击并拖动，可以修正曲线的形状。

② 删除点：选择曲线上的点按【Delete】键可以删除点，或在要删除的点上单击右键选择“点删除”。如图6-17所示。

5. 加点/分线（X）

（1）功能：在线上加点或把一条线分割成多段。

（2）操作：

① 增加点：用该工具在线段上单击鼠标左键即可在任意位置增加点。

② 在特定位置增加点：如果需要在某一特定位置处加点，在需要加点的线上单击鼠标右键，弹出【分裂线】对话框，在“长度#1”或“长度#2”栏中输入尺寸，单击【OK】即可。

③ 按设定的长度增加点：在【分裂线】对话框中选择【按长度分割】，在【段长度】栏中输入数值，表示从线段的一个端点开始，每隔此长度增加一个点。如需改变起始点的方向，选择【相反方向】。

④ 按设定的个数分割线段：在【分裂线】对话框中选择【标准分割】，在【线的数量】栏中输入等分数，单击【OK】即可。

（二）生成样板

1. 生成多边形样板（A）

（1）功能：生成多边形样板。

（2）操作：

① 用该工具在样板窗口单击左键确定第一点，光标移动到终点双击鼠标左键，完成直线的绘制。

② 用该工具在样板窗口连续单击左键绘制多边形。最后一点要在起始点附近单击，图形才能封闭。如图6–18所示。

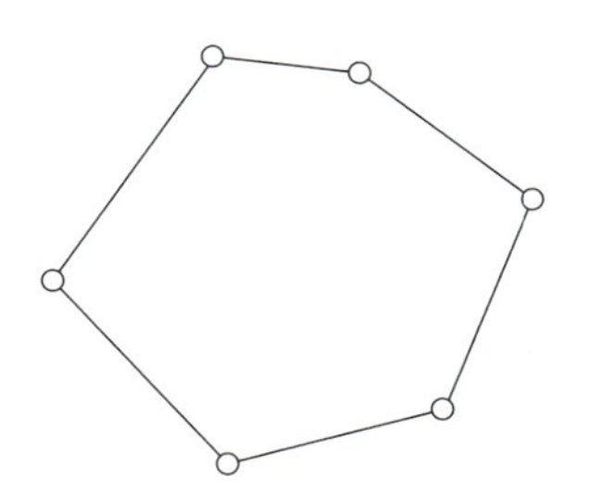

图6–18　生成多边形

③ 在绘图过程中点击【Delete】键，可以从最后画的点开始按顺序删除。途中按【Exc】键，删除全部。

④ 按住【Ctrl】键的同时单击左键，可绘制曲线。放开【Ctrl】键可以重新画直线。如图6–19所示。

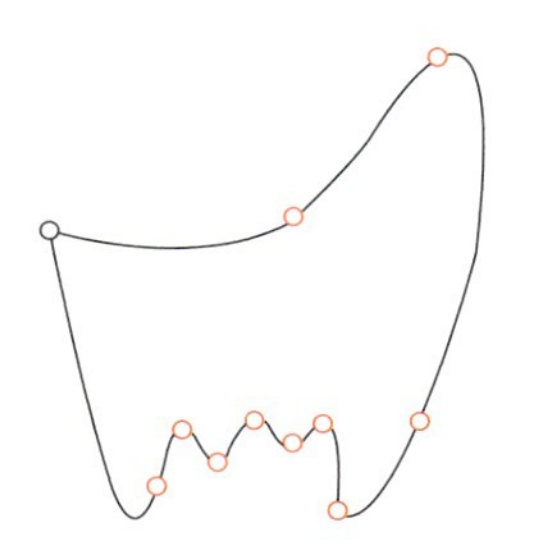

图6–19　生成自由曲线

2. 生成矩形样板（S）

（1）功能：生成矩形样板。

（2）操作：

① 用该工具在样板窗口拖动鼠标画矩形。

② 或在样板窗口中点击鼠标左键，弹出【制作矩形】对话框，输入“宽度”和“高度”值，单击【OK】即可。如图6–20所示。

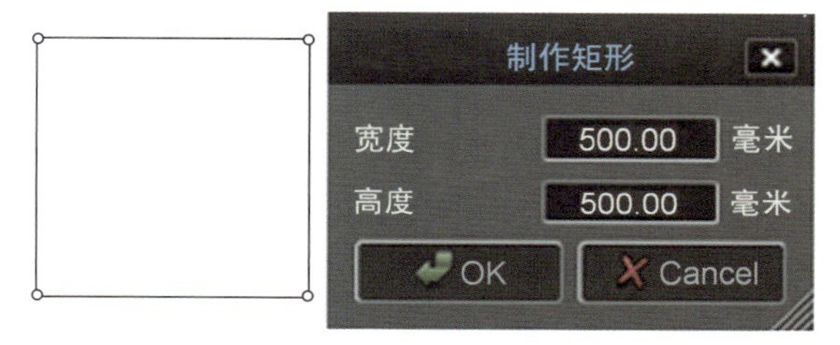

图6–20　生成矩形样板

3. 生成圆形样板（E）

（1）功能：生成圆形样板。

（2）操作：

① 用该工具在样板窗口拖动鼠标画圆形。

② 或在样板窗口中点击鼠标左键，弹出【制作圆】对话框，输入“圆半径”，单击【OK】即可。如图6–21所示。

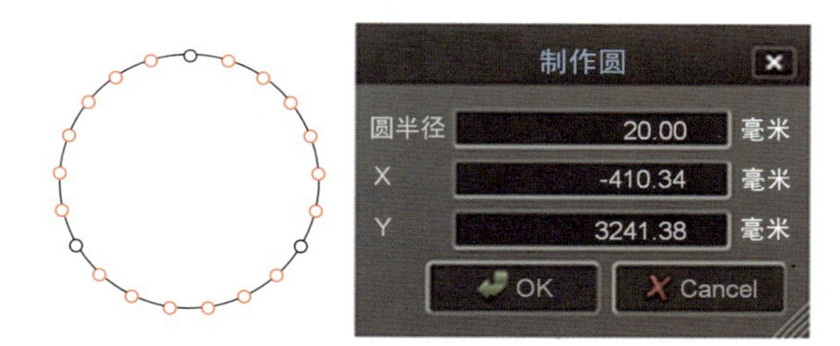

图6–21　生成圆形样板

（三）生成内部样板

内部图形通常是在设定口袋、扣子的位置或显示折叠样板的熨烫线、褶等的时候使用。内部图形只能绘制在样板的内部。

1. 生成内部多边形样板（G）

（1）功能：样板里画内部线或多边形。

（2）操作：

① 用该工具在纸样内部单击左键确定第一点，

光标移动到终点双击鼠标左键，完成纸样内部直线的绘制。

② 用该工具在纸样内部连续单击左键绘制多边形。最后一点要在起始点附近单击，图形才能封闭。

③ 在绘图过程中点击【Delete】键，可以从最后画的点开始按顺序删除。途中按【Exc】键，删除全部。

④ 按住【Ctrl】键的同时再单击左键，可绘制曲线。反复利用【Ctrl】键，可以实现曲线和直线的转换。如图6-22所示。

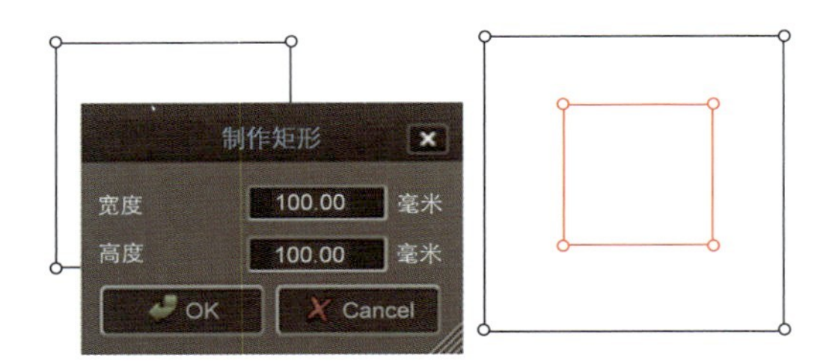

图 6-22　生成内部多边形样板

2. 生成内部矩形（F）

（1）功能：样板里画内部矩形。

（2）操作：

① 用该工具在纸样内部拖动鼠标画矩形。

② 或在纸样内部点击鼠标左键，弹出【制作矩形】对话框，输入“宽度”和“高度”值，单击【OK】即可。如图6-23所示。

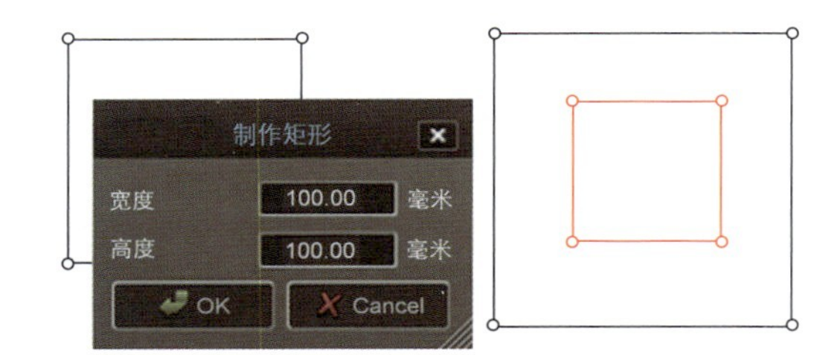

图 6-23　生成内部矩形样板

3. 生成内部圆（R）

（1）功能：样板里画内部圆形。

（2）操作：

① 用该工具在样板窗口拖动鼠标画圆形。

② 或在样板窗口中点击鼠标左键，弹出【制作圆】对话框，输入“圆半径”，单击【OK】即可。如图6-24所示。

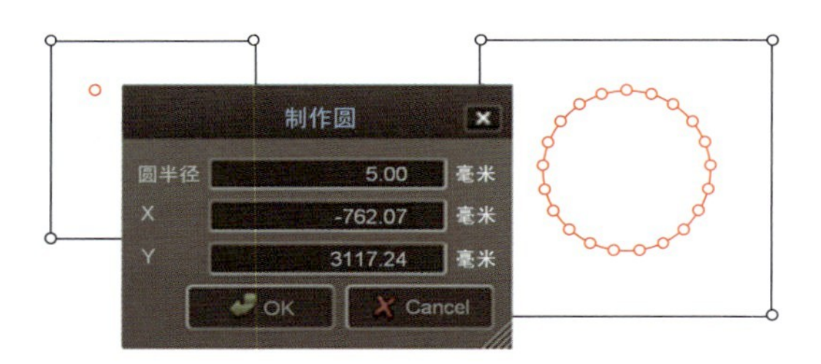

图 6-24　生成内部圆

4. 生成内部省（D）

（1）功能：样板内部生成省道。

（2）操作：

① 选择该工具，在样板里面拖动鼠标画省。

② 或在样板上点击鼠标，弹出【创制Dart】对话框，然后从省中心为基准输入左右宽度和上下高度，完成后点击【OK】，生成省。单击鼠标的位置为省的中心点。如图6-25所示。

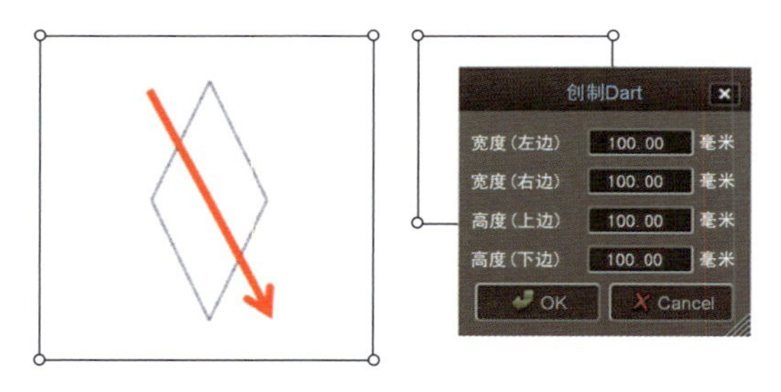

图 6-25　生成内部省

二、裁缝工具（图6-26）

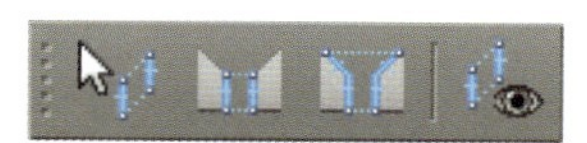
图 6-26　裁缝工具

样板裁缝的方式有两种。一种是以一条完整的线为单位裁缝的“线裁缝”方式，另一种是指定缝合领域的“自由裁缝”方式（可以是缝合线的一部分）。用户可以根据情况选择适合的缝合方式，两种方式的裁缝结果相同。

1. 编辑缝合线

（1）功能：修改和调整缝合线。

（2）操作：

① 移动缝纫线的位置：选择该工具，单击需要调整的缝合线的端点，按住鼠标左键拖动到目标位置后松开。如图6-27所示。

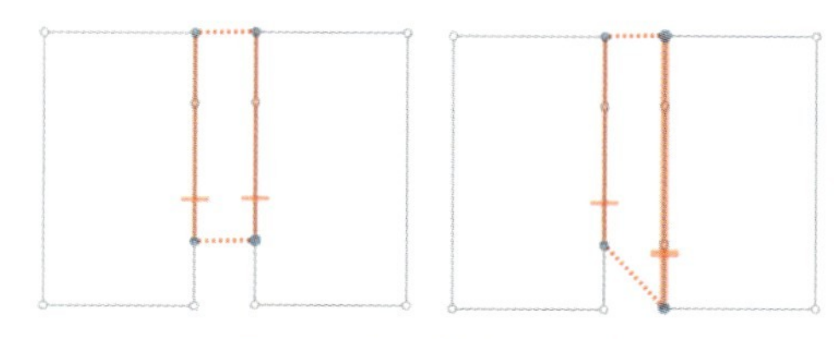
图 6-27　编辑缝合线

② 翻转缝纫线：选择缝合线后，点击鼠标右键选择“反转缝合线”，翻转缝合线的方向。如图6-28所示。

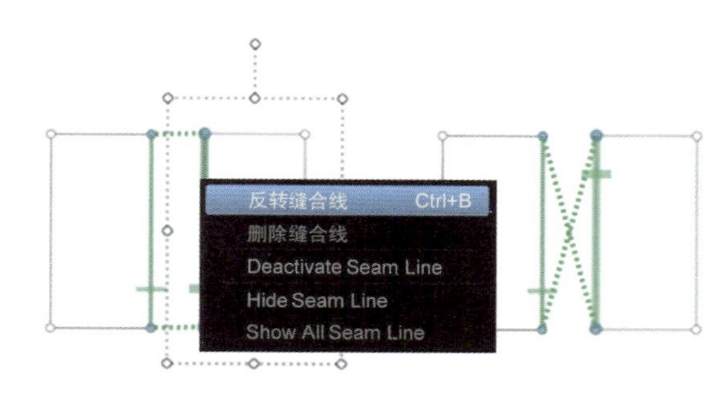

图 6-28　翻转缝纫线

③ 删除缝合线：用该工具单击要删除的缝合线，按键盘上的【Delete】键即可。

2. 线缝纫

（1）功能：匹配缝合线。

（2）操作：

① 选择该工具，点击要缝合的一条线，然后再单击另一条缝合线。如图6-29所示。

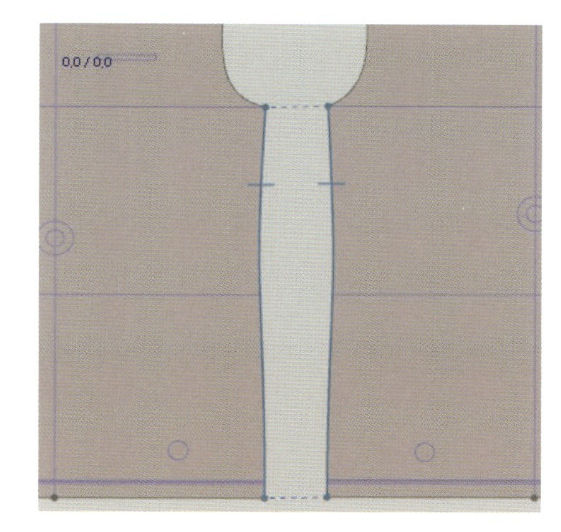
图 6-29　匹配整条缝合线

② 注意，在选择第二条缝合线时缝合的方向要和第一条线匹配。如果缝合的方向相反，会出现两条交叉虚线。移动鼠标缝合方向会变换。如图6-30所示。

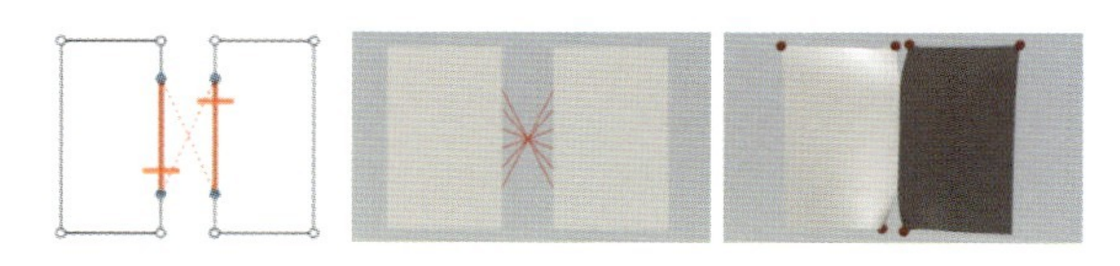
图 6-30　缝纫线交叉示意图

3. 自由缝纫

（1）功能：匹配缝合线。

（2）操作：选择该工具，点击要缝合的第一条线的起始点和结束点，然后再单击对应的缝合线的起始点和结束点。自由缝纫与线缝纫工具一样，本操作同样需要注意缝合方向的一致性。如图6-31所示。

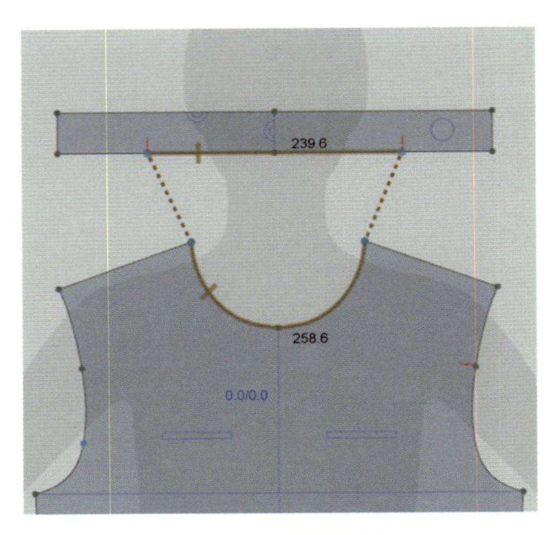

图 6-31　分段匹配缝合线

4. 显示裁缝线

（1）**功能：**控制裁缝线的显示和隐藏。

（2）**操作：**单击该工具，可以在裁缝线的显示和隐藏间切换。

三、织物工具（图6-32）

1. 编辑纹理

（1）**功能：**编辑插入的纹样的大小、方向等属性。

（2）**操作：**

① 移动：单击该工具，拖动样板中插入的纹理，可以移动纹理的位置。

② 放大与缩小：单击该工具，点击纹理出现编辑UI，如图6-33所示。拖动UI中的红色圆圈，可以扩大缩小纹理。如图6-34~图6-37所示。

③ 旋转：单击该工具，点击纹理出现编辑UI，点击黄色线并沿着圆圈拖动鼠标，可以旋转纹理。如图6-38所示。

图 6-32　织物工具栏

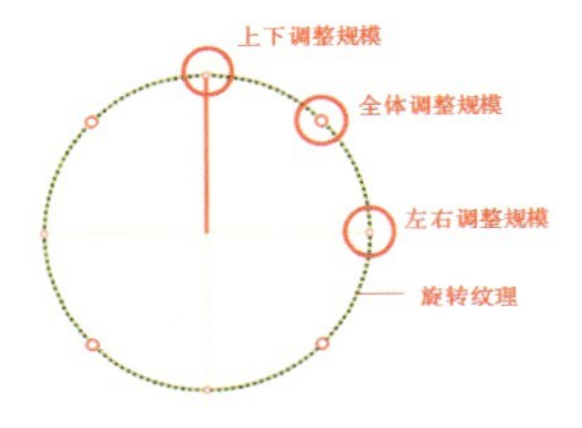

图 6-33　UI

图 6-34　纹理放大

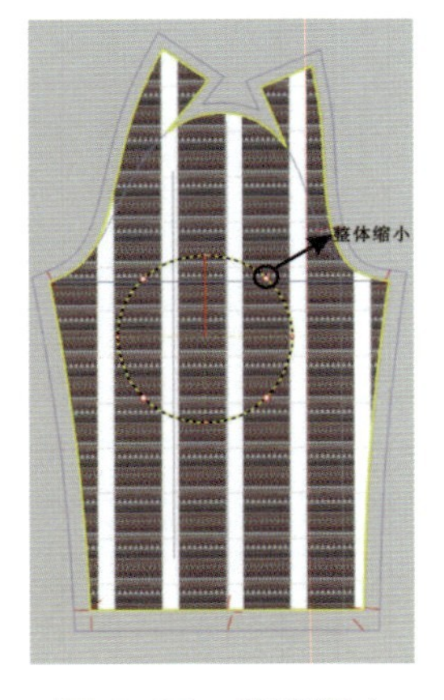

图 6-35　纹理缩小

图 6-36　纹理水平方向放大缩小

图 6-37　纹理垂直方向放大缩小

图 6-38　纹理旋转

2. 制作打印覆盖图

（1）功能：在样板的指定位置插入图样。

（2）操作：

① 在样板窗口点击该工具，在弹出的【打开文件】窗口中选择要插入的图像，点击【打开】。如图6-39所示。

② 在样板上点击鼠标，弹出【创造打印文理】对话框。输入宽度和高度生成图样。如图6-40所示。

③ 点击同步按钮，在虚拟化身窗口的服装上面显示图像。如图6-41所示。

④ 利用【样板编辑】工具选择图像，利用规模调整点调整图像大小。

3. 显示纹理

（1）功能：纹理的显示或隐藏。

（2）操作：点击该工具，可以显示或隐藏纹理。

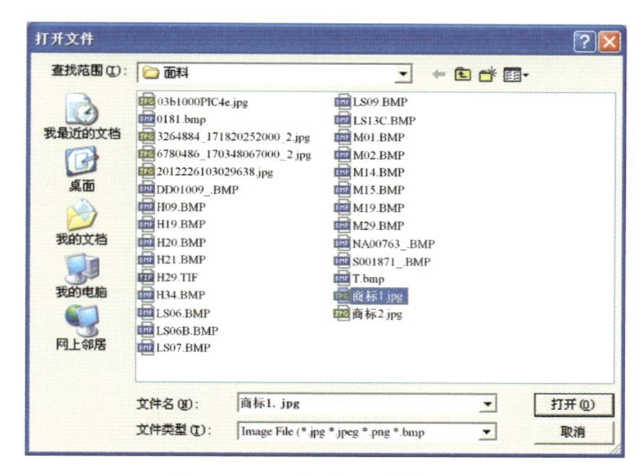

图6-39　打开文件窗口

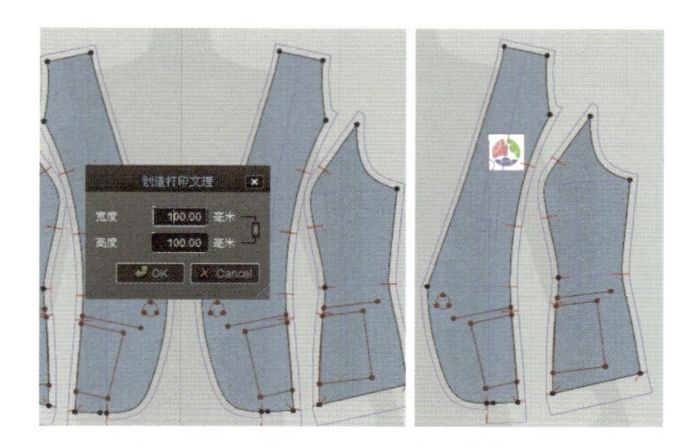

图6-40　【创造打印文理】对话框

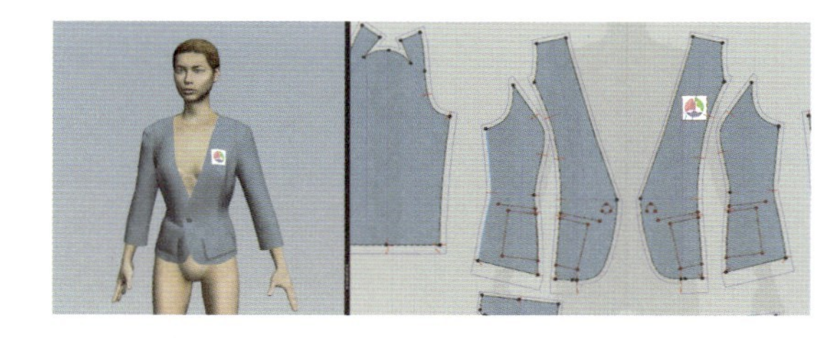

图6-41　在虚拟化身的服装上显示图像

四、模拟工具栏（图6-42）

图6-42　模拟工具栏

1. 模拟

（1）功能：给虚拟化身穿着服装。

（2）操作：

① 单击该工具，在【虚拟化身窗口】的服装会根据重力值进行缝合模拟。如果服装没有缝合或者没有虚拟化身，服装会掉在地上。

② 实时修正设计：【模拟】和【同步】按钮一起打开后，修正样板窗口中的样板，样板就会直接反映在虚拟化身窗口，可以实时修正设计。如图6-43所示。

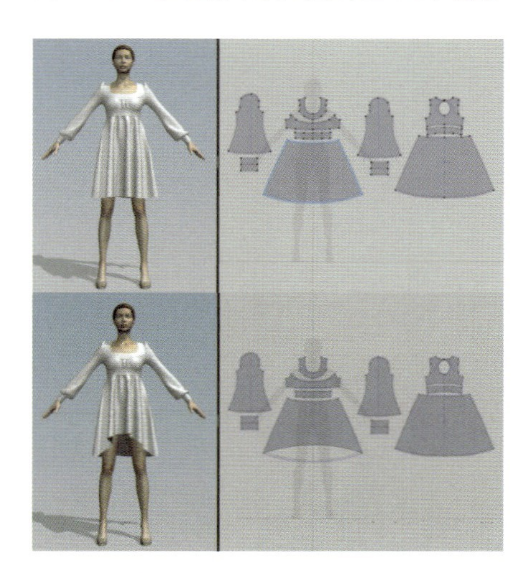

图6-43　实时修正设计

2. 打开动作

（1）功能： 打开或隐藏动作。

（2）操作： 单击该工具，切换虚拟化身动作的播放或隐藏。

3. 录制

（1）功能： 录制视频。

（2）操作： 单击该工具自动成为模拟状态，开始录制视频。打开的动作文件结束时录制也自动终止，录制中间想要停止重新按一次【录制】按钮就可。

五、虚拟化身工具栏（图6-44）

图 6-44　虚拟化身工具栏

1. 显示服装

（1）功能： 控制服装的显示和隐藏。

（2）操作： 单击该工具，切换虚拟化身窗口服装的显示或隐藏。

2. 显示虚拟化身

（1）功能： 控制虚拟化身的显示和隐藏。

（2）操作：

① 单击该工具，可将虚拟化身隐藏，如果要重新显示，则再次单击此工具。如图6-45所示。

② 点击【显示虚拟化身】工具旁边的三角形，显示下拉菜单，包括显示安排面、显示安排点、显示X-Ray结合处及渲染风格。如图6-46、图6-47所示。

3. 显示X-Ray结合处

（1）功能： 设计虚拟化身姿势。

图 6-45　显示和隐藏虚拟化身

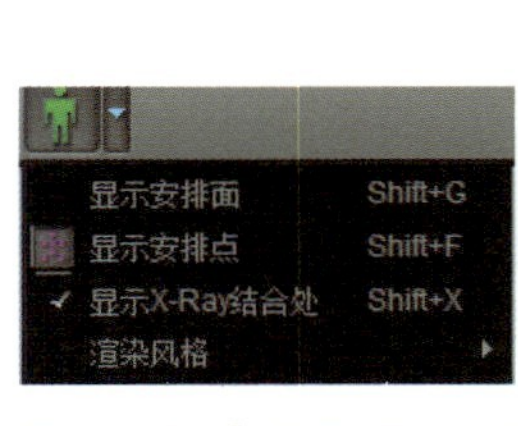

图6-46 【显示虚拟化身】的菜单的下拉菜单

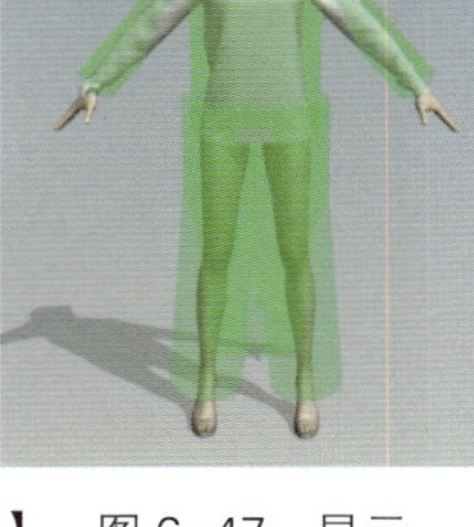

图 6-47　显示安排面

（2）操作：

① 选择【显示虚拟化身】/显示X-Ray结合处。

② 在虚拟化身的关节处点击，会出现Gizmo轴，利用Gizmo移动虚拟化身关节就可以换姿势。

③ 利用X-Ray功能设计的姿势，可以通过【文件】/【保存】/【样子】保存使用。如图6-48所示。

4. 渲染风格

包括三种渲染风格：纹理表面、黑白表面、网格。如图6-49～图6-51所示。

六、安排工具栏（图6-52）

图6-52　安排工具栏

1. 显示安排点

（1）功能：显示安排点。

（2）操作：

① 单击该工具，在虚拟化身周围出现红色圆点，选择要排列的样板然后点击想要排列部位的安排点，样板即被安排在安排点周围。

② 用安排点排列样板后，更精细的调整样板的时候，在【属性窗口】/【安排】栏里调整样板的各方向和弯曲度。注意，只有用安排点安排的样板才能使用【属性窗口】/【安排】菜单调整。如图6-53所示。

a. 安排点：显示选择的样板在哪个安排点。

b. 图形类型：排列样板换成平面或曲面。

c. X轴位置：以安排板为基准可以横方向移动。如图6-54所示。

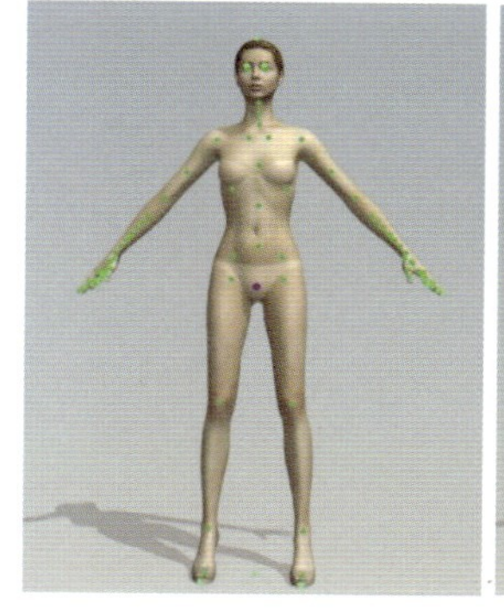

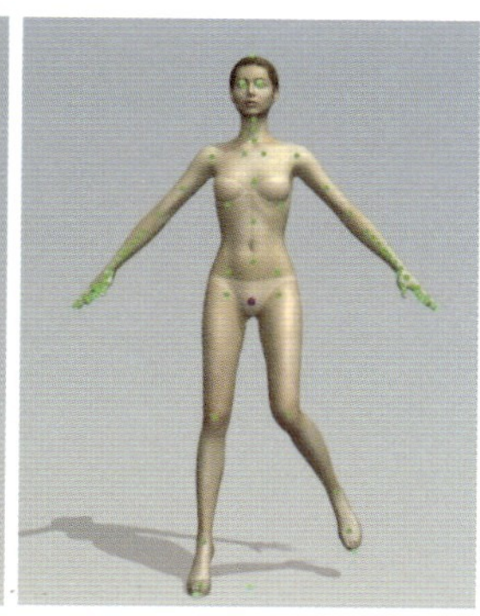

图6-48　利用X-Ray功能设计的姿势

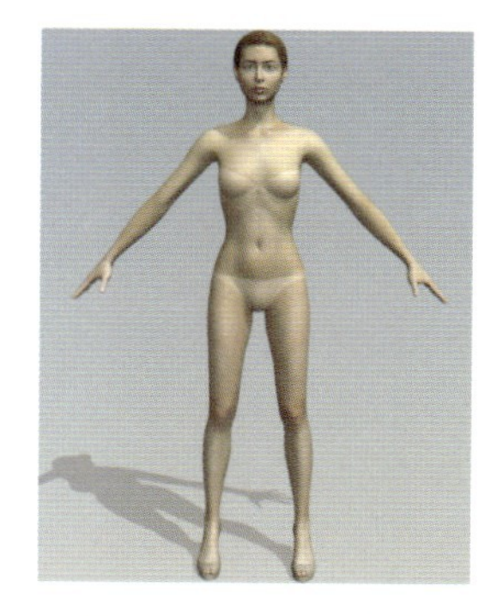

图6-49　纹理表面

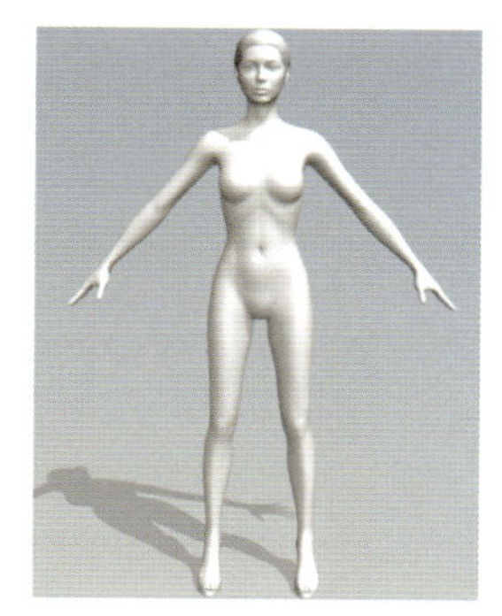

图6-50　黑白表面

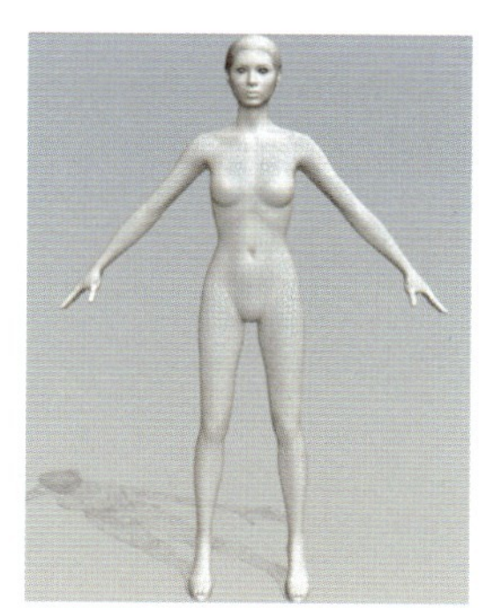

图6-51　网格

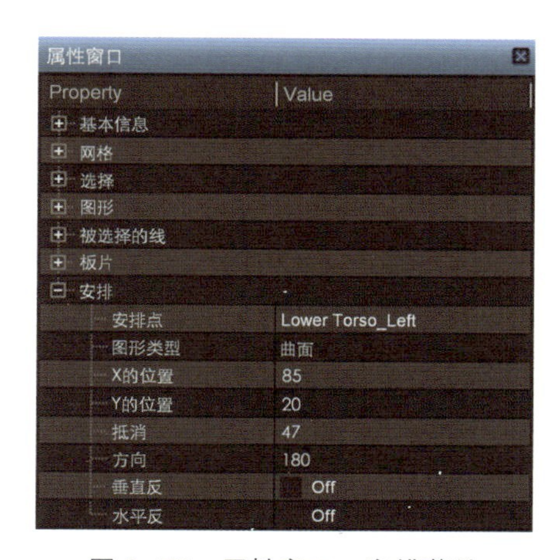

图6-53　属性窗口—安排菜单

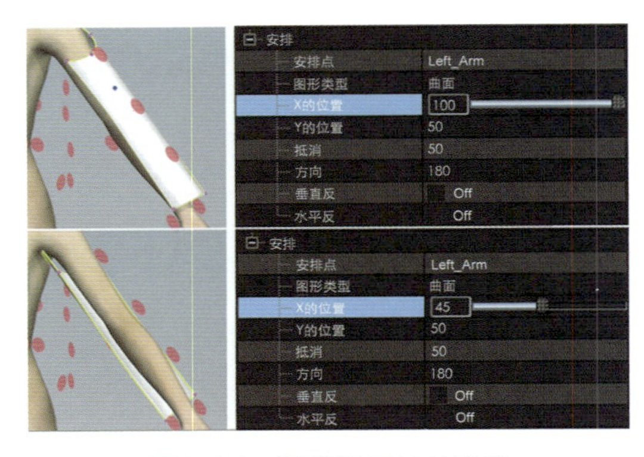

图 6-54 调整样板 X 轴位置

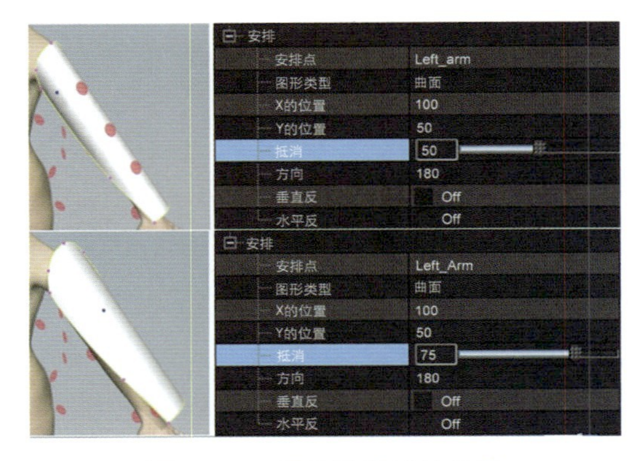

图 6-55 调整样板 Y 轴位置

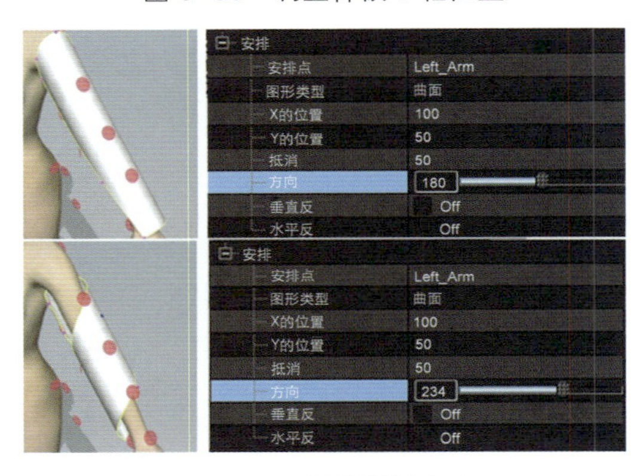

图 6-56 调整样板方向

d. Y轴位置：以安排板为基准可以纵方向移动。

e. 抵消：调整样板曲率和距离虚拟化身的程度。如图6-55所示。

f. 方向：以安排板为基准调整样板方向。如图6-56所示。

g. 垂直反：上下反转样板。

h. 水平反：左右反转样板。

③ 利用安排点排列样板后样板会自动换成曲面。要想转换成平面，在样板上点击右键选择“安排为平”。如图6-57所示。

2. 重设为缺省安排

(1)功能：返回排列之前的最初的状态。这时候样板放置在虚拟化身影子同样的地方。

(2)操作：单击该工具，全部样板返回排列之前的最初的状态。如图6-58所示。

3. 再安排全板片

(1)功能：把服装样板排列在虚拟化身周围。

(2)操作：单击该工具，弹出【疑问】对话框，单击【yes】，全部样板重新排列在虚拟化身周围。如图6-59所示。

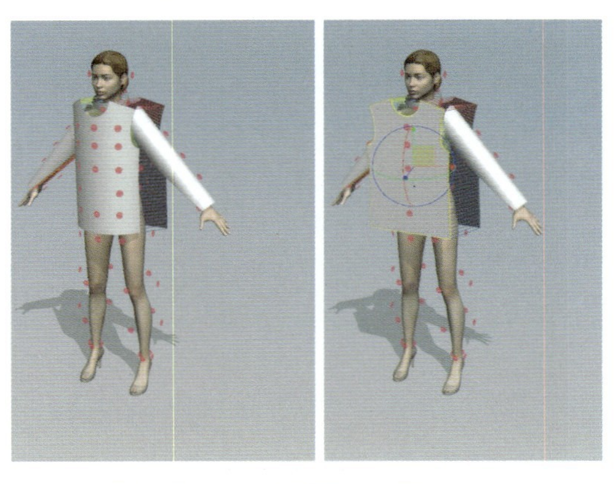

图 6-57 样板平面与曲面的转换

图 6-58 返回样板初始状态

4. 同步

（1）功能：将【样板窗口】的样板同步显示在【虚拟化身窗口】。

（2）操作：按下该工具，样板窗口中的纸样可以立即反应到虚拟化身窗口，再点击【模拟】工具就可以实时修正服装的设计。用户可以根据样板窗口中样板的颜色确认【同步】按钮的激活状态。一次都没有同步的样板颜色为透明色。曾经同步过的样板，但现在【同步】按钮未开，颜色为红色，【同步】按钮打开时，样板颜色为灰色。如图6-60所示。

图6-59　重新排列样板

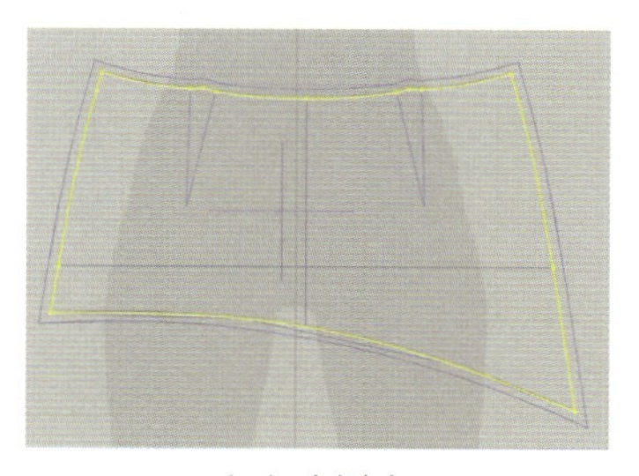

（a）未同步

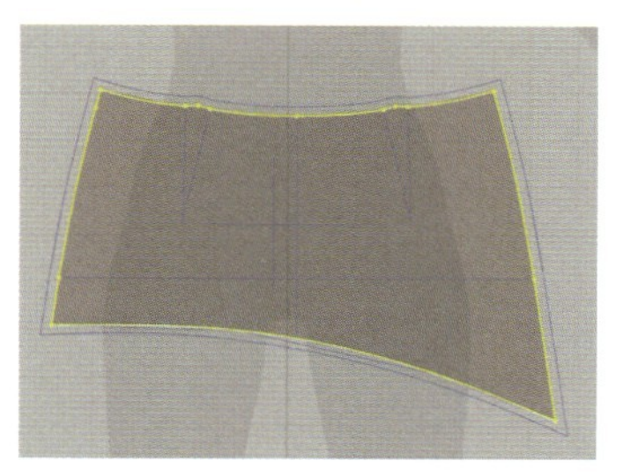

（b）同步过，但此时同步按钮未开

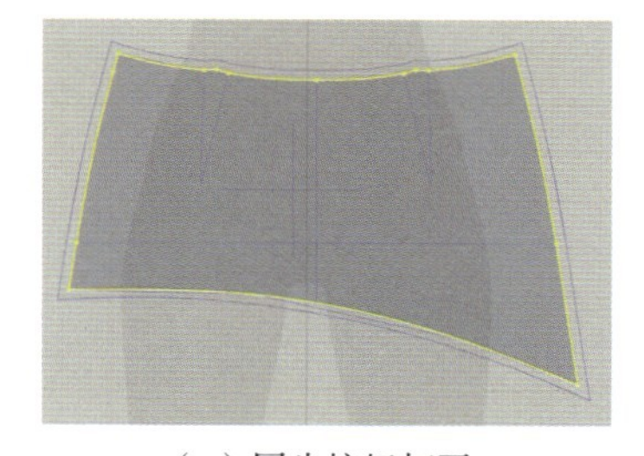

（c）同步按钮打开

图6-60　【同步】按钮的三种状态

七、模式工具栏（图6-61）

图6-61　模式工具栏

1. 改变为模拟状态

（1）功能：将系统切换成模拟状态。

（2）操作：单击该工具，切换成模拟状态。

2. 改变为视频状态

（1）功能：将系统切换成视频状态。

（2）操作：

① 单击该工具，切换成视频状态。如图6-62所示。

② 利用视频状态上面的工具栏可以播放视频。

a. 【到开始】：移动到播放领域的开始点。

b. 【播放】（快捷键：Spacebar）：开始播放。

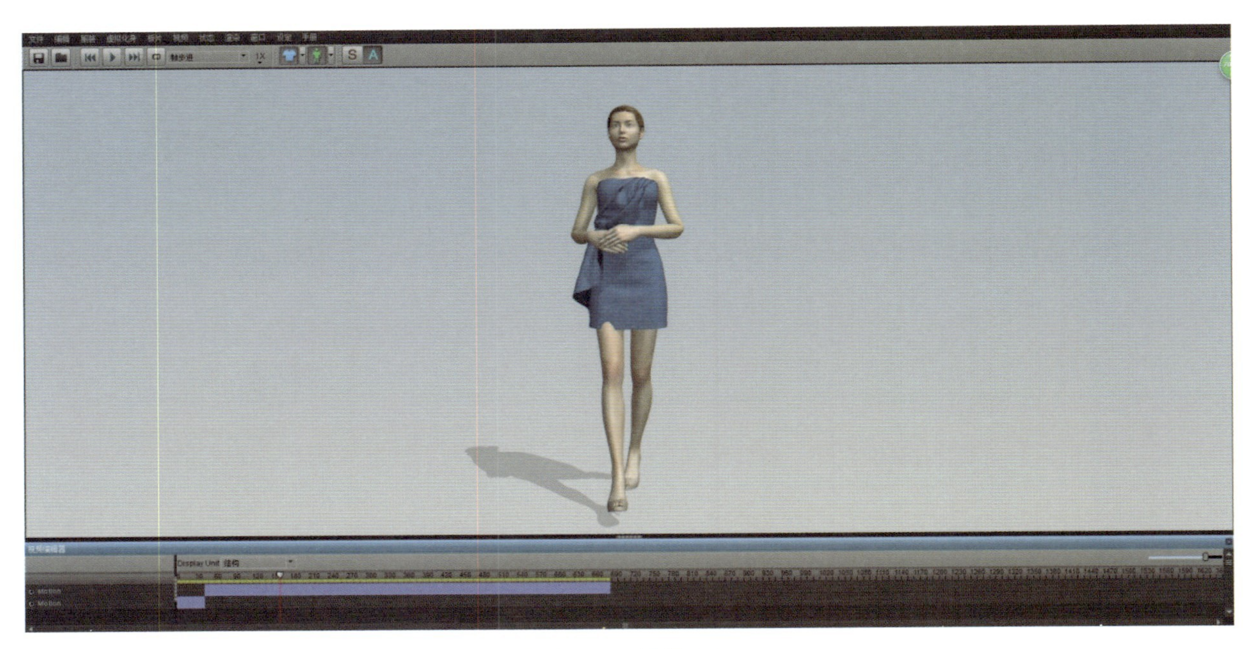

图 6-62　视频窗口

c. 【到最后】：移动到播放领域的最后点。

d. 【反复】：把播放领域反复播放。

e. 【Frame Stepping / Real Time】：播放单位更换成帧或秒。

f. 【更换播放速度】：更换播放速度。

③ 利用窗口下方的视频编辑器，可以对录制的视频进行简单的编辑。

a. 时间线选择：编辑器中有3个时间线，第一个长蓝色时间线管理虚拟化身的动作视频。第二个短蓝色时间线管理虚拟化身的过渡动作。最后一个红色时间线管理服装的动作。用鼠标点击某条时间线前面的单选按钮，可以选择播放或者不播放此条时间线管理的动作，其中不播放的时间线显示为灰色。如图6-63所示。

b. 播放区域选择：时间线上的黄色栏是指播放领域。用户可以用鼠标按住黄色栏的两端进行移动，以确定播放区域。保存视频时，系统也会只保存选择的播放区域。

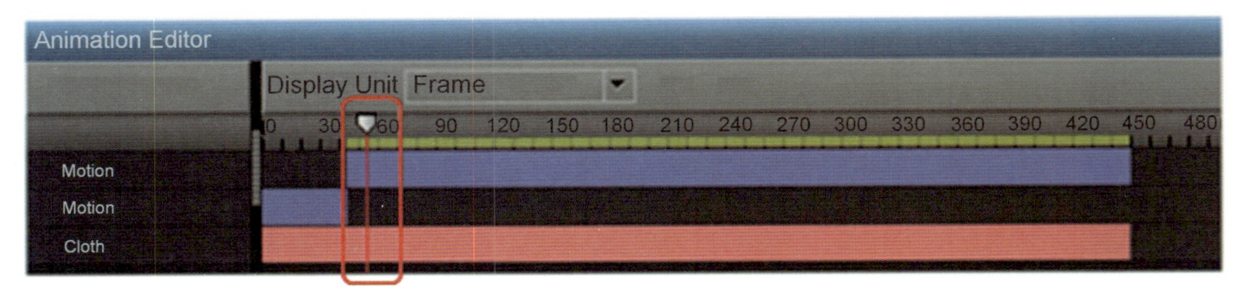

图 6-63　视频编辑器

c. 视频打开/保存：如需打开保存的视频，首先打开已做好的款式文件（*.pac），然后打开视频文件（*.anm）即可。保存视频时，直接单击保存按钮即可。

d. 视频导出：录制的视频可以导出Maya、3ds Max等其他3D软件，用户可以使用这些软件对视频进行渲染，以得到更加真实、高质量的视频。单击菜单【文件】\【导出】\【服装动画】里面的具体功能，就可以将视频导出为需要的格式。

第三节 操作实例

一、着装效果（图6-64）

图6-64　着装效果

二、作图过程

1. 平面纸样的准备

本实例采用第四章范例一“时装短裙”的平面纸样。

在富怡服装CAD系统中，选择【文档】/【输出ASTM文件】，把时装短裙的纸样保存成*.DXF格式。

2. 编辑头像

双击桌面上的图标，进入CLO 3D系统，弹出虚拟化身编辑器对话框。

（1）打开【Avatar Style】（虚拟化身）选项卡，在【Avatar Style】对话框中选择一个三维人体模特，在【Hair】对话框中选择发型，在【Shoes】（鞋）对话框中选择鞋。如图6-65所示。

（2）打开【Avatar Size】（虚拟化身尺寸）选项卡，设定虚拟化身的尺寸。如图6-66所示。

① 虚拟化身的体型可以分四种类型，分别为Slim Tall（瘦高），Heavy Tall（胖高），Slim Short（瘦矮），Heavy Short（胖矮）。如图6-67所示。

② 在【Height】，【Length】，【width】栏调整身体各部位细部尺寸，使之与目标人体体型吻合。

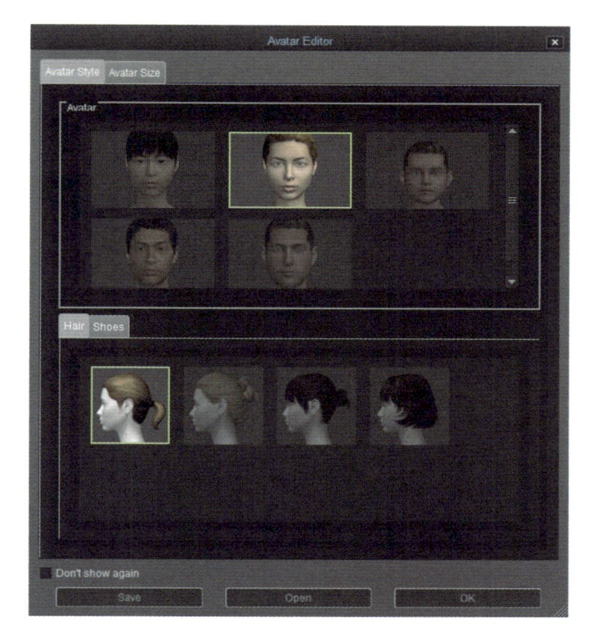

图 6-65 虚拟化身样式选项卡

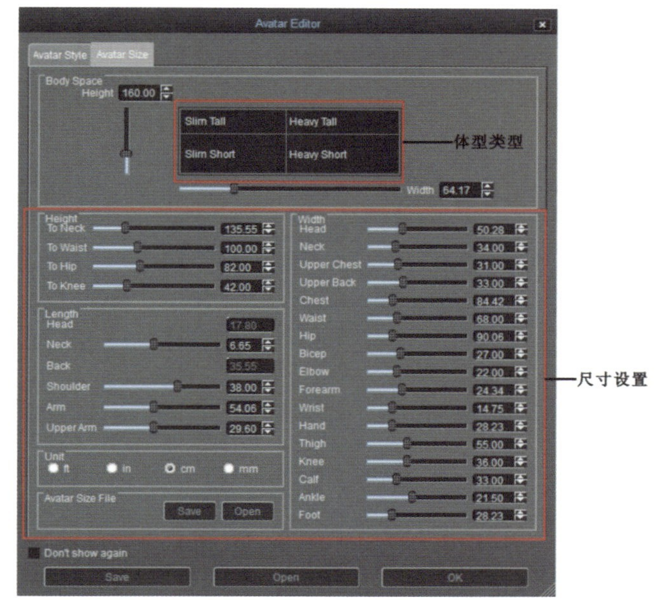

图 6-66 虚拟化身尺寸选项卡

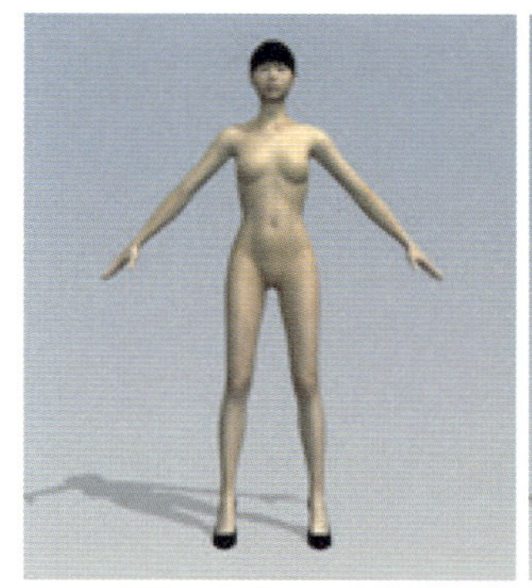

（a）瘦高

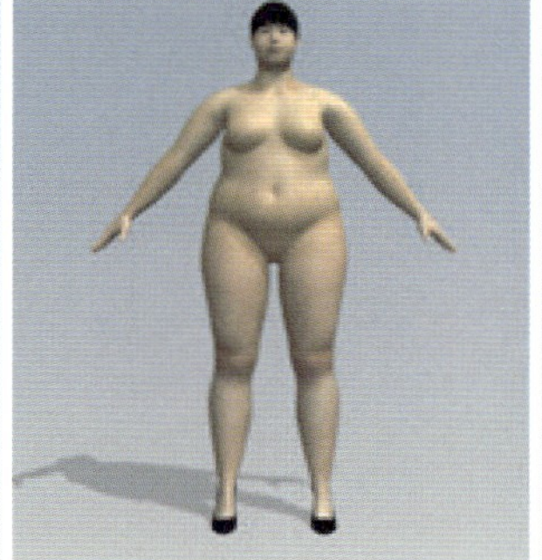

（b）胖高

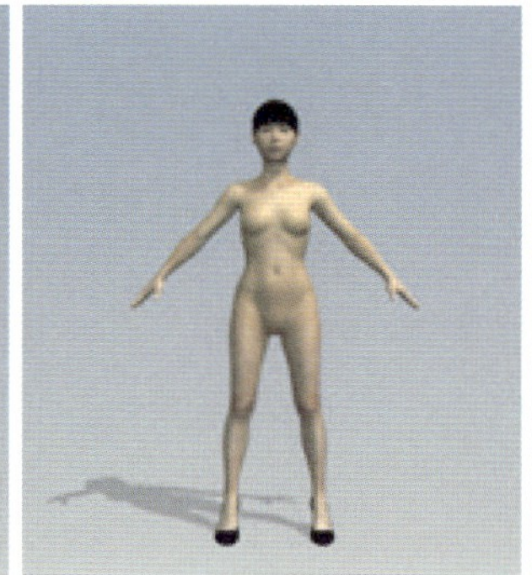

（c）瘦矮

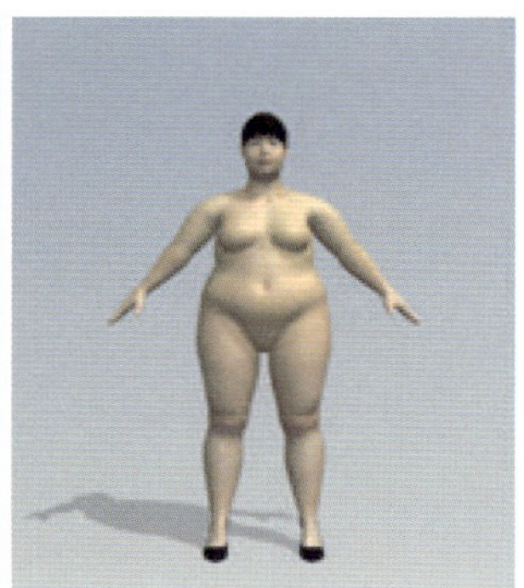

（d）胖矮

图 6-67 虚拟化身体型

相关参数的说明如下：

系统参数	名称	尺寸（cm）	说明
Heigt	身高	160	头顶到脚跟的长度
To Neck	颈椎点高	136	除去头部和颈部，后颈点到地面的长度
To Waist	腰围线高	100	腰围线到地面的长度
To Hip	臀围线高		臀围线到地面的长度
To knee	膝围线高		膝围线到地面的长度
Neck	脖颈长	6.65	颈部的长度
Shoulder	肩宽	38	从左肩的端点经过后颈点，到右肩端点的长度
Arm	臂长	54	从肩点到手腕点的长度
Upper Arm	上臂长	29.6	从肩点到肘的长度

续表

系统参数	名称	尺寸（cm）	说明
Head	背长	43.40	头部的围度
Neck	颈根围	33	经过后颈点、颈侧点、前颈窝点的围长
Upper Chest	前宽	32.00	右前腋点到左前腋点的距离
Upper Back	后宽	33.5	右后腋点到左后腋点的距离
Chest	胸围	84	经过乳头的胸部线水平周围
Waist	腰围	68	腰最细部分的水平周围
Hip	臀围	90	臀部突出部位的水平周围
Bicep	上臂围	25	上臂部最粗位置的水平围度
Elbow	肘围	22	经过肘点的水平围度
Forearm	前臂围	23	小臂最粗部位的水平围度
Wrist	手腕围	22	经过尺骨突点的水平围度
Hand	手掌围	28	经过手掌的水平围度
Thigh	大腿根围	54	经过大腿最大幅位的水平围度
Knee	膝围	35	经过膝盖中点的水平围度
Calf	小腿围	31	经过小腿肚的水平围度
Ankle	脚踝围	23	经过踝骨上面的水平围度
Foot	脚跟围	28	经过脚跟部位的水平围度

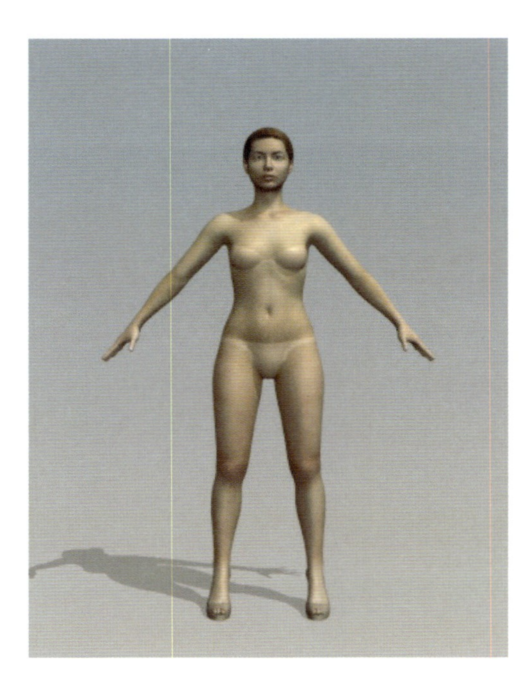

图 6-68　虚拟化身设定

③ 设置完毕后，点击【save】，在弹出的保存窗口中输入文件名，点击【OK】，保存为*.AVS文件。如图6-68所示。

3．导入文件

（1）导入DXF文件： 在菜单中选择【文件】/【导入】/【DXF】/【打开】，在对话框中选择要导入的文件，在弹出的【Import DXF】窗口中设定单位及相关参数。如图6-69所示。

（2）调整样板位置： 选择【编辑板片】工具，鼠标左键单击要调整的样板，移动鼠标，使前后片纸样按缝合位置排放好。如图6-70所示。

（3）制作省道：选择【编辑板片】工具，选中省中点，按住不放拖到省尖点位置。如图6-71所示。

（4）关闭缝份：将DXF文件导入CLO系统时，样板上的布纹线、剪口、缝份等信息会作为基础线出现，为了操作方便，可以隐藏基础线。在【样板窗口】空白位置单击鼠标右键，在弹出的右键菜单中选择【显示基础线】选项，取消对勾，则基础线隐藏。再次单击，出现对勾，则显示基础线。如图6-72所示。

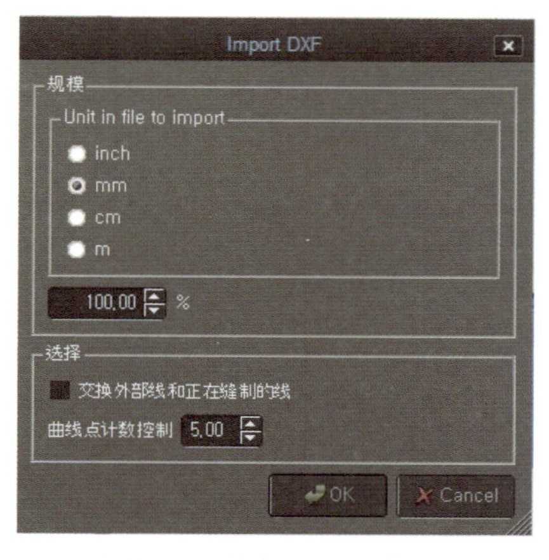

图6-69 【导入DXF】窗口

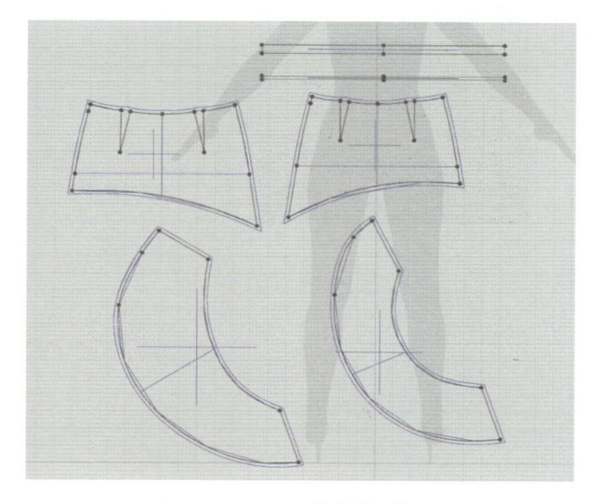

图6-70 调整样板位置

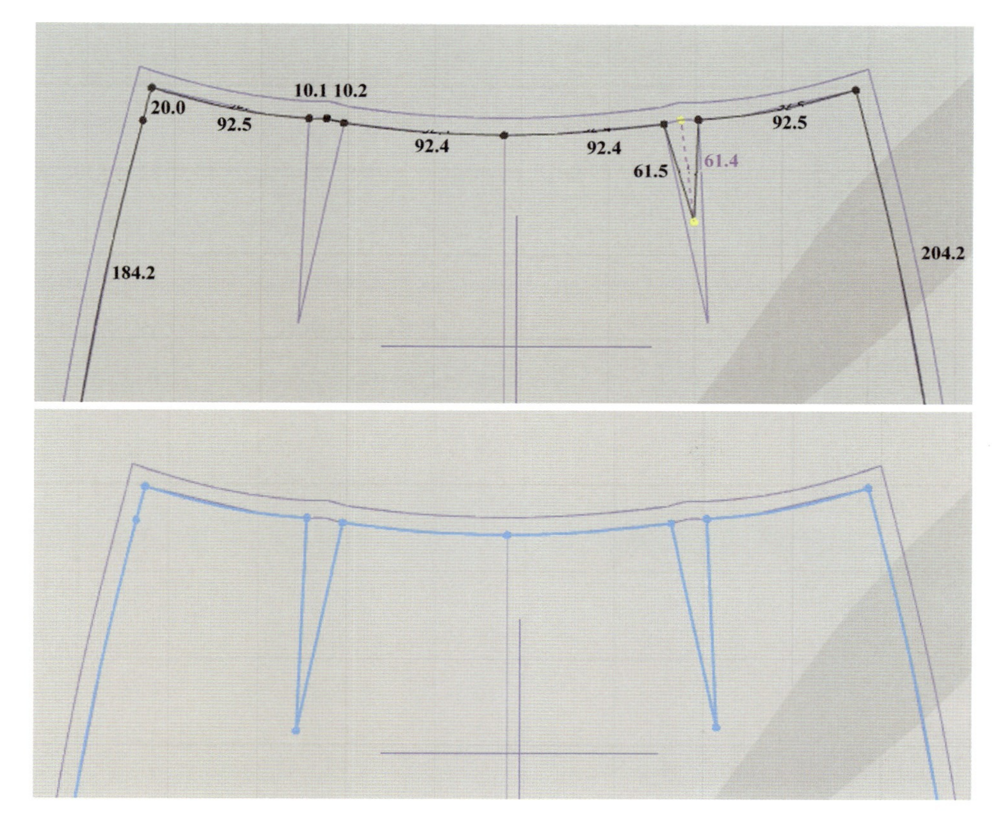

图6-71 制作省道

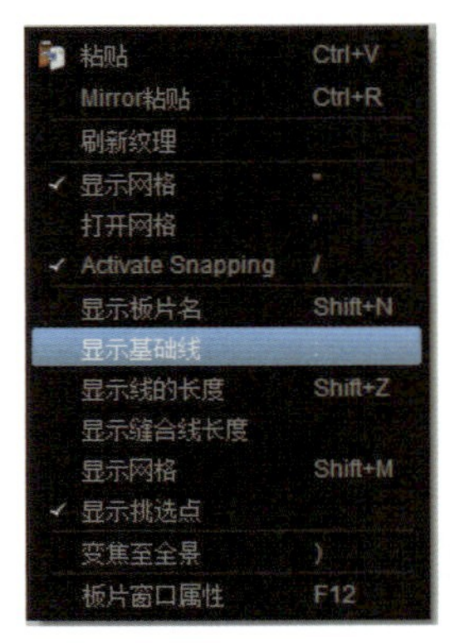

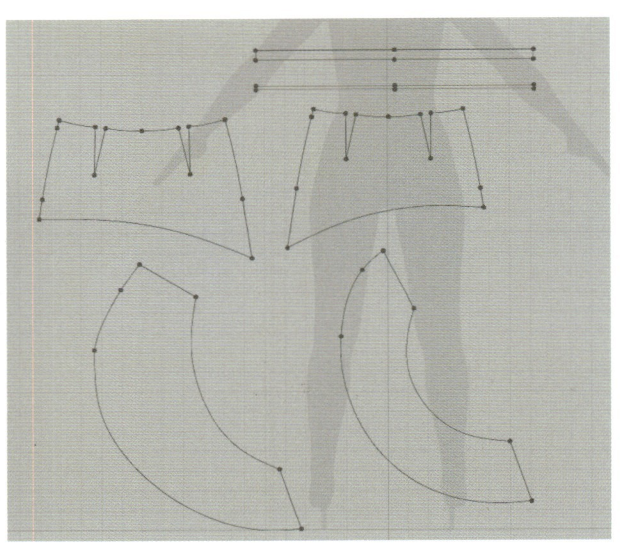

图 6-72 关闭缝份

图 6-73 同步板片

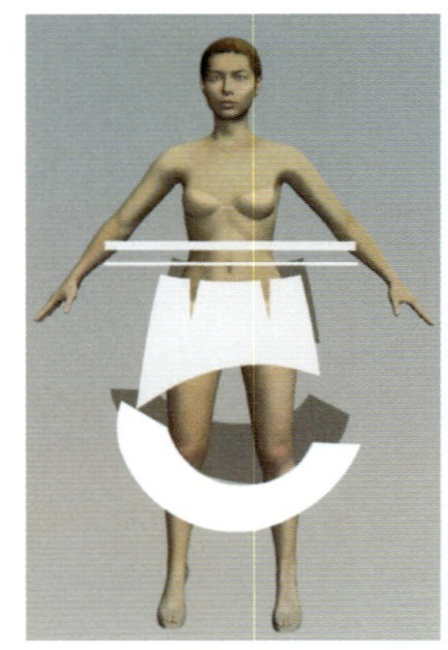
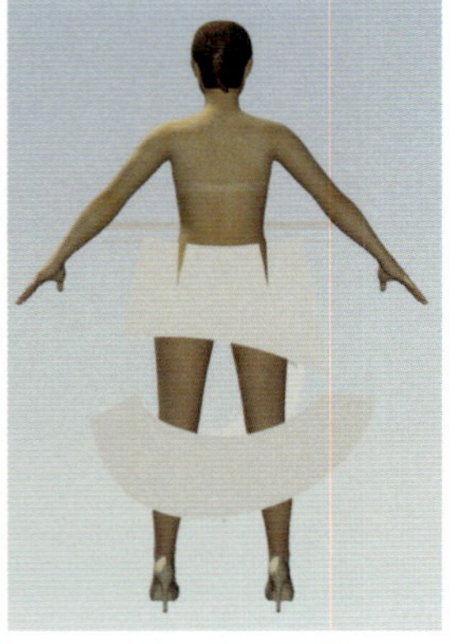

图 6-74 安排衣片

4. 安排板片

(1)同步衣片：选择【同步】工具，板片将同步显示在【虚拟化身】窗口。如图6-73所示。

(2)安排衣片：在【虚拟化身窗口】的空白处，单击右键，在弹出的右键菜单中选择“后”，更换镜头，显示虚拟化身的后面。选择【编辑板片】工具，在样板窗口中框选后上片和后下片，在虚拟化身窗口按住黄色方框，拖动到虚拟化身衣身处，按住鼠标左键拖动蓝色数轴使衣片置于虚拟化身身后。此时，在虚拟化身窗口的衣片上单击鼠标右键，在弹出的右键菜单中选择“水平反”。单击前裙下片，拖动最外侧的蓝色圆圈，旋转纸样的方向使之摆正。同样方法，调整后裙下片的方向。如图6-74所示。

(3)安排腰头：

① 单击【显示安排点】工具，虚拟化身周围出现红色的安排点。选择腰头1纸样，再单击腰围附近的安排点1，腰头1被环绕安排在腰部附近。同样方法，选择腰头2纸样，再单击安排点1，腰头2

被环绕安排在腰部附近。如图6–75所示。

② 在虚拟化身窗口单击腰头1衣片，调整【属性窗口】中【安排】选项中【X的位置】栏的数值为“50”，使腰头开口的方向旋转到人体左侧。调整【属性窗口】中【安排】选项中【抵消】栏的数值为“18”，使腰头更加贴合腰部。

③ 同样方法，调整腰头2衣片的属性。如图6–76所示。

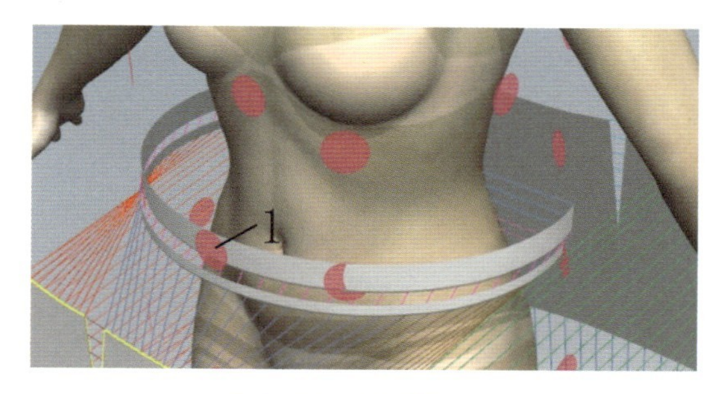

图6–75 安排腰头1

5. 缝纫衣片

（1）缝合前上片和前下片、后上片和后下片： 选择【线缝纫】工具，在样板窗口，单击$L1$、$L2$，把前片上下缝合。再单击$L3$、$L4$，把后片上下缝合。在单击缝合线时，注意配对的线的缝合方向要一致。如图6–77所示。

（2）缝合上片侧缝线： 选择【自由缝纫】工具，在样板窗口单击点A、点B、点C、点D，缝合左边侧缝线。再单击点A'、点B'、点C'、点D'，缝合右边侧缝线。如图6–78所示。

（3）缝合下片侧缝线： 选择【自由缝纫】工具，在样板窗口单击点E、点F、点G、点H，缝合左边侧缝线。再单击点E'、点F'、点G'、点H'，缝合右边侧缝线。如图6–79所示。

（4）缝合省道： 选择【线缝纫】工具，在样板窗口分别单击每个省道的左省线和右省线，缝合四个省道。如图6–80所示。

（5）缝合腰头： 选择【线缝纫】工具，在样板窗口单击$L1$、$L2$，$L3$、$L4$，$L5$、$L6$，注意配对的线的方向性。如图6–81所示。

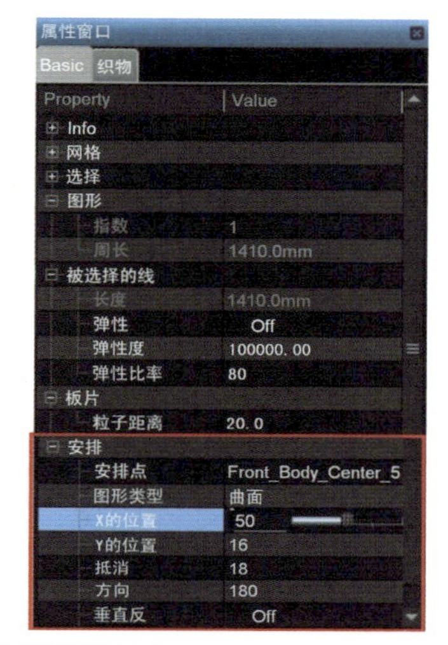

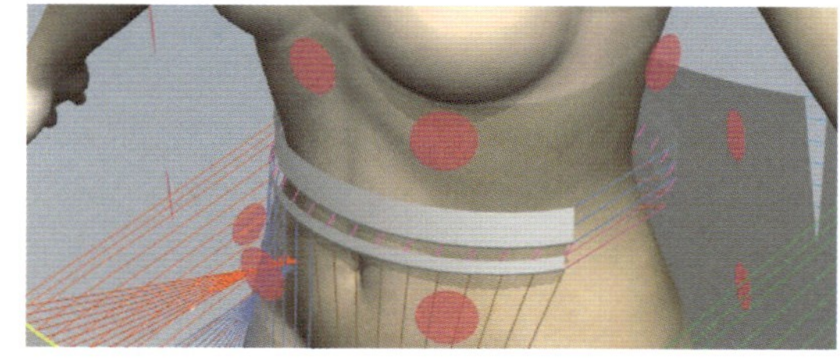

图6–76 安排腰头2

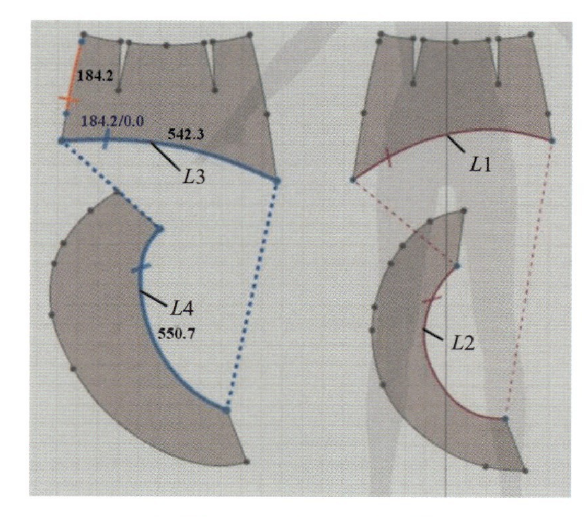

图6–77 缝合前上片和前下片、后上片和后下片

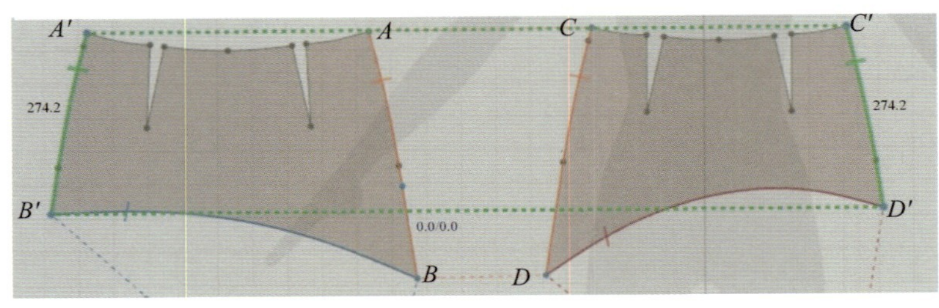

图 6-78　缝合上片侧缝线

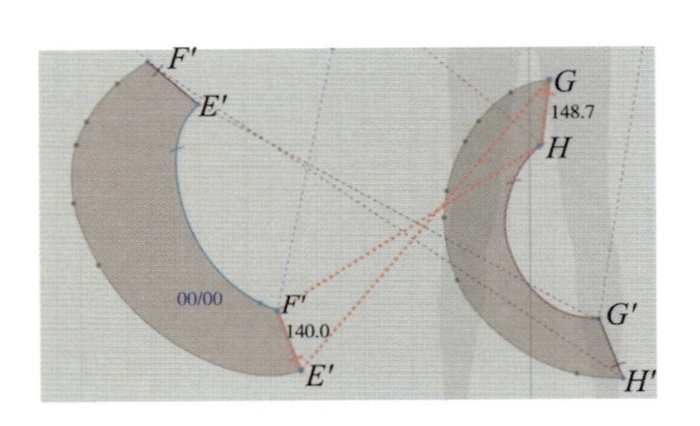

图 6-79　缝合下片缝合线

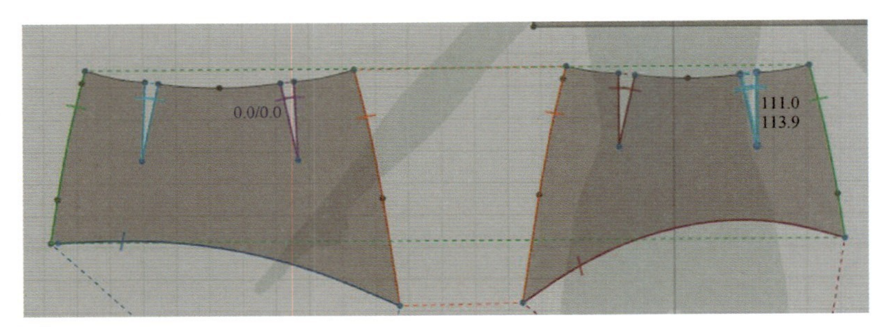

图 6-80　缝合省道

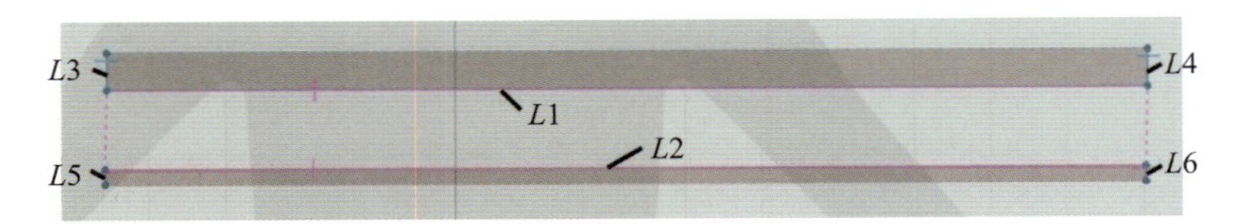

图 6-81　缝合腰头 1 和腰头 2

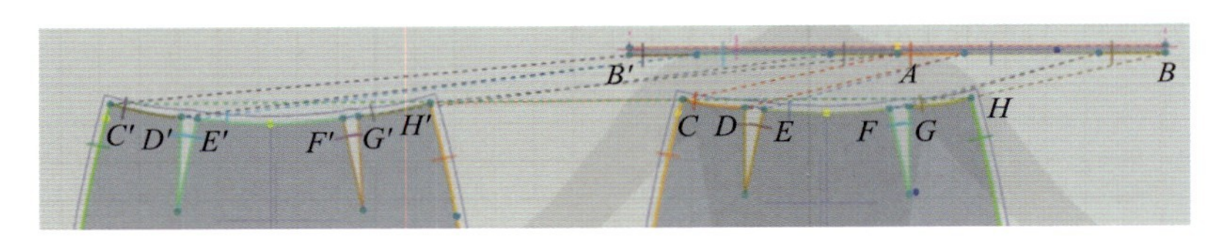

图 6-82　缝合腰头和裙片

选择【自由缝纫】工具，缝合腰头和裙片。由于腰省把腰口弧线分成了三段，此种缝合属于一条线对应多条线的缝合方式。单击点A、点B，按住【shift】键不放，鼠标依次单击点C、点D、点E、点F、点G、点H，缝合前片。再单击点B'、点A，按住【shift】键不放，鼠标依次单击点C'、点D'、点E'、点F'、点G'、点H'，缝合后片。如图6-82所示。

6. 虚拟试衣

（1）检查缝合线配置情况：在虚拟化身窗口中，可以看到所有缝合线的配置情况，检查是否有交叉或缺失的情况。如果有，通过【编辑缝合线】工具修改。如图6-83所示。

（2）模拟：单击【模拟】工具，在虚拟试衣窗口开始进行衣片的缝合模拟，模拟结果如图6-84所示。

图 6-83 检查缝合线配置情况

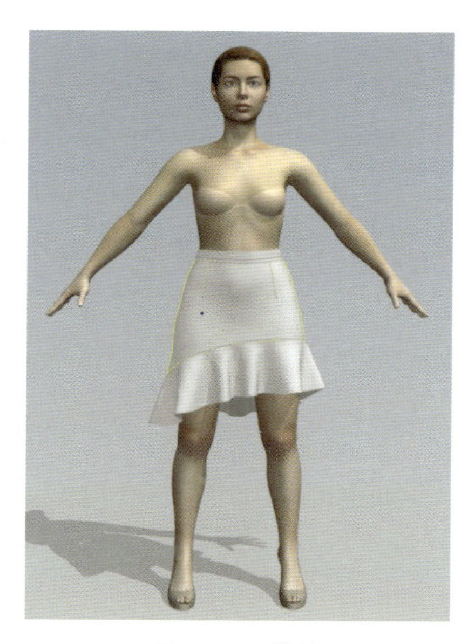

图 6-84 模拟

7. 修改设计

在三维视图中看到后片下摆的设计需要调整。修改纸样窗口中的二维样板，在三维视图中可以同时看到修改后的效果。

【编辑板片】工具，按住【Shift】键，连续点选多段下摆曲线，拖动调整曲线的形状，直到满意为止。还可以通过【编辑曲率】工具，调整曲线的形状。如图6-85所示。

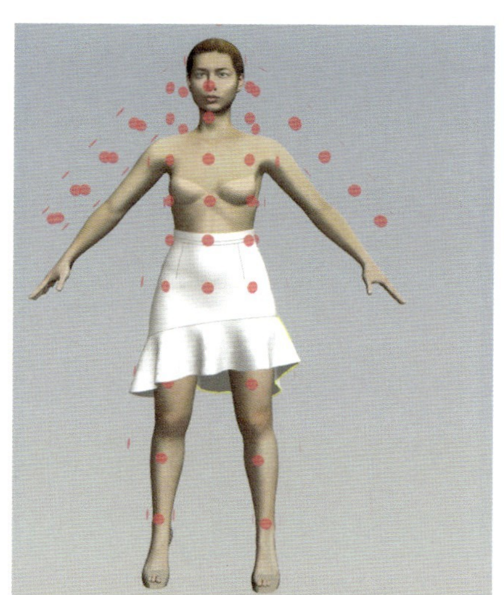

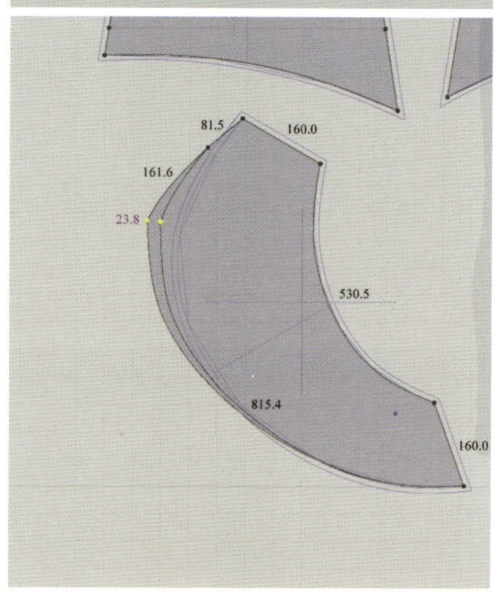

图 6-85 修改设计

8. 添加面料

（1）选择颜色： 在样板窗口中选中除去腰头2以外的所有纸样，在【属性窗口】/【织物】选项卡下，单击【属性】/color栏右侧的按钮，弹出【select color】面板，选择一种蓝色颜色填充纸样。同样方法，把腰头2填充黑色。如图6-86所示。

（2）调整面料物理属性：

① 在【属性窗口】/【物理属性】/【预设】栏里选择【R_Cotton_Cloth_CLO_V1】。

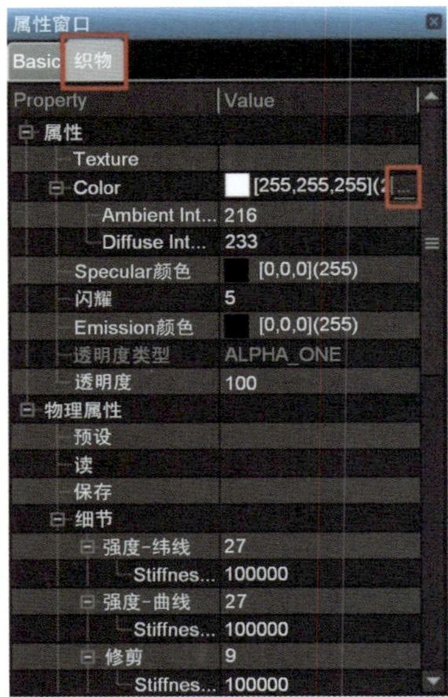

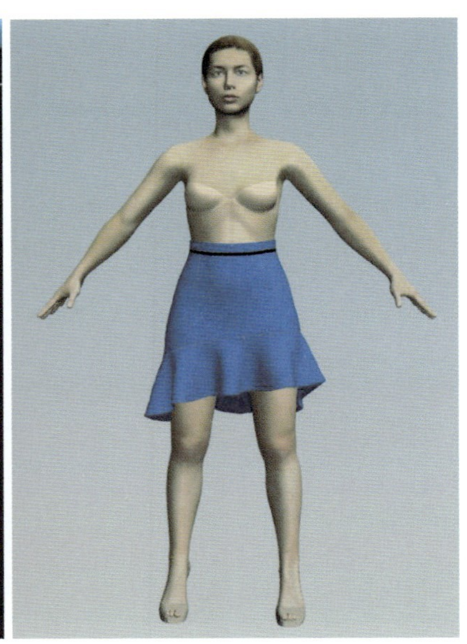

图 6-86 添加面料颜色

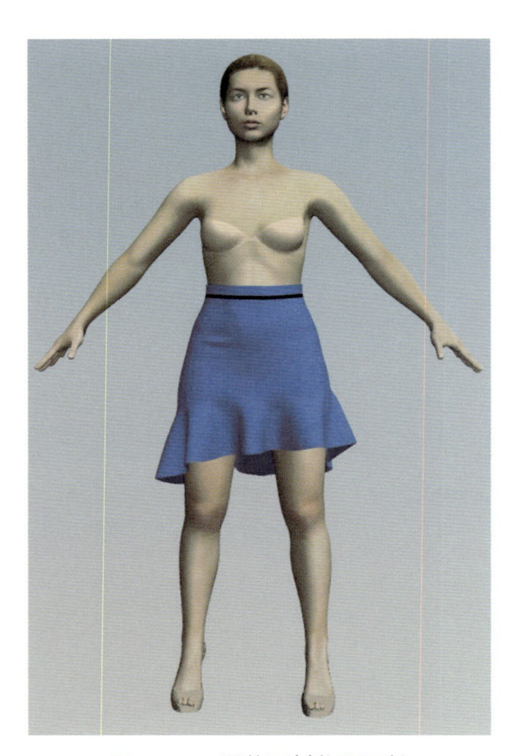

图 6-87 调整面料物理属性

② 在【属性窗口】/【Basic】/【板片】/【粒子距离】栏里将距离改为“5”，单击【模拟】工具，最终虚拟试衣效果如图显示。粒子距离的设置会影响服装的模拟品质和模拟速度。粒子距离值越小，模拟品质越好，模拟速度也越慢。

③ 单击【服装】/【显示缝合线】工具，取消缝合线的显示，最终效果如图6-87所示。

9. 保存文件

选择【文件】/【保存】/【服装】，弹出【保存设置】对话框，选择第二项：包含纹理图片文件夹的Pac文件。如图6-88所示。

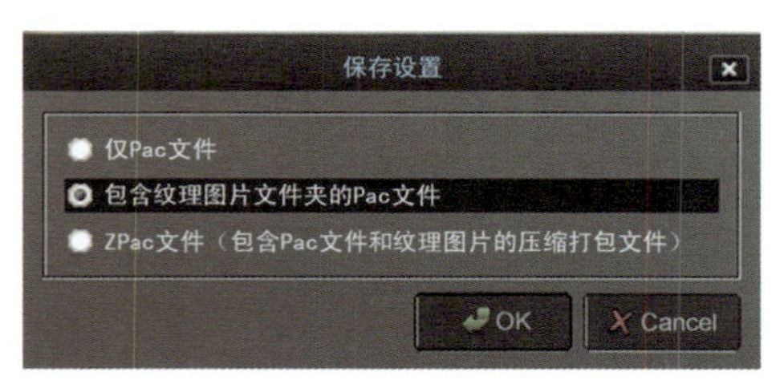

图 6-88 保存文件

思考题

1. CLO 3D软件的主要功能是什么？

2. 如何利用鼠标进行视图的快速查看？

3. 如何编辑虚拟化身的姿势？

4. 如何为面料添加颜色和纹理。

5. “线缝纫”和“自由缝纫”都可以完成缝纫线的匹配。两个工具有何区别？各适合应用于何种情况？

6. 如何按设定的长度增加点？选用哪几个工具可以编辑曲线与曲率？

7. 简述CLO 3D系统进行三维服装模拟的操作步骤。

8. 安排衣片有两种方法，一种是平面安排衣片，另一种是环绕安排衣片，两种方法各适合何种情况？如何转换？

练习

1. 在各个窗口练习右键菜单的控制，熟悉每个右键菜单的内容。

2. 逐个熟悉与掌握样板设计工具栏中的每个工具的功能与操作方法。

3. 逐个熟悉与掌握裁缝工具栏中的每个工具的功能与操作方法。

4. 逐个熟悉与掌握织物工具栏中的每个工具的功能与操作方法。

5. 逐个熟悉与掌握模拟工具栏中的每个工具的功能与操作方法。

6. 逐个熟悉与掌握虚拟化身工具栏中的每个工具的功能与操作方法。

7. 逐个熟悉与掌握安排工具栏中的每个工具的功能与操作方法。

8. 逐个熟悉与掌握模式工具栏中的每个工具的功能与操作方法。

9. 选择一款连衣裙进行三维模拟练习。

10. 选择一款裤装进行三维模拟练习。

11. 选择一款西装进行三维模拟练习。

参考文献

[1] 张文斌. 服装结构设计[M]. 北京：中国纺织出版社，2006.

[2] 刘瑞璞. 服装纸样设计原理与应用男装篇[M]. 北京：中国纺织出版社，2008.

[3] 潘波，赵欲晓. 服装工业制板[M]. 2版. 北京：中国纺织出版社，2010.

[4] 张辉，郭瑞良，金宁. 服装CAD实用制版技术格柏篇[M]. 北京：中国纺织出版社，2011.

[5] 郭瑞良，金宁，张辉. 服装CAD[M]. 上海：上海交通大学出版社，2012.

[6] 谢华，冉洪艳. Visio2010图形设计实战技巧精粹[M]. 北京：清华大学出版社，2013.

[7] 张勤，张春虎，左超红. Photoshop CS3从入门到精通[M]. 北京：清华大学出版社，2008.

[8] 陈建伟. 服装CAD应用教程[M]. 北京：中国纺织出版社，2008.

[9] 郭瑞良，张辉. 三维服装模拟与设计[M]. 上海：上海交通大学出版社，2014.

[10] 小野喜代司. 日本女士成衣制板原理[M]. 王璐，赵明 译. 北京：中国青年出版社，2012.

[11] 吴厚林. 新概念女装纸样法样板设计[M]. 北京：中国纺织出版社，2009.

[12] 王威仪. 服装CAD应用[M]. 北京：中国水利水电出版社，2012.

[13] 三吉满智子. 服装造型学 理论篇[M]. 郑嵘，张浩，韩洁羽 译. 北京：中国纺织出版社，2006.

附录一

富怡服装CAD设计与放码系统快捷键

快捷键	工具名称或用途	快捷键	工具名称或用途
A	选择与修改工具	M	对称调整
B	相交等距线	N	合并调整
C	圆规	P	点
D	等份规	Q	不相交等距线
E	橡皮擦	R	比较长度
F	智能笔	S	矩形
G	移动/复制	T	靠边
J	对接	V	连角
K	对称	W	剪刀
L	角度线		
F2	切换影子与纸样边线	F9	匹配整段线/分段线
F3	显示/隐藏两放码点间的长度	F10	显示/隐藏绘图纸张宽度
F4	显示所有号型/仅显示基码	F11	用布纹线移动或延长布纹线时，匹配一个码/匹配所有码；用T移动T文字时，匹配一个码/所有码
F5	切换缝份线与纸样边线	F12	工作区所有纸样放回纸样窗
F7	显示/隐藏缝份线		
Ctrl+F11	1：1显示	Ctrl+F12	纸样窗所有纸样放入工作区
Ctrl+A	另存为	Ctrl+J	颜色填充/不填充纸样
Ctrl+B	旋转	Ctrl+K	显示/隐藏非放码点
Ctrl+C	复制纸样	Ctrl+N	新建
Ctrl+D	删除纸样	Ctrl+O	打开
Ctrl+E	号型编辑	Ctrl+R	重新生成布纹线
Ctrl+F	显示/隐藏放码点	Ctrl+S	保存
Ctrl+G	清除纸样放码量	Ctrl+U	显示临时辅助线与掩藏的辅助线

续表

快捷键	工具名称或用途
Ctrl+H	调整时显示/隐藏弦高线
Shift+C	剪断线
Shift+S	线调整
ESC	取消当前操作
Ctrl+V	粘贴纸样
Shift+U	掩藏临时辅助线、部分辅助线
Ctrl+Shift+Alt	删除全部基准线
Shift	画线时，按住Shift在曲线与折线间转换/转换结构线上的直线点与曲线点
回车键	文字编辑的换行操作/更改当前选中的点的属性/弹出光标所在关键点移动对话框
X键	与各码对齐结合使用，放码量在X方向上对齐
Y键	与各码对齐结合使用，放码量在Y方向上对齐
U键	按下U键的同时，单击工作区的纸样可放回到纸样列表框中

附录二

富怡服装CAD排料系统快捷键

快捷键	工具名称或用途
Ctrl+A	另存为
Ctrl+B	放置一套到辅唛架
Ctrl+D	清除唛架
Ctrl+I	纸样资料
Ctrl+M	定义唛架
Ctrl+N	新建
Ctrl+O	打开
Ctrl+S	保存
Ctrl+X	恢复
Ctrl+Z	撤销
空格键	按下进入放大镜
Alt+1	显示/隐藏主工具匣
Alt+2	显示/隐藏唛架工具匣1
Alt+3	显示/隐藏唛架工具匣2
Alt+4	显示/隐藏纸样窗
Alt+5	显示/隐藏尺码列表框
Alt+0	显示/隐藏状态栏
F1	帮助
F3	重新按号型排列辅唛架上的样片
F4	将选中样片的整套样片旋转180度
F5	刷新
双击	左键双击唛架上选中的纸样，可将纸样放回纸样窗；双击尺码表中某一纸样，可将其放于唛架上
小键盘数字键	点击数字键，纸样作：8向上、向下、4向左、6向右滑动
	点击数字键，纸样作：5旋转180°、7垂直翻转、9水平翻转
	点击数字键，纸样作：1顺时针旋转、3逆时针旋转

续表

快捷键	工具名称或用途
	注：与9个数字键功能相同的字母键对应如下： 1 2 3 4 5 6 7 8 9 Z X C A S D Q W E 8&W、2&X、4&A、6&D键与um Lock键有关，当锁定Num Lock键时，这几个键的移动是一步一步滑动的，解除锁定Num Lock键时，按这几个键，选中的样片将会直接移至唛架的最上、最下、最左、最右部分

1	2	3	4	5	6	7	8	9
Z	X	C	A	S	D	Q	W	E

附录三

富怡 V9.0 打板常用工具的功能对照

（一）设计工具功能对照

工具	图标	功能	操作手法/技巧
调整		调整曲线的形状，查看线的长度，修改曲线上控制点的个数，曲线点与转折点的转换，改变钻孔、扣眼、省、褶的属性	选中线条，移动调整点，可随意添加/删减调整点
合并调整		将线段移动旋转后调整，常用于调整前后袖窿、下摆、省道、前后领口及肩点拼接处等位置的调整。适用于纸样、结构线	选中需要调整的线条，按右键，再选择其相交的线条，按右键，左键调整线条形状
对称调整		对纸样或结构线对称后调整，常用于对领的调整	选择对称轴，单选或框选需要对称的线条，按右键，左键调整线条形状
省褶合起调整		把纸样上的省、褶合并起来调整。只适用于纸样	应用于纸样生成的省褶。选中需要调整的省、褶，按右键，左键调整弧线
曲线定长调整		在曲线长度保持不变的情况下，调整其形状。对结构线、纸样均可操作	选中需要调整的曲线，调整后，曲线总长不变
线调整		光标为时可检查或调整两点间曲线的长度、两点间直度，也可以对端点偏移调整，光标为时可自由调整一条线的一端点到目标位置上。适用于纸样、结构线	放码后，各码线条调整，输入DX，DY值
智能笔		画线	画任意直线、弧线、折线。按右键可切换“画笔”或“丁字尺”
		画矩形	在空白处，用左键拖拉可画矩形。按着【Shift】键，在指定点可画矩形
		调整线段形状	在线上单击右键进入调整模式，可随意添加/删减调整点
		调整线段长度	按着【Shift】键，在曲线的中间单击右键为两端不变，调整曲线长度。如果在线段的一端单击右键，则在这一端调整线段的长度
		角连接	左键框选两条线（可分别框选），单击右键，作角连接
		剪断（连接）线	右键框选一条线则进入【剪断（连接）线】功能
		删除	左键框选一条或多条线后，再按【Delete】键，则删除所选的线

续表

工具	图标	功能	操作手法/技巧
智能笔		单向/双向靠边	如果左键框选一条或多条线后，再在另外一条线上单击左键，为【单向靠边】，如果在另外的两条线上单击左键，为【双向靠边】
		移动（复制）	按着【Shift】键，左键框选一条或多条线后，单击右键进入【移动（复制）】功能，用【Shift】键切换复制或移动，按住【Ctrl】键，为任意方向移动或复制
		转省	按着【Shift】键，左键框选一条或多条线后，单击左键选择切开线则进入【转省】功能
		收省	按着【Shift】键，右键框选一条线，进入【收省】功能
		加省山	左键框选4条线，单击右键，作加省山
		不相交等距线	左键拖拉线进入【不相交等距线】功能，可同时复制多条线段
		相交等距线	按着【Shift】键，左键拖拉线则进入【相交等距线】，再分别单击相交的两条边界线
		单圆规	在指定点上按着左键拖动到另一条线上放开进入【单圆规】
		双圆规	在指定点上按着左键拖动到另一个点上放开进入【双圆规】
		三角板	按着【Shift】键，左键拖拉选中两点则进入【三角板】，再点击另外一点，拖动鼠标，做选中的垂直线或平行线
		水平垂直线	在关键点上，右键拖拉进入【水平垂直线】（右键切换方向）
		偏移点/偏移线	按着【Shift】键，在关键点上，右键拖拉点进入【偏移点/偏移线】（用右键切换点/线模式）
		定点画线	鼠标放在一条线的端点，回车，可输入新的定点位置，进入【定点画线】功能
矩形		用来做矩形结构线、纸样内的矩形辅助线	左键对角拖拉，作任意矩形或定值矩形
圆角		在不平行的两条线上，作等距或不等距圆角。用于制作西服前幅底摆，圆角口袋。适用于纸样、结构线	点击需要作圆角的两条线，输入线条1、线条2数值
三点弧线		过三点可画一段圆弧线或画3点圆。适用于画结构线、纸样辅助线	任意点击3个点，做出圆弧；按【Shift】切换为整圆
CR圆弧		画扇形圆弧、画圆。适用于画结构线、纸样辅助线	单击圆心位置，半径长度，弧长长度；按【Shift】切换为半径整圆
椭圆		在草图或纸样上画椭圆	对角拖动，输入长、短轴
角度线		作任意角度线，过线上（线外）一点作垂线、切线（平行线）。结构线、纸样上均可操作	选中需要作角度的线段，选择角度起点，按【Shift】可切换参考线方向，按右键可切换切角。输入指定长度、角度

续表

工具	图标	功能	操作手法/技巧
点到圆或两圆间的切线		作点到圆或两圆之间的切线。可在结构线上操作也可以在纸样的辅助线上操作	定点连至圆弧，圆弧连至圆弧的外切线、内切线
等份规		在线上加等份点、在线上加反向等距点。在结构线上或纸样上均可操作	选中需要等分的线条，或点击两点
点		在线上定位加点或空白处加点。适用于纸样、结构线	在任意位置或指定位置添加点
圆规		单圆规：作从关键点到一条线上的定长直线。常用于画肩斜线、夹直、裤子后腰、袖山斜线等 双圆规：通过指定两点，同时作出两条指定长度的线。常用于画袖山斜线、西装驳头等。纸样、结构线上都能操作	【单圆规】在指定点上按着左键拖动到另一条线上放开，输入长度。【双圆规】从一条线的起点拖动到终点放开，输入第1、2边长度
剪断线		用于将一条线从指定位置断开，变成两条线，或把多段线连接成一条线，也能用一条线同时打断多条线。可以在结构线上操作也可以在纸样辅助线上操作	单选或框选一条线，在指定位置剪断。选择多条线段，按右键，可连接为一条
关联/不关联		端点相交的线在用调整工具调整时，使用过关联的两端点会一起调整，使用过不关联的两端点不会一起调整 在结构线、纸样辅助线上均可操作。端点相交的线默认为关联	按【Shift】键切换关联与不关联，再框选所需线段
橡皮擦		用来删除结构图上点、线，纸样上的辅助线、剪口、钻孔、省褶、缝迹线、绗缝线、放码线、基准点（线放码）等	单击或框选需要擦除的点、线
收省		在结构线上插入省道，并能生成倒向箭头。只适用于结构线上操作	点击做省线，再点击省中心线，按右键，输入省宽。可调整做省线形状
加省山		给省道上加省山。适用在结构线上操作	选择倒向侧的曲线、省线，另一侧的曲线、省线
插入省褶		在选中的线段上插入省褶，纸样、结构线上均可操作。常用于制作泡泡袖，立体口袋等	单击或框选操作线，按右键，单击或框选展开线，输入展开量
转省		用于将结构线上的省作转移。可同心转省，也可以不同心转，可全部转移也可以部分转移，也可以等分转省，转省后新省尖可在原位置也可以不在原位置。适用于在结构线上的转省	【全部转省】单击或框选转移线，按右键，再选择新的省线，按右键，选择合并省的起始边，终止边；【部分转省】单击或框选转移线，按右键，再选择新的省线，按右键，选择合并省的起始边，按着【Ctrl】点击终止边，输入转省量
褶展开		用褶将结构线展开，同时加入褶的标识及褶底的修正量。只适用于在结构线上操作	框选操作线，按右键，单击上段线、下段线，按右键，输入褶数，上段褶量、下段褶量

续表

工具	图标	功能	操作手法/技巧
分割、展开、去除余量		可单向展开展开/去除余量也可双向展开或去除余量。常用于对领、荷叶边、大摆裙等的处理。在纸样、结构线上均可操作	【平均展开】框选操作线，按右键，单击不伸缩线，单击伸缩线，输入分隔条数、伸缩量。【指定展开】框选操作线，按右键，单击不伸缩线，单击伸缩线，框选分割线，输入分隔条数、伸缩量
荷叶边		做螺旋荷叶边。只针对结构线操作	框选操作线，按右键，单击上段线，按右键，单击下段线，输入褶数，褶量
比较长度		用于测量一段线的长度、多段线相加所得总长、比较多段线的差值，也可以测量剪口到点的长度。在纸样、结构线上均可操作	点击需要量取长度的线段，可累计长度；按Shift键切换两点距离
量角器		在纸样、结构线上测量两条线段的夹角	点击线段，按右键，测量水平、垂直夹角；点选两条线，测量夹角
旋转		用于旋转复制或旋转一组点或线或文字。适用于结构线与纸样辅助线，也适用于旋转纸样边线	框选需要旋转的线段，按右键，点击旋转中心，单击旋转起点，单击旋转终点，输入角度。可按Shift键切换复制
对称		根据对称轴对称复制（对称移动）结构线或纸样	线段上点击2点，设为对称轴，再单选或框选需要对称的线段。可按【Shift】键切换复制
移动		用于复制或移动一组点、线、扣眼、扣位等	单选或框选需要移动的线段，按右键，拖动需要移动的线段至新的位置。拖动后按回车键，可指定移动距离。可按Shift键切换为复制
对接		用于把一组线向另一组线上对接。如下图1把后幅的线对接到前幅上	单击移动点1，单击对位点1，单击移动点2，单击对位点2，单选或框选需要对接的线段，按右键
剪刀		用于从结构线或辅助线上拾取纸样	单选或框选纸样的结构轮廓线，按右键，剪出衣片 单击纸样的结构轮廓线端点，直线单击两端，曲线要在线上单击一下，按右键，剪出衣片 框选独立结构轮廓线，按右键，剪出衣片 按着【Shift】键，点选结构的区域，按右键，剪出衣片
拾取内轮廓		在纸样内挖空心图。可以在结构线上拾取，也可以将纸样内的辅助线形成的区域挖空	单选或框选纸样内轮廓线，按右键
设置线的颜色类型		用于修改结构线的颜色、线类型、纸样辅助线的线类型与输出类型	与菜单栏线型配合，左键变更线型；右键变更颜色
加入/调整工艺图片		与【文档】菜单的【保存到图库】命令配合制作工艺图片；调出并调整工艺图片；可复制位图应用于办公软件中	在纸样结构空白处左键拉出矩形框，在系统文件夹内选择所需添加的工艺图示，调整大小及位置，按右键
加文字		用于在结构图上或纸样上加文字、移动文字、修改、删除文字及调整文字的方向，且各个码上的文字内容可以不一样	在纸样结构空白处单击左键，在对话框中输入相应文字，设定字体高度，确定

（二）纸样工具功能对照

工具	图标	功能
选择纸样控制点		选中纸样上边线点、辅助线上的点、修改点的属性，选中剪口
缝迹线		在纸样边线上加缝迹线、修改缝迹线类型、虚线宽度
绗缝线		在纸样上添加绗缝线、修改绗缝线类型、修改虚线宽度
加缝份		给纸样加缝份或修改缝份量及切角
做衬		在纸样上做衬里、贴样
剪口		在纸样边线上加剪口、拐角处加剪口以及辅助线指向边线的位置加剪口，调整剪口的方向，对剪口放码、修改剪口的定位尺寸及属性
袖对刀		在袖窿与袖山上的同时打剪口，并且前袖窿、前袖山打单剪口，后袖窿、后袖山打双剪口
眼位		在纸样上加眼位、修改眼位。在放码的纸样上，各码眼位的数量可以相等也可以不相等，也可加组扣眼
钻孔		在纸样上加钻孔（扣位），修改钻孔（扣位）的属性及个数。在放码的纸样上，各码钻孔的数量可以相等也可以不相等，也可加钻孔组
褶		在纸样边线上增加或修改刀褶、工字褶。也可以把在结构线上加的褶用该工具变成褶图元。做通褶时在原纸样上会把褶量加进去，纸样大小会发生变化，如果加的是半褶，只是加了褶符号，纸样大小不改变
V型省		在纸样边线上增加或修改V形省，也可以把在结构线上加的省用该工具变成省图元
锥形省		在纸样上加锥形省或菱形省
比拼行走		一个纸样的边线在另一个纸样的边线上行走时，可调整内部线对接是否圆顺，也可以加剪口
布纹线		可调整布纹线的方向、位置、长度以及布纹线上的文字信息
旋转衣片		用于旋转纸样
水平垂直翻转		用于翻转纸样
纸样变闭合辅助线		将一个纸样变为另一个纸样的闭合辅助线
水平/垂直校正		将一段线校正成水平或垂直状态，将下图一线段AB校正至图二。常用于校正读图纸样
重新顺滑曲线		调整曲线并且关键点的位置保留在原位置，常用于处理读图纸样
曲线替换		结构线上的线与纸样边线间互换 也可以把纸样上的辅助线变成边线（原边线也可转换辅助线）
分割纸样		将纸样沿辅助线剪开

续表

工具	图标	功能
合并纸样		将两个纸样合并成一个纸样。有两种合并方式：为以合并线两端点的连线合并或为以曲线合并
纸样对称		纸样在关联对称、不关联对称、只显示一半几种状态间设置
缩水		根据面料对纸样进行整体缩水处理。针对选中线可进行局部缩水

（三）放码工具功能对照

工具	图标	功能	操作手法/技巧
平行交点		用于纸样边线的放码，用过该工具后与其相交的两边分别平行。常用于西服领口的放码	单击放码点，参照前、后两点的放码量自动放码
辅助线平行放码		针对纸样内部线放码，用该工具后，内部线各码间会平行且与边线相交	靠近单选或框选需要平行放码的线端，再单击边线
辅助线放码		相交在纸样边线上的辅助线端点按照到边线指定点的长度来放码	
肩斜线放码		使各码不平行肩斜线平行	
各码对齐		将各码放码量按点或剪口（扣位、眼位）线对齐或恢复原状	
圆弧放码			
拷贝点放码量		拷贝放码点、剪口点、交叉点的放码量到其他的放码点上	
点随线段放码		根据两点的放码比例对指定点放码	
设定/取消辅助线随边线放码		辅助线随边线放码；辅助线不随边线放码	
平行放码		对纸样边线、纸样辅助线平行放码。常用于文胸放码	

1.【点放码表】窗口中工具的功能对照

工具	图标	功能	操作手法/技巧
复制放码量		用于复制已放码的点（可以是一个点或一组点）的放码值	单选或框选已经放过的码点，单击该工具，放码值即被临时储存起来（用于粘贴）
粘贴XY		将X和Y两方向上的放码值粘贴在指定的放码点上	单选或框选需要放码的码点，单击该工具，dx和dy上的放码值被粘贴到需要放码的码点
粘贴X		将某点水平方向的放码值粘贴到选定点的水平方向上	单选或框选需要放码的码点，单击该工具，dx上的放码值被粘贴到需要放码的码点
粘贴Y		将某点垂直方向的放码值粘贴到选中点的垂直方向上	单选或框选需要放码的码点，单击该工具，dx上的放码值被粘贴到需要放码的码点
X取反		使放码值在水平方向上反向，换句话说，是某点的放码值的水平值由+X转换为-X，或由-X转换为+X	单选或框选需要转换的码点，单击该工具即可完成该点X值的反操作
Y取反		使放码值在垂直方向上反向，换句话说，是某点的放码值的Y 取向由+Y 转换为-Y，或由-Y 转换为+Y	单选或框选需要转换的码点，单击该工具即可完成该点Y值的反操作
XY取反		使放码值在水平和垂直方向上都反向，换句话说，是某点的放码值的X 和Y 取向都变为-X 和-Y，反之也可	单选或框选需要转换的码点，单击该工具即可同时完成该点X和Y值的反操作
根据档差类型显示号型名称		设置在【点放码表】窗口中号型列的显示内容	弹起时，号型列所显示的号型名称与号型规格表中一致；按下时，号型列所显示的内容会根据【号型显示方式选择下拉列表框】的选择不同而有所不同 弹起　按下
所有组		应用于分组情况。均等放码时，如果未选中该按钮，放码指令只对本组有效。如果选中该按钮，在任一分组内输入放码量，再用放码指令，所有组全部放码，这样大大提高了工作效率	等差放码时，该按钮弹起，放码指令仅对本组有效。该按钮按下，在任一分组内输入放码量，再用放码指令，所有组全部放码
只显示组基码		应用于分组情况。当选中时该按钮，点放码表号型下只显示基码组。非选中状态下，基码组与组内基它码全部显示	该按钮按下，【点放码表】窗口号型列中只显示基码组。该按钮弹起，基码组与组内其他码全部显示
角度放码		在放码中，工作区内的坐标轴可以随意定义，这个随意性就由【角度】命令来控制。箭头方向被定义为坐标轴的正方向，短的一边为x方向，长的一边这y方向。下图选中的是后切线方向	单选或框选放码点，单击该工具，输入角度值来设定坐标轴，再输入放码量

续表

工具	图标	功能	操作手法/技巧
前一放码点		选中当前放码点的前一个放码点	纸样上各放码点按顺时针区分前后
后一放码点		选中当前放码点的后一个放码点	纸样上各放码点按顺时针区分前后
X相等		该命令可以使选中的放码点在X方向（即水平方向）上均等放码	单选或框选放码点，在dx栏中输入放码量后，单击该按钮，各码的X值自动等距生成
Y相等		该命令可使选中的放码点在Y方向（即垂直方向）上均等放码	单选或框选放码点，在dy栏中输入放码量后，单击该按钮，各码的Y值自动等距生成
XY相等		该命令可使选中的放码点在X和Y（即水平和垂直方向）两方向上均等放码	单选或框选放码点，在dx和dy栏中输入放码量后，单击该按钮，各码的X、Y值自动等距生成
X不等距		该命令可使选中的放码点在X方向（即水平方向）上各码的放码量不等距放码	单选或框选放码点，在dx栏中输入放码量后，单击该按钮，各码的X值以不等距方式放码
Y不等距		该命令可使选中的放码点在Y方向（即垂直方向）上各码的放码量不等距放码	单选或框选放码点，在dy栏中输入放码量后，单击该按钮，各码的Y值以不等距方式放码
XY不等距		该命令对所有输入到点放码表的放码值无论相等与否都能进行放码	单选或框选放码点，在dx和dy栏中输入放码量后，单击该按钮，各码的X、Y值以不等距方式放码
X等于零		该命令可将选中的放码点在水平方向（即X方向）上的放码值变为零	单选或框选放码点，单击该按钮，各码的X值归零
Y等于零		该命令可将选中的放码点在垂直方向上（即Y 方向上）的放码值变为零	单选或框选放码点，单击该按钮，各码的Y值归零
自动判断放码量正负		选中该图标时，不论放码量输入是正数还是负数，用了放码命令后计算机都会自动判断出正负	按钮被按下，输入放码量，计算机自动判断放码点的正负方向

2.【线放码表】窗口中工具的功能对照

工具	图标	功能	操作手法/技巧
复制		用于复制已放码的放码值	选中已经放过的码线，单击该工具，放码值即被临时储存起来（用于粘贴）
粘贴		将复制的放码值粘贴在指定的放码线上	选中需要放码的放码线，单击该工具，放码值被粘贴到需要放码的放码线上
q1、q2、q3数据相等		q1、q2、q3数据相等	按下此按钮，设置q1、q2、q3放码值相等，弹起此按钮，可独立输入q1、q2、q3放码值
工作区全部放码线		工作区全部放码线	按下此按钮，在一个样片内的一条放码线输入放码值，其他放码线同时放码

续表

工具	图标	功能	操作手法/技巧
均码		均码	按下此按钮，在任意栏中输入放码值，则自动填入q1、q2、q3放码数据
所有组		所有组	
对工作区全部纸样放码		对工作区全部纸样放码	按下此按钮，配合工作区全部放码线功能，输入其中一条放码线的放码值，工作区内全部放码线均按同一放码值展开
显示/隐藏放码线		显示或隐藏放码线	按下此按钮，显示工作区中的放码线，弹起此按钮，隐藏工作区中的放码线，已有的放码值不变
清除放码线		清除放码线	按下此按钮，清除工作区中的放码线，已有的放码值不变
线放码选项		设定线放码选项	可设置或取消线放码同时处理的图元，如开口辅助线、扣眼、钻孔、省道及褶等
输入垂直放码线		输入垂直放码线	用于输入竖向放码线，纸样作横向推放
输入水平放码线		输入水平放码线	用于输入横向放码线，纸样作纵向推放
输入任意放码线		输入任意放码线	用于输入斜向放码线，纸样以放码线的垂直方向推放
选择放码线		选择需要输入放码值的放码线	单击或框选放码线，可输入指定的放码值
输入中间放码点		输入中间放码点	选中此工具，可在放码线上添加中间放码点
输入基准点		输入基准点	应用此工具设置基准点（0，0），其他各码依基准点展开

（四）排料唛架工具匣1的功能对照

工具	图标	功能	操作手法/技巧
纸样选择		用于选择及移动纸样	**方法：**①选择单个纸样：单击某一个纸样；②选择多个纸样：在唛架空白处拖动鼠标，使要选择的纸样包含在一个虚线矩形框内，或按着【Ctrl】键用鼠标逐个单击所选纸样；③框选多个纸样：一次框选尺码表内的纸样拖动，可以是全部也可以是某个样片的某个号型，按右键，则可以将框选的纸样自动排料；④移动：鼠标单击某纸样，拖动至所需的位置松开；⑤右键拉线找位：在纸样上按着右键向目标方向拖动并松手，选中纸样即可移至目标位置；⑥将工作区的纸样放回纸样窗：用鼠标左键双击要放回纸样窗的纸样，可以框选，对多个纸样进行操作

续表

工具	图标	功能	操作手法/技巧
纸样选择		用于选择及移动纸样	**技巧：**①如果要把唛架上的一个纸样放入到唛架上的另一处空白位置（空白位置的面积大于纸样），可以在该纸样上单击右键不松手，拉动鼠标到该空白位置后，松开右键，这时将看到该纸样，自动紧靠着其他纸样放入空白位置；②用该工具自动排料时，按【Ctrl】键，双击某纸样的某号型，可以将这个纸样的这个号型的所有纸样，一起放入主唛架区（一次最多放一排）；按【Shift】键，双击某纸样的某号型，可以将该纸样的选中号型的所有纸样按布料宽度能排入这个纸样数的最大量，将纸样放入主唛架区，如果这个号型排料后，还有空位能排料进入其他号型的纸样，系统会自动调入（如，最多能排3个纸样，而这个号型只有2个纸样，就会自动将其他号型中最适合的1个纸样加进去）
唛架宽度显示		主唛架以宽度形式显示在可视界面	左键单击该工具
显示唛架上全部纸样		主唛架的全部纸样都显示在可视界面	**方法：**左键单击该工具，或点击菜单中［**选项**］—［**显示唛架上全部纸样**］
显示整张唛架		主唛架的整张唛架都显示在可视界面	**方法：**左键单击该工具，或点击菜单中［**选项**］—［**显示整张唛架**］
旋转限定		限制唛架工具匣1中［旋转唛架纸样］、［顺时针90°旋转］工具及键盘微调旋转的开关命令	**方法：**①单击该工具，图标凹陷，纸样不能做任意角度的旋转，只可做180°旋转；②再单击该工具，图标凸起，纸样可随意旋转 **技巧：**①数字键盘的1（顺时针）或3（逆时针）的用法：在该工具凸起的情况下，将选中的纸样进行微调，每按一次1或3后旋转一定的角度，该角度的设定可在［**选项**］—［**参数设定**］—［**纸样旋转角度**］中输入数值即可，在该工具凹陷时不可旋转；②数字键5（90°旋转）的用法：纸样属性不成对时，在该工具凹陷时，纸样作垂直翻转；在凸起的情况下纸样可作任意方向的90°旋转
翻转限定		控制系统是否执行［纸样资料］对话框［排样限定］中的有关是否［允许翻转］的设定，从而限制工具匣1中垂直中翻转、水平翻转工具的使用	**方法：**①单击该工具，图标凹陷，或单击勾选［**选项**］—［**限定翻转**］，纸样不能做翻转；②系统将读取菜单［**纸样**］—［**纸样资料**］对话框中［**排样限制**］中是否［**允许翻转**］的设定；③再单击该工具，图标凸起，非成对纸样可随意翻转 **技巧：**①数字键7（垂直翻转）和9（水平翻转）的用法：在该工具凹陷时，如果［**纸样**］—［**纸样资料**］中［**纸样数量**］为［1］和［**纸样属性**］为［**单片**］时，翻转不起作用；②在［**纸样**］—［**纸样资料**］中［**纸样数量**］为［2］和［**纸样属性**］为［**成对**］时，无论该工具凹陷还是凸起，数字键7和9都可以起翻转作用
放大显示		对唛架的指定区域进行放大、对整体唛架缩小以及对唛架的移动	**方法：**①在要进行放大的区域上单击，或拖动一矩形框，放大该区域；②放大状态下，击右键可缩小至前一步的状态；③按住右键不松手可进行唛架的移动 **技巧：**在选中［**纸样选择**］工具的情况下，按住空格键可切换成［**放大显示**］工具
清除唛架		将唛架上所有纸样清除，并将它们送回至纸样窗	单击该工具，或单击菜单［**唛架**］—［**清除唛架**］，或快捷键【Ctrl+D】；在弹出的对话框中选［**是**］，清除唛架上所有纸样

续表

工具	图标	功能	操作手法/技巧
尺寸测量		可测量唛架上任意两点的距离	**方法：**①单击该工具，在唛架上，分别单击要测量的起点、终点；②测量所得的距离值显示在状态栏中，dx为水平位移、dy为垂直位移、D为两点间连线距离
旋转唛架纸样		在［旋转限定］工具凸起状态，对唛架上选中纸样设置旋转的度数和方向	**方法：**解除旋转限定，选中纸样，单击该图标或单击菜单［纸样］—［**旋转唛架纸样**］，弹出对话框，在对话框里输入旋转的角度（精度可达2位小数），再点击旋转方向，选中的纸样就会做出相应的旋
顺时针90度旋转		唛架上选中纸样进行90度旋转	**方法：**①解除旋转限定，选中唛架上要进行旋转的纸样；②每单击一次该工具，或在纸样上单击右键或按小键盘上的数字键5，都可完成纸样的顺时针90°旋转（在没选中“参数设定”中的“快捷键旋转纸样始终根据纸样限定”的情况下，按小键盘数字键5，旋转90度）
水平翻转		唛架上选中的纸样进行水平翻转	**方法：**①解除翻转限定，选中唛架上要进行翻转的纸样；②击该工具，或按小键盘上的数字键9，完成水平翻转（在小键盘关闭而且在条件允许的情况下，按小键盘数字键9，可完成唛架纸样水平翻转）
垂直翻转		唛架上选中的纸样进行垂直翻转	**方法：**①解除翻转限定，选中唛架上要进行翻转的纸样；②单击该工具，或按小键盘上的数字键7，完成垂直翻转（在小键盘关闭而且在条件允许的情况下，按小键盘数字键7，可完成唛架纸样垂直翻转）
纸样文字		用于为唛架上的纸样添加文字	**方法：**单击该工具，再选中唛架上需要添加文字的纸样，弹出［**文字编辑**］对话框，光标定位于［**文字**］文本框内，键盘输入需要添加的文字，并输入文字调整的角度、高度及字体，按［**确定**］键，自动在所有相同的纸样（如前片）或所有号型上添加同一文字
唛架文字		用于在唛架上未排放纸样的位置添加文字	**方法：**用该工具在唛架空白处单击，弹出［**文字编辑**］对话框，输入文字，并输入文字的角度、高度及字体，按［**确定**］键，在指定处添加文字（一定要勾选菜单［**选项**］下的［**显示唛架文字**］，否则不显示）

续表

工具	图标	功能	操作手法/技巧
成组		将两个或两个以上的纸样组成一个整体	**方法：**①用左键框选两个或两个以上的纸样，或按着【Ctrl】键逐一点击纸样；②单击该图标，纸样自动接合成为一组；③移动纸样时，该组纸样一起移动
拆组		与成组功能相反，起到拆组的作用	选中成组的纸样，单击该工具，成组的纸样自动拆组
设置选中纸样虚位		在纸样的周边设置虚位，增加板边、板距	**方法：**①选择需要设置虚位的纸样；②单击该图标，弹出［**设置选中纸样虚位**］对话框，输入该纸样的上、下、左、右的虚位量，按［**采用**］，则在纸样上设置了虚位量

附录四

二维纸样转换为三维服装的一般过程

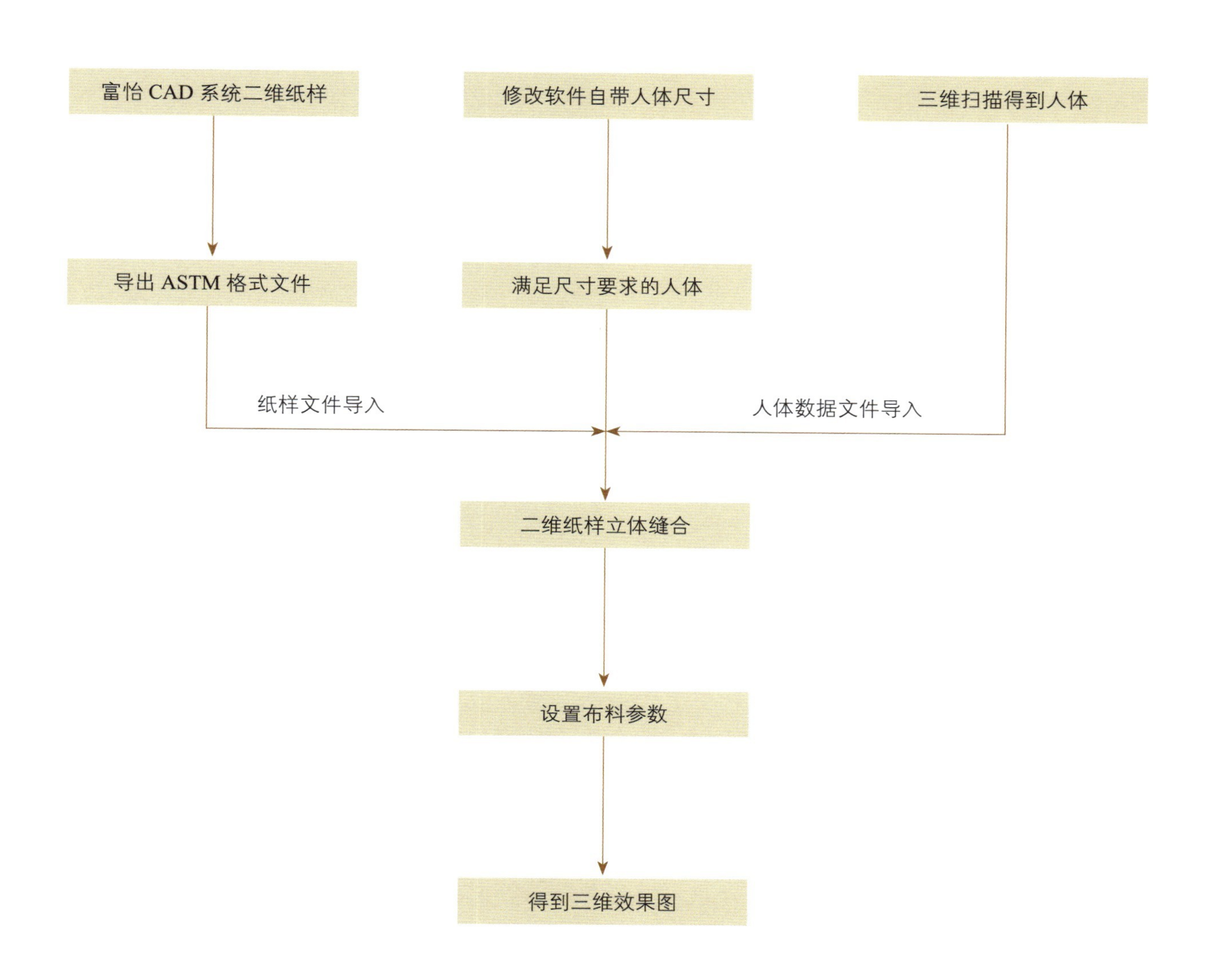